木材活用
ハンドブック

最も使用頻度が高く人気が高い主要木材の実践的ガイド

ニック・ギブス 著

乙須 敏紀 訳

A QUARTO BOOK

First published in the United Kingdom
by Apple Press
4th Floor, Sheridan House,
112-116a Western Road
Hove, East Susseex BN3 1DD

Copyright © 2005 by Quarto Publishing Plc
Printed in China

Credits

Author's acknowledgements
With so many species featured in this book it was a challenge sourcing and preparing samples. For that Phil Davy must take great credit, for trawling his way through timber yards to find boards of this and that, and then working with an enormous variety of wood types to produce finished boards.

Veneers were used to illustrate the special effects section and some of the lesser known species. These were supplied by Art Veneers in the U.K. (www.artveneers.co.uk) and Wood River Veneer, based in Idaho, U.S. (www.woodriverveneer.com). Frank Boddy at John Boddy's Fine Wood Store (www.john-boddy-timber.ltd.uk) kindly supplied us with samples we couldn't find elsewhere. Many thanks to all companies for their help.

Various organizations, people and businesses provided us with information or samples and are listed below. Many thanks for their contributions.

Adirondacks Hardwoods (www.adirondackwood.com)
Almquist Lumber (www.almquistlumber.com)
American Hardwood Export Council (www.ahec.org)
Andrews Timber and Plywood (tel. +44 (0)1277 657167)
Art Veneers (www.artveneers.co.uk)
Atkins & Cripps (www.atkinsandcripps.co.uk)
Capital Crispin Veneer (capveneer@aol.com)
Cascadia Forest Goods (www.cascadiaforestgoods.com)
Compton Lumber & Hardware (www.comptonlbr.com)
Craft Supplies (www.craft-supplies.co.uk)
Ecotimber (www.ecotimber.co.uk)
Eisenbrand Exotic Hardwoods (www.eisenbran.com)
Fauna and Flora (www.fauna-flora.org)
Friendly Forest Products (www.exotichardwood.com)
Gilmer Wood Co. (gilmerwood@aol.com)
Global Wood Source (www.globalwoodsource.com)
Good Timber (www.goodtimber.com)
Hardwood Store of North Carolina (www.hardwoodstore.com)
Inchope Madeiras (www.woodmarket.com)
John Boddy's Fine Wood Store (www.john-boddy-timber.ltd.uk)
Mark Corke (www.markcorkephotography.com)
North American Wood Products (www.nawpi.com)
Northland Forest Products (www.northlandforest.com)
O'Shea Lumber (www.oshealumber.com)
Precious Woods (www.preciouswoods.ch)
Rockler Woodworking Store (www.rockler.com)
Softwood Export Council (www.americansoftwoods.com)
TBM Hardwoods (www.tbmhardwoods.com)
Timber Development Association of South Australia (www.nafi.com.au/timbertalk)
Timberline (tel. +44 (0)1732 355626)
Trada (www.trada.co.uk)
U-Beaut Enterprises (www.ubeaut.biz)
U.S. Forest Products Laboratory (www.fpl.fs.fed.us)
Whitmore's Timber Co. (www.whitmores.co.uk)
Woodbin (www.woodbin.com)
Wood Explorer (www.woodexplorer.com)
Woodfinder (www.woodfinder.com)
Wood River Veneer (www.woodriverveneer.com)
The Wood & Shop Inc. (www.woodnshop.com)
Wood World (www.woodfibre.com)
Yandles (www.yandle.co.uk)

Quarto would like to thank and acknowledge the following for supplying photographs reproduced in this book:

(Key: t top, b bottom)

7	John Kelly/GETTY IMAGES
9	Rob Melnychuk/GETTY IMAGES
12t	Edward Parker
12b	N C Turner/FSC/WWF-UK
14	Fired Earth www.firedearth.com
19	Ecotimber
26t	Ecotimber

目次

はじめに	6
資源の持続可能性	12
木材の購入	16
樹木から板材へ	22
木材の保管	30

木材一覧

本書の活用法	34
木材索引	37
主要木材	42
その他の木材	206
木材の造形美	230

用語解説	250
索引	252

はじめに

木工家の多くが、お気に入りの木材のサンプルを集めた"パレット"を持っている。それらのサンプルは、ある用途に最適な木材を探すなかで試され、蓄積されたものである。また偶然目にして心を惹かれたものや、施主に依頼されて初めて出会った板材、あるいは化粧単板の見本としてもらったものも含まれているであろう。椅子職人は、脚や横木には強靭で木理の通直な木材を選択するが、座板にはより装飾性の高い軟らかな木材を使用する。家具職人は安定性の高い板材を、それも理想的にはゆがみ、たわみの少ない柾目木取りの板材を選択する。また装飾性の高い化粧単板を人造板材に接着することもある。木彫家は表情豊かな木材を好み、どんな癖のある木でも最新の電動道具を用いて素晴らしい作品に仕上げるが、それでも割裂をさけるため木理の整った均質な木材を選ぶ。ろくろ細工職人は、ほとんどすべての木材を自在に加工するが、特に木理や色が美しく、自らが作り出した椀や箱の曲線の完璧さを際立たせるものを好む。

特殊な依頼に応えるとき、あるいはもっと単純に、作業場に並んでいる木材に少し飽きてきたとき、木工家は新しい種類の木材を試す。しあわせなことに、今日では選択の幅はかなり広い。化粧単板やろくろ細工用の無垢材は、メールオーダー、カタログ販売、さらにはインターネットを通じて購入することができ、板材でさえもこのような方法をつうじて注文することができる。

木材はそれぞれ独自の性質を有しているが、同時に色、木理、肌目など似通っているものも多くある。広葉樹材は強靭さ、装飾性、深みのある色、耐久性などで好まれ、一方針葉樹材は全般的に価格が安く、建築や土木の基礎資材として使用されているのを多く目にする。

この古代ブリッスルコーンパイン(下写真)に見られる独特の華麗な木理は、ろくろ細工職人の最も賞賛するところである。彼らはその木が持っている個性を、できるだけそのままの形で完成品の中に残そうと努める。

木材は種々の材料のなかでも、最も多芸多才な素材の1つだ。手練の職人の手にかかると、実用的な建築材料でも見事に美しい作品に変身する。

The Wood Handbook

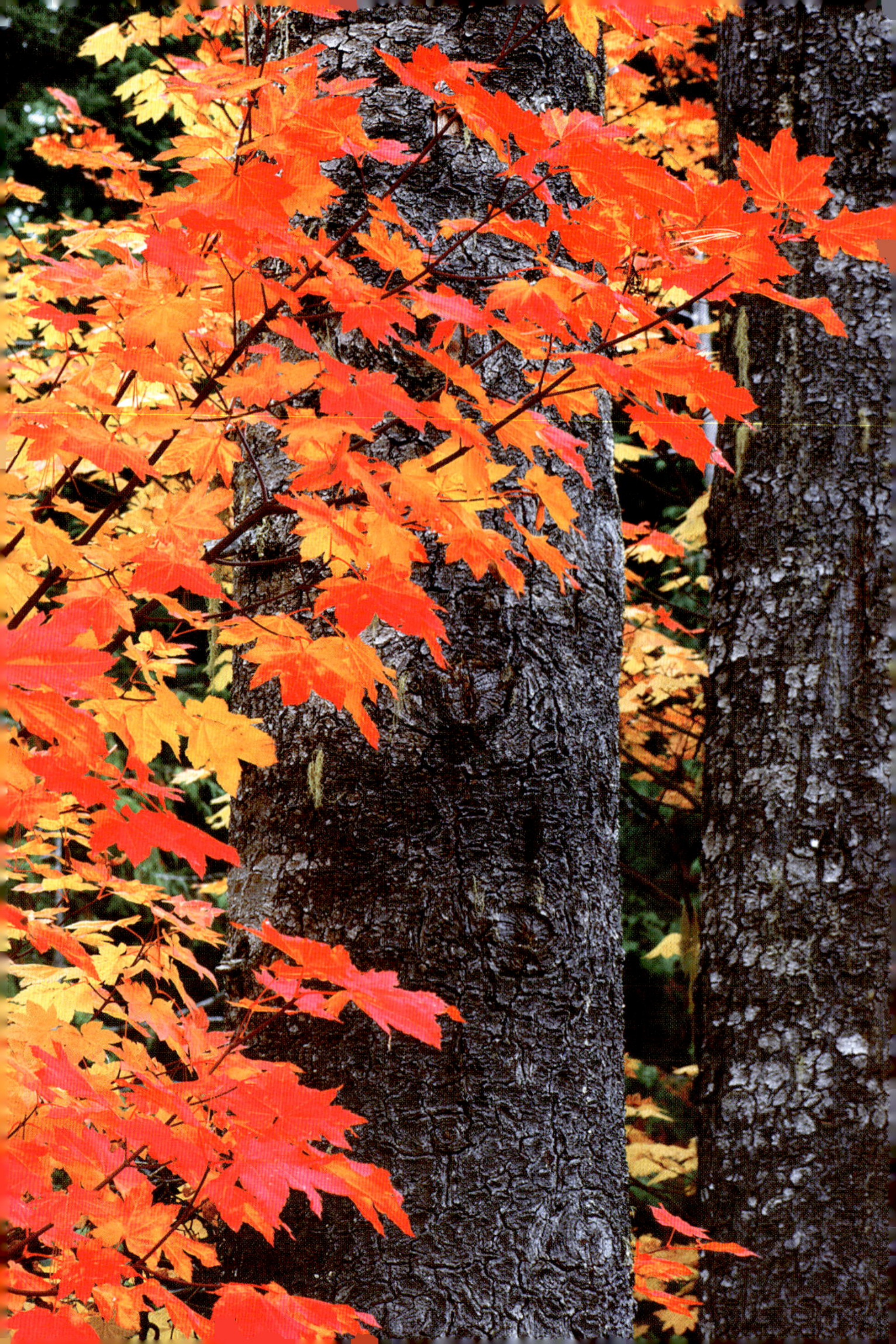

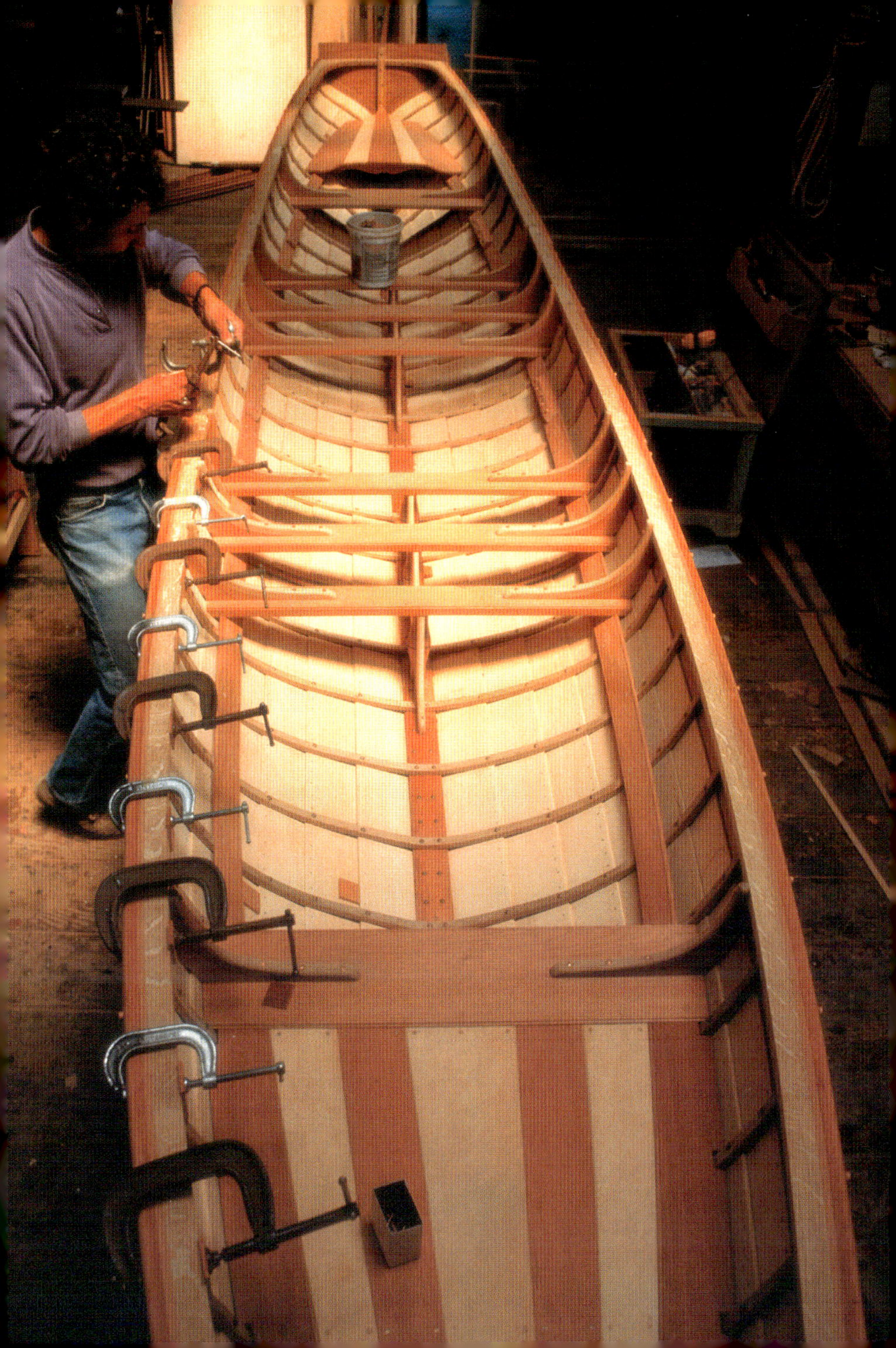

理想的な木材とは？

加工がしやすく、作業していると自然に喜びが感じられ、しかも見た目も美しい、そのような完璧な木材がどこかにあるはずだ。そのような理想的な木材はまた、

1. 木理が一般に通直で
2. 木理が密で、美しい仕上げのために十分硬いもの、あるいは木理が粗で研磨すると光沢のでるもの
3. 廃材率をそれほど高めることなく、個性を際立たせるいくつかの欠点があり
4. 特徴的な色ともく（模様）を持つ。

木材の科名

本書の木材名を見ていくと、学名や一般名のなかに共通したものをもつ集まりに気づくであろう。オークはほとんどすべての大陸に分布している。実際それは木材の世界の巨人として数世紀にわたって君臨してきた。その他、家具製作で主要な地位を占めてきた種としては、温帯広葉樹材ではエルム、アッシュ、ビーチがあり、また熱帯からはマホガニー、チーク、ローズウッドがあげられる。

これ以外のほとんどすべての樹種は、これら人気のある数種の木材の代替材にすぎず、それらが不足をきたしたとき、あるいは人々の好みが変化したとき、あまり知られていない木材が浮上すると言うことができるかもしれない。*Acer*種の木材——メイプルやシカモア——は、木理が密で、加工しやすく、淡色であることで好まれ、またチェリーは、マホガニーに似た性質を持ちながら、しかもより信頼できる産地から産出されることで選ばれている。現在入手可能な熱帯産広葉樹材の大部分は、チークなどの絶滅危惧種に代わる耐気候性の高い種、あるいはマホガニーの代替材になりうる、家具に向く安定性の高い木材を探す試みのなかで見いだされたものである。しかし多くの場合、それらは、色、もく、加工のしやすさなどの点において、残念ながら古くから親しまれてきた木材にはおよばず、偽物の域を出ていない。そのような理由から、現在チェリーなどの温帯産広葉樹材が人気が高まっているのであろう。もちろん、熱帯産広葉樹材は現在でも窓枠、ドア、その他の建具の材料として広く用いられている。

ローズウッドやエボニーなど、外来種の木材で最も魅力的な木材は、今日非常に高価で、ほとんどが装飾目的か、化粧単板として使用されているだけである。環境保護運動の副産物として、以前はほとんど無名であった木材が少量流通している。それらの多くが熱帯諸国の地域森林協同組合によって収穫されたものである。それらの木材のなかには、色やもくの素晴らしく美しいものがあるが、今のところ実際に使用されているものはわずかである。

世界中の集成材の原料、そして建築用針葉樹材が、針葉樹の人工林（左下）から供給されている。温帯産広葉樹材は北半球の森林が産地であるが、それらの森林の多くが多彩な広葉樹種によって構成されている（右下）。現代風家具を生産する家具製作会社は、熱帯産広葉樹材にますます目を向けるようになっている（右）。

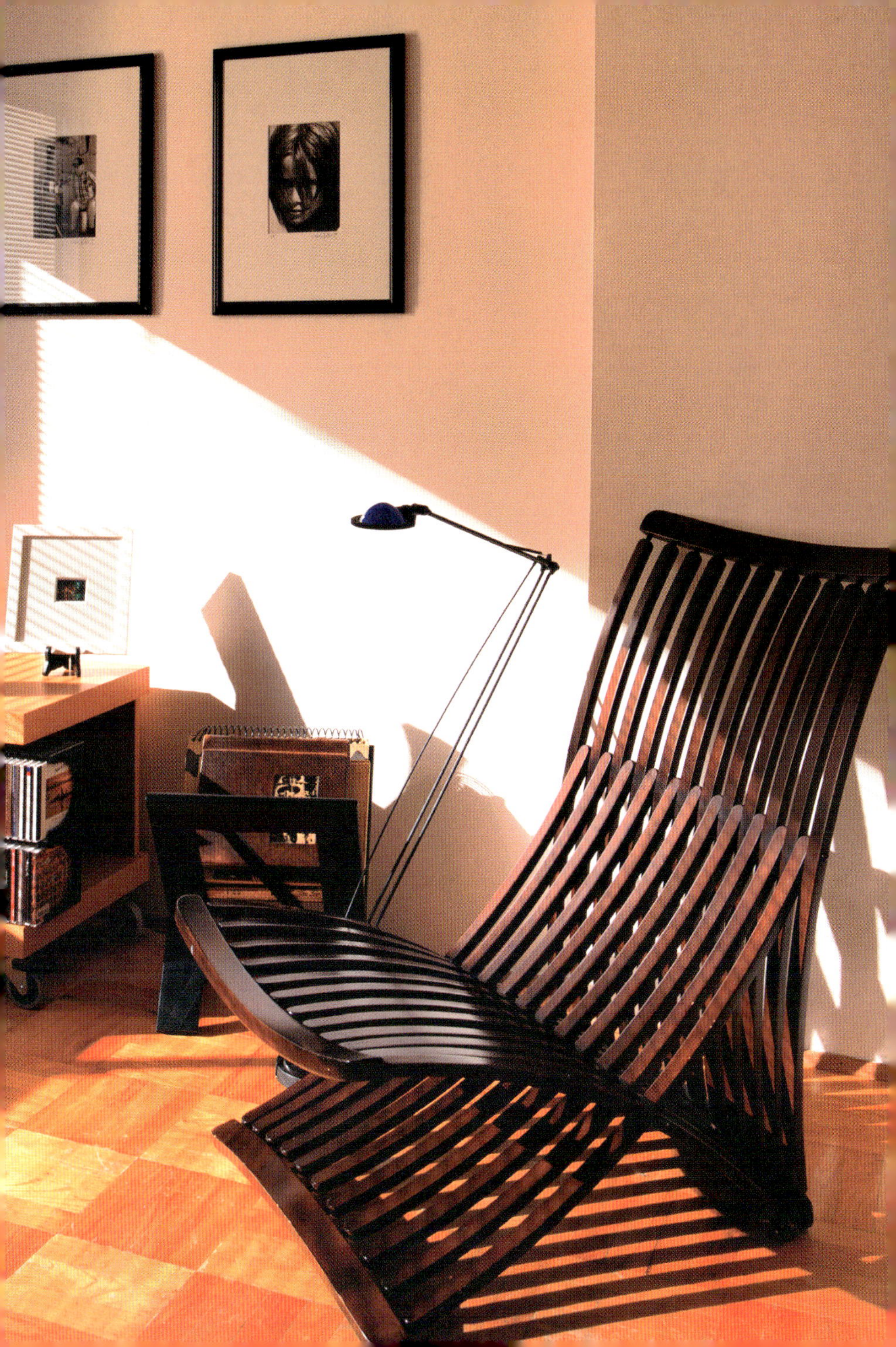

木材の選び方

　木材を選ぶときは、多くの要素を考慮しなければならない。予算が厳しく制限されているときは、価格が主要な問題となり、廃材率も重要となる。製作する作品の構造によっても選択の基準は変わってくる。デザインが要求している性質は硬さなのか、靱性なのか、それとも加工性なのかによって選択する木材が異なってくる。テーブル天板用の無垢板は、安定性が高いことが必須であるが、それは長い年月を経ても納まりが良くなければならない箪笥の部材についても同様である。

　色ももちろん、既存の家具に調和させるためにも、また個性的なデザインを強調するためにも重要である。ステインや塗料を使うこともあるが、多くの家具職人は飾らない純粋な感じの仕上げを好む。また木理模様ともくも考慮する必要がある。多くの場合最も装飾性に優れた木材を選びたいという衝動に駆られるかもしれないが、デザインが複雑なものの場合は、木材の表面に細かすぎる模様があるのはあまり好ましくない。反対に単純なデザインのものは、個性的な木理の木材を使うことによって新たな高みへと引き上げられる。

　肌目も色やもくと同じく創造的に使い分けることができる。オークやエルムのように木理の粗い木材は、サンドブラスト加工のあと、あるいはワイヤーブラシをかけたあと、水しっくいや染料を塗ると印象的な仕上がりになる。逆にローズウッドは強い光沢が出るまで研磨すると、格調の高い豪華な仕上がりになる。色、肌目、模様の対照的な木材を効果的に組み合わせることは可能だが、その場合はたいてい、両者の間に視覚的な緩衝地帯を設ける必要がある。奇抜な組み合わせを試みる場合は、よほど注意する必要がある。

木材を選ぶときは、必ず仕事の内容を頭に入れておくこと。装飾性が要求される作品には、色と肌目の美しい木材が適しているがそれらはおおむね高価である。

ガーデンファニチャーには、これとはまったく異なる性質が要求される。保存薬剤の効果がよく発揮される強靱で耐久性のある木材が求められる。

最適な木材を選ぶための7つのステップ

1. 設計図にもとづき必要な木材の総量を積算する。
2. 様式、色、質感に注意しながら、作品の組み立て完成図を頭に描く。素朴な民芸調の家具にはメイプル、チェリー、フルーツウッド、バーチなどの、あまり華美すぎない落ち着いた色調の木材が求められる傾向にある。最も異国情緒に溢れる広葉樹材、特に熱帯林産出の木材は、格調高い装飾的な様式に適している。一方、木理が粗のオーク、エルム、アッシュなどの木材は、視覚的に優しい雰囲気を持ち、あまり格式張らない空間によく合う。
3. 必要な場合は、機能性で木材を選択する。曲げ強さという点ではアッシュ、縁飾り、帯飾りをあしらうときはエボニー、引出しの底板には芳香の強いシーダー(それは新鮮な香りが持続し、防虫効果を持つ)というように。バルサ材を曲げるといった、木材の自然な性質に逆らった加工を試みることがあるかもしれないが、結果はたいてい失敗に終わる。接着性にも優劣があり、また特殊な仕上げを必要とするものもある。
4. 寸法が限られている樹種もある。長尺でまっすぐなボックスウッドはなかなか見つからないが、道具の柄としては最高の素材である。またエボニーは、幅広板はあまり望めないが、ろくろ細工職人の熱愛の対象である。25mm以上の厚さの無垢板が取れない木材は、テーブルの天板として使うことは難しい。もちろん最新の接着剤を使えば、どんな木材でも接着して厚くすることは可能だが、その場合は木理が明瞭すぎず、接ぎ目が目立たないことが肝要である。
5. 本書を見ながら親しい木工職人と相談し、最適の木材を選ぶこと。また選んだ木材が認証された持続可能な資源から産出されたものであることを確認すること。
6. 本職の木工職人がいつも安全対策として注意していることであるが、木材によっては危険を伴うものがあるので注意すること。木材の木粉は呼吸器系に障害を起こすことがあり、皮膚アレルギーなどの症状の原因となる場合がある。
7. 選択肢がせばまったならば、まず国産材の卸商回りから始め、価格の高いものから低いものまでまんべんなく見てまわり、これぞと思うものを探す。それでも納得のいくものが見つからない場合は、本書の木材一覧を繰りながら代替材を検討しよう。

作業の安全確保

木工作業を行うときは、道具の使用に伴なう危険に対して常に安全対策を十分にしておく必要がある。イヤープロテクション、防護メガネは必ず装着し、鼻や肺に木粉が入り込まないようにマスクをする(左)。木粉が呼吸器系や皮膚の障害の原因になったり、すでに発症しているアレルギー症状を悪化させたりする有害性を持つため、使用を避けられている木材がある。特殊な木材を使用する場合は、事前に有害性がないかどうかをよく調査しておくこと。散発的な事例報告にとどまり、症例が十分蓄積されていないため、有害と認定されるまでにはいたっていない特殊な樹種もある。残念ながら今のところまだ有害な樹種の一覧表を提示することはできない。というのは実際には有害な種が不注意で見過ごされている可能性があるからだ。木工家は常にこの点に留意し、使っている木材が原因で何らかの障害が起きたときは、必ずそれを書き留めておくことが大切である。症状があらわれたときはすぐに医師の診断をあおぐこと。

目、鼻、口にプロテクションを装着するのはいうまでもないことだが(同様に大きな音から耳を守ることも)、排出する木粉の量を最小限に抑えることも大切だ。そのためにはできるだけサンダーをかける回数を少なくし、すべての電動工具に吸塵装置をつけておく必要がある。また超微細な粒子を除去するエアークリーナーを備えておく必要もある。

資源の持続可能性 (サスティナビリティー)

木は特別な存在であり、おそらくあらゆる素材のなかで最も万能であろう。それは強く、太さ長さもほぼ自在である。また、柔軟性があり、美しく、しかも加工も比較的簡単である。しかし他の素材と異なる最大の点は、それが再生可能な資源であるということである。少なくとも理論的には…。問題は人類が、数世紀ではなく、ほんの数10年のうちに、森林を過剰伐採し、結果をかえりみることなく再生の機会を潰してきたということにある。

森林破壊に対する関心は1980年代に高まってきた。グリーンクロス、熱帯雨林同盟 (Rainforest Alliance)、地球の友、グリーンピース、世界自然保護基金 (WWF) などのさまざまな非政府組織が、熱帯雨林の悲惨な状態に光を当て、種の絶滅と森林の砂漠化に警鐘を鳴らした。世界動植物保全監視センター (WCMC) と国際自然保護連合 (IUCN) により大規模な調査が行われた。購入しようとしている木材の産出地がどのような状態に置かれているかに関心がある人々にとっては、国際熱帯木材機関 (ITTO) がさらに重要である。最後に、ワシントン条約 (絶滅のおそれのある野生動植物の国際取引に関する条約：CITES) は、絶滅危惧種の国際的商取引を規制している。

遵法的であれ違法であれ、木材伐採は常に焦点となってきたが、森林の砂漠化に最も大きな責任があるのは、森林を耕作地へと転換しようとする行為である。熱帯雨林の生態系は、壊れやすい土壌を保護している樹木と、その朽木や落葉からもたらされる栄養分に大きく依存している。樹木が切り倒された後の土壌は、永く農業を支えることができず、その結果砂漠化が広がっていくことになる。

環境保護団体のキャンペーンの結果、持続可能な資源から産出される木材を購入しようとする動きが広がっている。森林管理協議会 (FSC) をはじめとする機関は、森林を長期的視点で経営していこうとしている企業を応援している。森林

FSC認証木材には、FSCのロゴマークが刻印されている (左写真)。それはその木材が、持続可能な方法により伐採されたこと、そしてほとんどの場合管理された森林 (上写真) からの木材であることを保証している。そこでは樹木は伐採された分だけ若木を植林することが義務づけられている。

管理協議会は全世界的に森林経営を良い方向に向けようと努力しており、その原則をすべての種類の温帯森林にも適用するように努力している。私的、公的、そして協同組合的所有の森林からの、認証された木材の出荷を促進しようとしている北米大陸やスカンジナビアの諸団体がこれに協力している。しかし皮肉なことに、森林管理協議会による認証は、熱帯雨林の木材に対してよりも、温帯森林の木材に対しての方が容易に下されやすく、そのため認定の必要性があまりない北半球の森林に競争的優位を与える結果になっている。

認証はどのようにして行われるか？

他の機関も独自の認証基準を有しているが、森林管理協議会(FSC)の認証制度が木材に対する認証制度としては、最も重要な役割を果たしている。前述の熱帯雨林同盟や森林倫理(Forest Ethics)などの環境保護団体の大半が、FSC制度とそのロゴマークの普及に努めており、消費者に、認証された供給者から購入するように促している。

スマートウッドやエスジーエスなど世界中の第3者認証機関が、森林経営企業や木材加工業者、木材を主原料とする製造業者に対する監査においてFSCのガイドラインを利用している。企業は認証されると、監査の結果に応じて、一部の製品、または全製品にFSCのロゴマークをつけることが許される。他の認証基準はまだあまりよく知られていないが、良い方向に向けて重大な1歩が踏み出されていることは間違いない。それらの団体には、略名で記すが、CSA、MTCC、SFI、PEFC、LEIなどがある（正式名は巻末の用語解説を参照のこと）。

絶滅の危機にある樹種

ほとんどの良心的木工家が、使用している木材の未来に対する自らの責任を自覚しており、FSC認証の木材を購入することがそのための最も信頼性の高い方法であると考えている。しかし認証が非常に困難な地域が世界にはいくつかあり、利用できる木材の種類が限られていることは確かである。

森林伐採はすでに十分すぎるほど危機的段階に達している。これ以上の無秩序な伐採は、はるかに最悪な結果を招来し、究極的には多くの樹種が絶滅の瀬戸際まで追い詰められることになる。多くの機関が絶滅のおそれがあると考えられている樹種を監視している。その先頭に立って

監視対象樹種

ワシントン条約附属書に掲載される樹種は、一定期間ごとに変更されるが、以下の樹種は常に掲載されており、種々の団体によって重点的に査察されている。これらの樹種については必ず認証された木材を選ぶか、代替材を選択するべきである。

樹種	区分
ブラジリアンローズウッド (*Dalbergia nigra*)	AI
リグナムバイタ (*Guaiacum officinale*)	AII, EN
マホガニー (*Swietenia* species)	AII
アフロモシア (*Pericopsis elata*)	AII, EN
クルイン (*Dipterocarpus* species)	CR, EN
シーダー(スパニッシュ) (*Cedrela odorata*)	EN, VU, AIII
エボニー (*Diospyros* species)	EN, VU
マコレ (*Tieghemella* species)	EN
ウェンジ (*Millettia laurentii*)	EN
メランチ (*Shorea* species)	CR and EN
アグバ (*Gossweilerodendron balsamiferum*)	EN

略号
- AI ＝ ワシントン条約(CITES)附属書 I
- AII ＝ ワシントン条約(CITES)附属書 II
- AIII ＝ ワシントン条約(CITES)附属書 III
- CR ＝ 国際自然保護連合(IUCN)レッドリスト、近絶滅危惧種
- EN ＝ 国際自然保護連合(IUCN)レッドリスト、絶滅危惧種
- VU ＝ 国際自然保護連合(IUCN)レッドリスト、危急種

いるのがワシントン条約で、それは商業目的で販売される絶滅のおそれのある木材について3つのリスト、すなわち3つの附属書を作成している。

附属書Iに定められている樹種は、「絶滅の脅威にさらされている種」であって、「取引によって影響を受けており、または受けることのあるもの」と規定されている。そのなかでよく知られているものの1つに、ブラジリアンローズウッド（Dalbergia nigra）がある。その使用は避けられるべきである（また、過去の蓄積、あるいは再生された蓄積以外には、いかなる場合も入手不可能である）。

附属書IIに定められている樹種は、絶滅が危惧されており、商取引が規制されているもので、輸出業者は、輸出しようとしている木材が輸出国の許可のもと、持続可能な方法で産出されたものであるという認証を受けなければならない。しかしながら、輸出業者が決定する資源の持続可能性については必ずしも信頼の置けるものではないので、われわれはワシントン条約の基準よりも厳格なFSC認証のある木材だけを購入すべきである。絶滅のおそれのある樹種については、国際自然保護連合のレッドリストにも掲載されているので、それも見ておく必要がある。「世界樹木保全キャンペーン」は、絶滅の脅威にさらされている樹種の一覧表を作成しているが、そこでは、なぜそれらの樹種が危険な状態にあるのか、それらを救うにはどうすれば良いかが説明されている。

温帯産樹種は熱帯産樹種ほどには絶滅の脅威にさらされていないが、古代原生林あるいは老齢樹林の伐採に反対するキャンペーンが展開されている。多くの木工家にとっては、認証されている、いないに関わらず、温帯産の木材だけを購入し、熱帯産の木材を一切購入しないと決めておくほうが容易な選択となるかもしれない。しかしながら、森林が生き残っていくためには、収入がなければならず、それゆえ信頼できる資源から熱帯産木材を購入することは、熱帯雨林の持続可能な開発を手助けすることになり、他の即時的な利益を求める乱開発からそれを守ることにつながるのである。

古い木材の再生利用

古い家具や住宅から、使用されなくなった木材を取り出し再生利用することは、理にかなったことであるだけでなく経済的でもある。木は屋外に放置され腐朽していく場合以外は、環境に順応し、永く存在しつづけることができる。キューバン

再生木材を用いた木質床（左）は、華麗で、耐久性があり、表情豊かで、環境に優しい。この素朴な箪笥（右）は、あまり格好良いとはいえないが、100歳をこえるマツ材はまだまだ壮健で、より現代的なものに作り変えられるのを心待ちにしているようだ。

マホガニーやブラジリアンローズウッドなどの希少木材は、現在はこの方法によってのみ入手可能である。現代的な嗜好に合わなくなった住宅内装木部、テーブル、箪笥なども、美しい現代風の家具に生まれ変わることができる。

多くの廃品回収業者が、再生利用木材を販売している。前述の森林倫理はアメリカ国内のそのような業者のリストを公表している。再生利用した木材を使ってみると、樹木は決して違法に、また不必要に伐採されるべきでないということを改めて認識することができるはずだ。

良心にもとづく木工とは？

資源の持続可能性を念頭に置いた木材の購入法4つのステップ

1. 熱帯産広葉樹材の使用を計画しているならば、本書の木材一覧、あるいは環境保護団体によって公表されているリストを調べ、その木材がどのような危機的状態にあるのかを確認する。その木材が絶滅のおそれのある樹種にあげられているときは、FSC認証のある木材だけを購入するようにし、それが不可能ならば他の絶滅のおそれのない代替材を選ぶこと。
2. 全般的に温帯林は熱帯林ほどには危機的状況にないが、広葉樹材も針葉樹材もどちらも認証された木材だけを購入するようにする。そうすることによって良心的満足を得、さらに強く意識を持つことができ、また製品の販売の際にアピールすることができる。
3. 木材を購入するときは必ず木材卸商に、その木材の産地、入手経路を尋ねること。そうすることによって自らの意識をさらに高めることができるだけでなく、木材卸商にも取り扱う木材の産地に意識を向けさせることができる。
4. 木材の再生利用を検討する。いま自分が所有しているものでも、あるいは廃品回収業者から家具の形で購入し、それを分解して再生利用できる板材にするかたちでも。

知財銀行（重要ウェブサイト）

持続可能な開発および絶滅危惧種については、以下のウェブサイトでさらに情報を得ることができる。

ワシントン条約（CITES）附属書ⅠおよびⅡ
　www.cites.org
森林倫理（Forest Ethics）
　www.forestethics.org
森林管理協議会（FSC）
　www.fscus.org
FSCインターナショナル
　www.fsc.org
世界樹木保全キャンペーン（Global Trees Campaign）
　www.globaltrees.org
Good Wood Guide
　www.foe.co.uk/pubsinfo/pubscat/practical.html
国際熱帯木材機関
　（International Tropical Timber Organization）
　www.itto.or.jp
国際自然保護連合（IUCN）レッドリスト
　www.redlist.org
熱帯雨林同盟（Rainforest Alliance）
　www.rainforest-alliance.org

木材の購入

インターネットの普及によって木工道具の購入方法は大きく変化したが、木材の購入という点では、いぜんとして木材店、あるいはホームセンターが最も一般的である。チェーンストア化したホームセンターとコントラクターズヤード（契約材木卸商）が、日曜大工愛好家や工務店に木材を供給しており、主にカンナ仕上げまたは荒挽き仕上げの針葉樹材を、そして限られた量であるが、広葉樹材の無垢板を蓄積している。

より幅広い樹種のなかから、広葉樹材を選ぶ必要があるなら、専門の木工業者か、優良広葉樹材を取り扱う木材商社を訪ねる必要がある。国産または輸入の温帯産広葉樹の供給元を探し出すのはそれほど難しいことではない。そこでは、20年前後の木材が常時在庫されている。高価な輸入木材を取り扱う商社の数は、これに比べるとはるかに少ない。少量の輸入木材、またはその化粧単板だけを購入する場合は、インターネットやカタログ販売を通して購入するほうが安く効率的に購入できる場合があるが、その場合も品質やサービスをテストする意味で、最初は少量だけ注文してみるようにしたほうがいい。

広葉樹材仕上がり寸法

広葉樹材の墨かけ寸法と仕上がり寸法の標準的差異

墨かけ寸法	仕上がり寸法
25	18–20
37	31–34
50	42–46
65	56–60
75	68–72
100	94–96

カンナ仕上げ、それとも荒挽き仕上げ？

板材は、カンナ仕上げか鋸による荒挽き仕上げかの、どちらかの状態で販売される。荒挽き仕上げの木材はおもに建設業界で用いられる。針葉樹材の場合は特に規格寸法で販売されるが、その場合、墨かけ寸法と仕上がり寸法の2通りの表示方法がある。墨かけ寸法とは鋸による荒挽き仕上げの状態の寸法であり、仕上がり寸法とは、カンナで表面を仕上げた状態の寸法である。カンナ仕上げの木材を購入しようとするとき、普通木材店がいう寸法は墨かけ寸法であるが、かならずしもすべての店がそうであるというわけではない。仕上がり寸法で注文を受けているメールオーダーの販売会社もある。

ホームセンターでは、広葉樹材は通常4面カンナ仕上げ（S4S）で販売される。側面にカンナをかけていない2面カンナ仕上げ（S2S）で販売されているものもある。地元の製材所や広葉樹材専門卸商で無垢板を購入する場合は、その多くが荒挽き仕上げで販売されているので、木材の品質や色、木理模様を判断するのが難しくなる。また木材の処理過程いかんでは、購入後も木材の幅も厚さも変化するので、注意する必要がある。

荒挽き仕上げの木材の表面を最も早く仕上げる方法は、手押しカンナ盤または自動鉋盤を使うことである。もしこれ

等級がつけられ板材に製材されるのを待ちながら積み上げられている広葉樹丸太材。

らの道具を持っていないならば、自分の手でカンナをかけることに喜びを感じる人以外は、カンナ仕上げの木材を購入したほうが良いかもしれない！　自分で仕上げる場合も機械を動かす労力と、カンナ屑として無駄になる部分が出るのだから、カンナ仕上げの木材のほうが荒挽き仕上げの木材よりも高価であるのは当然であろう。自分の作業場でなるべく廃材を少なくし、必要とする寸法にできるだけ近い寸法で板材を仕上げるほうが効率が良い場合もある。カンナ仕上げされている木材といえども、作業場に置いているあいだも変形し続けているので、乾燥させたあと再度カンナかけをする必要がでてくる場合もある。

平角材それとも丸身材

　針葉樹材はすべて、そして広葉樹材のほとんどが、平角材として販売される。その場合どれだけの木材を購入すれば良いかはかなり簡単に計算できる。製材所からそのまま直接販売される国産の広葉樹材の一部、そして輸入広葉樹材の一部も、片側あるいは両側が丸身の状態で、しかも樹皮のついた耳つきの状態で販売されることがある。木材卸商は、こうした丸身の板材を販売するときは、板材の幅の広い箇所と狭い箇所を測り、その平均を出して表示している場合がある。この場合廃材にする部分にまで不用なお金を支払うことがないように、使えない欠点のある箇所を含んでいる木材や、辺材の部分を広く切り取っているような木材を購入しないように注意しなければならない。

木材の価格体系

　針葉樹材は規格化された幅と厚さで販売されるので、板材の価格は通常1mまたは25mm単位の長さで決められる。こうして決められた価格は長さ価格——メートル価格——といい、規格化された板材に適した価格体系である。

　広葉樹材の大きさは、樹種および産地によって、幅や長さがまちまちなので、通常は木材の体積（材積）、すなわち300mm×300mm×25mm単位の価格で表示される。そこで板材の価格を計算するときは、厚さ×幅×長さ（単位はmm）を出し、それに0.000225をかける。

　長尺ものの場合、ミリメートルで計算するよりもメートルで計算するほうが簡単なので、長さについてはメートルの単位を使い、厚さと幅についてはミリメートルを使う場合がある。その場合は、前述の0.000225ではなく0.225をかける。

丸身の端がまだそのままの状態の荒挽きされた板材。

4面カンナ仕上げ(S4S)され、積み重ねられて購入されるのを待つ板材。

墨かけ寸法、それとも仕上がり寸法?

木材を購入するときは、寸法に関する用語の使い方に慣れておく必要がある。広葉樹材も針葉樹材も、荒挽きされた状態のまま購入する場合は、見たとおりの寸法そのままを購入する。150mm×25mmと表示されている板材は、まさに寸法どおりの大きさである。しかし、カンナ仕上げの板材の寸法は、多くの場合カンナ仕上げする前の、すなわち荒挽きの状態のままの板材の厚さと幅、つまり墨かけ寸法で表示される。そのため実際の仕上がり寸法は、その寸法から最大で6mmまで小さくなることがある。

カンナ仕上げの針葉樹材を購入する場合、墨かけ寸法で注文し、仕上がり寸法で受け取る場合もある。その差は、6mm、12mm、18mmのいずれかである。ほとんどの針葉樹材は、墨かけ寸法で販売され、その厚さは25mmまたは50mm、幅は50mmから300mmの間である。

廃材率

木材を購入するときは、必ず図面上必要とされる量よりも多く購入する必要がある。いくらかの廃材が出るのは避けられず、また失敗する可能性もあるからである。荒挽きの板材を作業場でカンナかけする場合、最大で6mmほど薄くなると考えておく必要がある。辺材や欠点のある木材の場合は、さらに廃材率は高くなり、樹種、等級、そしてS4Sか荒挽き仕上げかによって、20から40%位を見込んでおく必要がある。

細い板材を接着して幅広板を作るのは、時間やノコ屑のことを考えると不経済かもしれないが、安定性の高い幅広板を得ることができる。それはまた、薄すぎたり、狭すぎたりして、そうしない場合は端材になったかもしれない木材を有効活用することにもなる。

木材の等級

広葉樹材の等級は、一枚の板から取れる無節の板材の大きさと枚数によって決められているので、それによって全米広葉樹製材協会(NHLA)の基準に合わせた歩留まりを見積もることができる。最高級の広葉樹材は1級と2級であり、この等級は専門的には区分されているが、実際はFAS(first and secondの略)としてまとめられている。FASの板材は、少なくとも幅150mm、長さ2m、歩留まり83.3%以上を満たすものでなければならないと定められているが、それはキャビネットなどの最高級家具を製造するのに理想的な木材であると保証されているということを意味する。

針葉樹材仕上がり寸法

針葉樹材の標準寸法(単位mm)

墨かけ寸法	仕上がり寸法
25 x 25	18 x 18
25 x 50	18 x 37
25 x 75	18 x 62
25 x 100	18 x 87
25 x 150	18 x 137
25 x 200	18 x 181
25 x 250	18 x 230
25 x 300	18 x 280
50 x 25	37 x 18
50 x 50	37 x 37
50 x 75	37 x 62
50 x 100	37 x 87
50 x 150	37 x 137
50 x 200	37 x 181
50 x 250	37 x 230
50 x 300	37 x 280

希望する樹種の幅広板が入手困難なときは、数枚の幅の狭い板材を接着剤ではぎ合わせると良い結果が得られる。そのようにして作られた板材は、安定性が高く、湾曲しにくい。

木材購入時のチェックリスト

木材店から本当に必要な木材だけを積んで帰れるように、そして無駄な木材で貨車を貸しきったり、さらに悪いことに、まったく役に立たないものを持ち帰ったりすることがないように、木材購入時には以下の諸点に気をつける必要がある。

1. 製作に必要なすべての部材の長さを書き出し、選択する予定の板材の長さ、幅、厚さを十分計算に入れて、必要な材料の総量を積算する。長さが最も重要な要素である。接着剤は幅と厚さに関しては役に立つことがあるが、長さに関してはほとんどの場合役に立たない。
2. 廃材分と失敗見込み分として、30%は多めに購入するようにする。木材は余っても次に使える。
3. 間違いなく必要な大きさの木材を購入することができるように、木材店が墨かけ寸法で取り扱うのか、仕上がり寸法で取り扱うのかをしっかり確認しておくこと。
4. 節や割裂など使用に影響するような木材の欠点を注意深く検査する。ここでも再度強調するが、長さが最も決定的な要素である。
5. 木材が曲がっていないかどうかを確かめる。板材が幅ぞりしている場合は、それを細く鋸挽きして、接着剤ではぎ合わせることができる。軸方向にそっている場合は、短い長さに切断して使う予定であれば使える。しかしねじれのある板材は、よほど短く切断して使うとき以外は使えないので避けること。
6. 木材の取り扱いには注意する。中心的な部位に傷があると、加工に大きく影響する。含水率計の針を刺す部位に注意すること。最終的に仕上げたときに目立つことがない部位に刺すこと。理想的には切断したばかりの木口に刺すのが良い。

同様に次の2つのグレード、セレクトとNo.1は、しばしばNo.1コモンアンドベターとしてまとめられている。この等級は、一面だけを仕上げ加工すれば良いとき、あるいはそれほど長尺を必要としないときに、FASの代替材になりうるものとして考えられている。

木工家が利用する針葉樹材のほとんどは、住宅建築用木材であり、特に強度よりも美観を重視して等級づけられる「ヤードティンバー」等級のついたものである。その等級には、No.1から5までのコモングレードやフィニッシュ・アピアランス、セレクト・アピアランスのグレードがあり、どのグレードも、見かけの悪いほうではなく、良いほうの表面にある節などの欠点の大きさと数で決定される。この点は広葉樹材と同じである。ほとんどの木工家が、作品制作にはアピアランス・グレードのものを、そして家庭用の棚、天板材、内装造作などの日曜大工にはコモングレードの木材を使用している。アピアランス・グレードの最高級品は、フィニッシュまたはセレクトとして知られており、モールディング加工済みのものや、4面カンナかけ(S4S)のものが、この範疇に入る。

木材店で積み重ねられているS4S木材。等級付けされ、品質保証の印がつけられている。

木材業界で用いられている略語集

以下の表には、一般的に使用されているものだけを掲載している。より詳しくはウェブサイトwww.wood-bin.comに掲載している。

購入に関するもの

ADF	運賃差引き渡し
AL	全長
AV	平均
AW	全幅
AW&L	全幅全長
BD	板材
BDFT	ボードフィート（材積の単位）
BDL	束
BL	船荷証券
CC	容積
cft	立方フィート
CIFE	運賃保険料為替費用込み
C/L	貨車積
DIM	ディメンション
E	端
ED	欠点評価値
FA	表面積
FBM	ボードフィートメジャー
FOB	本船渡し
FRT	運賃
FT	フィート
FT.SM	平方フィート
G	周囲長
GM	等級刻印済み製材
Hdwd	広葉樹材
H&M	カンナのかかっていない面が断続的にある
H or M	部分的な削り残しなどの加工上の欠点
IN	インチ
LBR	製材品
LCR	小口貨物
LGR	より長い
LGTH	長さ
Lft	同じ幅の材の全長
LIN	長さに関連した
M	1000
MBM	1000（フィート）
M.BM	ボードメジャー
Mft	1000フィート
MW	幅が不揃い
NBM	実材積
number	番号
Ord	順序
Pcs	個数・枚数の単位
R/L	乱尺
R/W	幅乱尺
Sftwd	針葉樹材
SM	表面積
Specs	仕様書
Std	基準長さ
STK	ストック（再加工用材の一種）
TBR	ティンバー（断面の1辺が5インチ以上の製材）
WDR	より広い
WT	重量
WTH	幅

等級に関するもの

AD	天然乾燥材
B1S	片面玉縁仕上げ
B2S	両面玉縁仕上げ
B&B	北米針葉樹材等級で最上級
BEV	幅方向に厚さが薄くなっている板
BH	心持ち材
BSND	無欠点の変色していない木材
BTR	ベター（北米針葉樹製材等級の1つ）
CB	材面中央に玉縁がある材
CG2E	両側面中央にさねはぎ加工したもの
CLR	クリアー（北米針葉製材等級の1つ）
CM	板の厚さの中央にさねはぎ加工した材
CV	面の中央にV溝加工してある板材
DKG	甲板材
DIS	片面表面加工製材
FAS	広葉樹製材の北米規格で最上級

FAS1F	片面FAS仕上げ		S&E	表面と側面を仕上げた材
FG	板目		S1E	片側側面を仕上げた製材
FLG	フローリング		S2E	両側面を仕上げた製材
FOHC	心去り材		S1S	片面表面加工製材
FOK	無節材		S2S	両面表面加工製材
FURN	家具用蓄積		S4S	表面加工製材
G or GR	未乾燥剤		S1S&CM	片面表面仕上げ、厚さの中央にさねはぎ加工
Hrt	心材		S1S1E	片面片側面表面加工製材
J&P	根太および厚床板材		S2S&SL	両面表面仕上げさねはぎ加工製材
JTD	接合材		T&G	さねはぎ加工した板材
KD	人工乾燥機		UTIL	ユティリティ(北米針葉樹製材等級の1つ)
MC	含水率		VG	柾目
MCO	製材所選別		WHAD	虫穴以外欠点なし
MG	年齢幅が中等の1荷口に板目材と柾目材が混合したもの		WHND	虫穴以外欠点なし
MLDG	モールディング			
M-S	樹種混合			
MSR	MSRランバー		**樹種名**	
N	側面に丸身をつけた製材			
P	カンナ仕上げ		AF	アルパインファー
PAD	乾燥不十分な天然乾燥剤		DF	ダグラスファー
PE	縦接ぎのための加工がほどこされていない製材		DF-L	ダグラスファー、ラーチ
PET	木口を直角に、かつ平滑に仕上げた製材		ES	エンゲルマンスプルース
Qtd	柾目木取り		HEM	ヘムロック
RDM	乱尺		IC	インセンスシーダー
REG	標準もの		IWP	アイダホホワイトパイン
RES	小割り材		L	ウェスタンラーチ
RGH	荒挽き		LP	ロッジポールパイン
S-DRY	表面仕上げ乾燥材(含水率19%以下)		MH	マウンテンヘムロック
SE	丸身や面取りのない製材の角		PP	ポンデロサパイン
SFL	セレクトまたはセレクトグレード		SIT.SPR,SS	シトカスプルース
SE&S	丸身や面取りのない角を持つ腐れのない製材		SP	シュガーパイン
SG	板目		SYP	サザンパイン
S-GRN	表面仕上げした未乾燥剤(含水率19%以上)		WC	ウェスタンシーダー
SGSSND	やに、やに筋が存在するが欠点のない辺材		WCH	ウェストコーストヘムロック
SQ	100平方フィート		WCW	ウェストコーストウッド
SQRS	幅が厚さの2倍以下の製材		WF	ホワイトファー
SR	機械強度等級格付け		WRC	ウェスタンレッドシーダー
SSND	辺材汚染以外の欠点のない製材		WW	ホワイトウッド
STD.M	標準的なさねはぎ加工した製材		YP	イエローパイン
STD	スタンダード(北米針葉樹製材等級の1つ)			
STR	構造用材			

樹木から板材へ

板材の変形力学を理解するには、樹木がどのようにして成長するかを理解する必要がある。根は樹木をまっすぐ上方に支えるアンカーの役割を果たすと同時に、無機養分を豊富に含んだ水分を吸収する。樹液は樹木の外側の層、樹皮のすぐ下の形成層を通り乾燥している葉まで導かれ、そこで水分が蒸発する。葉は二酸化炭素を吸収し、それを太陽エネルギーの力を借りて、光合成で成長のための養分に変化させる。

形成層の細胞は、最初の数年間は樹液を蓄積し運搬するように形成されているが、その後樹木の強固な脊柱へと変化する。樹木が成長する春と初夏のあいだ、細胞は比較的大きく、樹木に栄養分を与えるため樹液に満ちている。それらの細胞は、微細な一連の結合された管のように働き、樹液を細胞から細胞へと、くねくねと曲がりながら上方へと導いていく。1年の後半になると、細胞は細胞壁を厚くしながら扁平になり、水分を上方に送り木を強くするためだけに使われるようになる。樹液と養分の大半は樹木の上方へと運ばれているが、樹心に向かっていくつかの細胞が連続して異形化している部位が作られる。これは放射組織と呼ばれており、年輪に対して直角に走り、柾目木取りをしたときに板材の表面に色彩豊かなもくを形成する。

年々、早材（春材）と晩材（夏材）の新しい層が育つなかで、樹心に近い層は、木を支えるための心材へと変化していく。この変化のおかげで、われわれはあの強靭な木材を得ることができる。こうして生長の輪が毎年積み重ねられているので、われわれは樹木、そして板材でさえも、その樹齢を知ることができる。辺材と心材の割合は、同一樹木の生長の全時期を通じて一定だが、最も中心に近い部分では細胞が死滅していき、しばしば菌類に襲われることがある。それは最終的には樹木を死に導く場合があるが、そのような細胞の死滅は木材にさまざまな種類の特殊な効果、模様を生みだすことがある。たとえば、オークは濃い褐色に変わり、アッシュの心材には銀色の筋があらわれる。

木材の性質

どの樹種をとっても、同じものは2つとない。それぞれがさまざまな性質を独特の形で組み合わせ、他の樹種にはない特徴を生み出している。その特徴は遺伝子によって決定され、樹種によって共通である一方、成長した環境、土壌の種類、気候などによってさらに1本1本独特の、他にない個性を持つようになる。

木の断面図（下）には、年輪、放射組織、中心部の濃色をした心材を見ることができる。この板材（右）は丸太を縦にスライスしたものである。心材が写真下に向かって横たわっており、1番上の層が辺材になっている。

アッシュ　　オーク　　ウオルナット　　バーチ　　メイプル

木理・粗と精

心材と辺材

辺材と心材の割合は樹種によって異なる。ヨーロピアンウオルナット（*Juglans regia*）は、紫褐色の箒で掃いたような優美な木理、均質な肌目で珍重されているが、がっかりさせられるほど、淡色の軟らかな辺材の部分が広がっている。それはほとんど利用価値がない。ヨーロッパイチイ（*Taxus baccata*）も辺材と心材のコントラストが際立っているが、この場合は逆に木工家の多くは、そのコントラストを作品のなかに生かしている。

他の木材、特に熱帯産木材は辺材として識別できる部分がほとんどなく、あったとしても、心材から辺材への移行は非常に漸進的でその差異は顕著ではない。そのため辺材の大部分は安心して木工に利用することができる。とはいえ、まずはしっかり目で見て確認することが大切だ。たとえばオークの心材は虫の侵入に対してはかなりの抵抗力があるが、辺材は虫に好まれ、しばしば虫穴でハチの巣状になっていることがある。

木理

木工家は木理のことを語り始めたら止まることがない。ある樹種の木理の優位性を、他の樹種の木理の陥穽と対比させながら、木理のさまざまな性質、その利用法について尽きることなく語り合う。ところで、木理を語るときには、3つの主要な観点がある。肌目、均質さ、方向である。

肌目

ほとんどの木材の肌目が、粗（疎）または精（密）のどちらかとして記述されるが、その中間の中庸のものも多くある。オーク、アッシュ、ウオルナットなどの肌目の粗い木材は、樹液を運搬するための全体的には少ない数の大き目の細胞を持っていて、材面に大きな開いた道管があらわれる。これらの木材は、材の表面を完璧に平滑にするためには目止め材で塞ぐ必要があるが、木工家の多くはこれらの木材を愛好し、表面にサンドブラスト加工したり、ワイヤブラシをかけたりして、逆にその特徴を強調する。反対に肌目が精の、バーチ、メイプルなどの木材は、小さ目の細長い細胞を多く持っているため、比較的容易に、光沢のある磨きあげた傷のつきにくい表面仕上げを得ることができる。しかし針葉樹材は、たとえ肌目が精であっても、それほど光沢（材の表面を輝かせる性質）が出ることはない。イチイは密で均質な肌目、均一な木理を有しているが、木理が交錯し、あらゆる方向に走っているため、非常に加工が難しい。

木理の均質さ

板材に見られる木理の線は、成長の早い季節に形成される細胞壁の薄い大きめの細胞（早材）と、成長の遅い季節に形成される厚い細胞壁を持つ細長い細胞（晩材）の境界としてあらわれる。熱帯林では気温は年間を通して一定であり、早材と晩材の差がほとんどないため、熱帯産材の多くが均等に走る木理と均質な肌目を持っており、それが好まれている。しかしそれは、これらの木材が使いやすいということを必ずしも意味しない。というのは、肌目が粗であったり、木理が交錯していたり、またその両方の場合があるからである。温帯では早材と晩材の差は顕著であり、それは外観的には美しいが、時には加工の難しさも生んでいる。密度が一定していないことから、鋸断や鉋削の際に、道具が硬い層にあたって跳ねたり、鋸やノミが意図した方向から大きくそれたりする結果を招くことがある。

木理の方向性

樹種によって木理の方向性は異なっており、また同一の樹種でも1本1本の樹木によって異なっている場合がある。ホワイトオーク（Quercus alba）やブラックウオルナット（Juglans nigra）は、木理が通直であることで好まれるが、それはすべての細胞が空に向かってまっすぐ成長した結果である。通直に成長するように遺伝子学的に定められている木材でも、粗雑な森林管理の結果、木理が乱れる場合がある。また動植物が豊かに育つ豊穣の森は、遺伝子学的多様性という点で大いに価値のあるものであるが、それは必ずしも価値の高い、木理の通直な木材を産出するとは限らない。また木理が通直であっても、均質な肌目を有しているとは限らない。しかし優れた製材所といわれる所は、板材の長手方向に平行に木理をそろえることができなければならない。また木工家のノコやカンナは、木理の方向が変わった場合でも、材を割裂させることなく、木理にそって切削することができる。

チェスナットなどの木材は、旋回木理になる性質があり、それは樹木の外側からも観察することができる。これは作業上非常に大きな障害となり、木材の価値を低める。木工家にとって最も厄介な木理は、交錯木理と呼ばれているもので、木理が複雑に絡み合い、方向性が予測しがたいものである。最初はまるで馬の毛をくしけずっているようにすいすいとカンナかけができていても、急に木理の方向が変わり、毛羽立てるようになってしまうことがある。

もくとは？

この木材は美しいもくを持っている、この木材は雅致に乏しい、などと木工家がもくについて口にするのをよく聞くが、もくとは木理の方向性、肌目、均質性を総合した言葉で、木材の美しさ、雰囲気、加工性を規定するものである。もくは板材が製材されるときの方法や、成長過程での樹木内部のねじれや回転によって決定される場合がある。

木材の乾燥法

木材は常に変化しているので、板材に加工された後も生きつづけていると多くの人々は信じている。実際は、木材に曲がりやそりが生じるのは、乾燥したり、周囲の水分を吸収したりすることによって、含水率が変化するからである。亀裂（割裂）や幅ぞり、ねじれのない板材にするため、伐採後木材を徐々に乾燥させながら含水率を制御していくのは、森林管理者、製材所、そして木工家の責任である。

伐採された樹木は水分を失って収縮していき、そのまま放置しておくと髄（樹木の中心）から放射状に割れ目が広がっていく。そこで丸太は製材所で厚板にされることによって張力から解放され、収縮はゆるやかになる。乾燥の過程は、注意深くおこなわれなければならない。厚板は乾燥した換気の良い場所に、桟木（小幅板材）で1枚1枚離され、その間を空気が循環するようにして積み上げられる。乾燥を早めるためにキルンが使用されることもあり、さまざまな種類のものが開発されている。全体を均等に乾燥させるように、厚板の木口の部分に塗料やワックスを塗布するが、どうしてもその部分が他の部分よりも早く乾燥するため、その部分に多少の割裂が入ることはやむをえないこととされている。

収縮率

幸いなことに、乾燥の過程で木材が軸方向に収縮することはほとんどない。板材は幅と厚さの方向に収縮するが、その割合は同率ではない。木材の木口部分に割裂が多く見られる理由の1つは、細胞の収縮率が、年輪の周囲（接線方向）のほうが、中心から外へ向かう部分（放射方向）よりも大きいからである。これは丸太から板材を取る方法（木取り）にとって重要な意味を持っている（p.26「木取り方法」を参照）。

木材の含水率は、含水率計で計り、％で表示する。樹種と状態によって異なるが、天然乾燥によって木材の含水率は約15％くらいまで下がる。伝統的に、板材の厚さ25mmにつき乾燥期間を1年取る必要があるとされる。セントラルヒーティングの室内や事務所に置く家具や建具は、含水率を10％くらいまで落とす必要がある。というのは、そうしないと、室内に据え置いたとき継手がゆるんだり板材に亀裂が入ったりすることはない、という保証を与えることができないからである。この最終乾燥は、通常作業場の木材保管場所、木工家のベッドの下（そこはたいてい温かく、乾燥している）、または特別なキルンで仕上げられる。

主要木材の収縮率

生木から絶乾状態（含水率0%）への収縮率（%）
出典：米国林産試験場（USFPL）

木材	放射方向	接線方向
アフロモシア	3.0	6.4
アルダー、レッド	4.4	6.3
アッシュ、ホワイト	4.9	7.8
バルサ	3.0	7.6
バスウッド	6.6	9.3
ビーチ	5.5	11.9
バーチ、ペーパー	6.3	8.6
バーチ、イエロー	7.3	9.5
ブビンガ	5.8	8.4
バターナッツ	3.4	6.4
シーダー、インセンス	3.3	5.2
シーダー、ポートオーフォード	4.6	6.9
シーダー、サウスアメリカ	4.0	6.0
シーダー、スパニッシュ	4.1	6.3
シーダー、ウェスタンレッド	2.4	5.0
チェリー、ブラック（アメリカ）	3.7	7.1
チェスナット、ホース	2.0	3.0
チェスナット（アメリカ）	3.4	6.7
ココボロ	3.0	4.0
エボニー	5.5	6.5
エルム	4.2	7.2
エルム、シーダー	4.7	10.2
エルム、ロック	4.8	8.9
ファー、ダグラス	4.8	7.5
グリンハート	8.2	9.0
ヘムロック、ウェスタン	4.2	7.8
ヒッコリー	7.0	10.5
ホリー	4.8	9.9
イロコ	2.8	3.8
ジャラ	4.6	6.6
ジェルトン	2.0	4.0
カリー	7.2	10.7

木材	放射方向	接線方向
クルイン	5.2	10.9
ラーチ、ウェスタン	4.5	9.1
ラワン	4.4	5.4
マホガニー、アフリカン	2.5	4.5
マホガニー、サウスアメリカン（トゥルー）	3.0	4.1
オーク、レッド（ノーザンorサザン）	4.0	8.6
オーク、ホワイト	5.6	10.5
オベチェ	3.1	5.3
パーシモン	7.9	11.2
パイン、パラナ	4.0	7.9
パイン、ピッチ	4.0	7.1
パイン、ポンデロサ	3.9	6.2
パイン、シュガー	2.9	5.6
パイン、ウェスタンホワイト	4.1	7.4
プリマベラ	3.1	5.2
パープルハート	3.2	6.1
ラミン	3.9	8.7
ローズウッド、ブラジリアン	2.9	4.6
ローズウッド、インディアン	2.7	5.8
サペリ	4.6	8.0
サッサフラス	4.0	6.2
サテンウッド、セイロン	6.0	7.0
スプルース、シトカ	4.3	7.5
シカモア	5.0	8.4
タンオーク	4.9	11.7
チーク	2.2	4.0
ビローラ	5.3	9.6
ウオルナット、ブラック	5.5	7.8
ウオルナット、ヨーロピアン	4.3	6.4
ウオルナット、クイーンズランド	5.0	9.0

含水率による収縮幅

300mm幅板材の収縮幅
出典：米国林産試験場（USFPL）

含水率	放射方向収縮幅	接線方向収縮幅
(%)	(mm)	(mm)
25	2.5	3.75
20	5	7.5
15	8.75	12.5
10	10.5	17.5
5	15	21.25

樹種によって収縮率は異なっている。上表は、当初300mm幅の板材が含水率に応じて収縮する平均値を示したものである。

作業場での収縮

多くの木工家にとって非常に重要な値は、天然乾燥後の木材が作業場に運び込まれたときの含水率20％と、組み立てた後セントラルヒーティングの室内に置いたときの含水率10％の間で生じる収縮率の差である。右表はこの10％の含水率の相違によって生じる収縮率を、放射方向、接線方向別に、示したものである。

木取り方法

製材所の目標は、質と量を考慮しながら、1本の木からいかに最大量の販売可能な板材を作り出すかにある。最も単純な方法は、丸太を25mmから100mmの厚さの間で薄くスライスしていく方法だが、これはスルーアンドスルー（だらびき）またはクラウンカッティング（まるびき）と呼ばれる。この方法で木取りされた板材は、横に寝かせて木口を見ると多くの年輪が幾重もかさなり、また木表に炎状の木理があらわれることで確認できる。

クラウンカッティング（まるびき）は一面では経済的な木取り方法であるが、多くの場合幅ぞり（カッピング）を生じる（p.28参照）。

一般に接線方向の収縮率は、放射方向の収縮率にくらべて低く見積もっても3分の2は大きいので、多くの木工家は板材の木口に、木表に直角に年輪のあるものを好む。この場合、板材の幅方向ではなく、厚さ方向に最も顕著な変形が起こり、幅ぞりが起きる可能性が少なくなるからである。このような木材を取り出すため、製材所では多くの場合、丸太を4分割する方法で木取りする。この方法は柾目木取りと呼ばれている。これはかなり多くの時間と労力を必要とし、廃材率も高くなる。柾目木取りによって木取りされた木材は、その安定性と、また多くの場合技術を駆使して表面にあらわされる独特の放射組織によって、高い価値を与えられている。

作業場における収縮率

木材名	放射方向収縮率 (%)	接線方向収縮率 (%)
アッシュ	1.3	1.8
ビーチ	1.7	3.2
ブラックビーン	1.0	2.0
エルム、イングリッシュ	1.5	2.4
マホガニー、ホンジュラス	1.0	1.3
パドウク	0.5	0.66
チーク	0.7	1.2
オーク、イングリッシュ	1.5	2.5
オーク、ジャパニーズ	1.0	2.8
オーク、タスマニアン	1.4	2.1
メイプル、ロック	1.8	2.6
ウオルナット、ヨーロピアン	1.6	2.0

木材含水率の用途別平均値(%)

直射熱源の直近に置く製品	9
強暖房の室内の家具および建具	11
標準暖房の場所に置く製品	12
寝室など時々暖房する場所に置く製品	13
ボート製造	15
ガーデンファニチャー	16
構造材	22

板材の一般的障害

木材は乾燥の過程で、さらには作業場で、周囲の環境に影響されて変形し質を劣化させる場合がある。木材を購入するときは、欠点がないかどうかをよく確かめる必要がある。上手に解決される問題もあれば、加工が非常に難しくなる問題もある。

製材職人は木材を「読む」ことができなければならず、歩留まりと外観を基礎に判断しなければならない。それが同時に満たされる場合もある。この広幅の、無節の板材（上）は、その両方を満たしている。もしそうでない場合は、製材職人は心割れを防ぐため、最初のカットの後、丸太を回転させなければならないかも知れない。

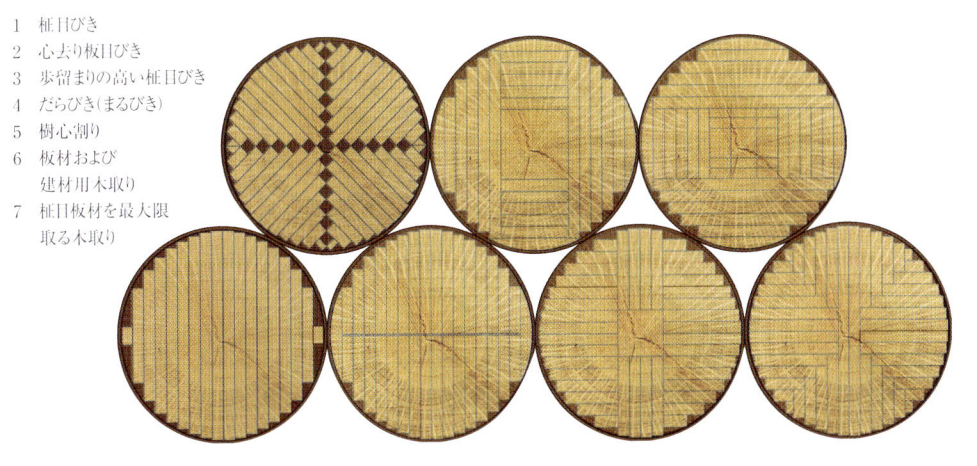

1 柾目びき
2 心去り板目びき
3 歩留まりの高い柾目びき
4 だらびき（まるびき）
5 樹心割り
6 板材および
　建材用木取り
7 柾目板材を最大限
　取る木取り

幅ぞり(カッピング)

板目木取りした木材は、乾燥過程で、木口に見られる年輪の直径の違いによって収縮率が異なることから、幅ぞりが起きることがある。そのような木材は、湿らせることによって、再度平らになる。

ねじれと縦ぞり

切断方法が悪かったり、乾燥時の積み重ね方が粗雑であったり、旋回木理や交錯木理を含んでいたりすると、ねじれや縦ぞりが生じることがある。また縦ぞりは、粗雑な保管や積み重ね方が原因で生じることがある。

亀裂と割れ

木材の表面が急激な乾燥にさらされると、細かな割れ目が生じる。これはまた木口の割裂の原因にもなる。しかしこれらは防止することは難しく、しばしば起こることである。板材内部の割れや種々の欠点が、樹木の成長過程で生じている場合もあり、その場合は避けることはできない。

裂け

これは木の内部に生じる割れで、通常は1つの大きな割れが木の中心部から外側に向かって走っているものである。他の形状の裂けもある。

木材の一般的障害

簡便な方法を好む木工家は、木理の通直な、そして節などの強度を低くする可能性があり、切断やカンナかけが難しい種々の欠点を持たない、クリーンと呼ばれる板材を選びたがる。実際作業場で木材を加工しているとき、ほぞ穴を切り込む場所に大きな節を見つけることほどがっかりさせられることはない。

よく管理された森林は、節や病害などの欠点の少ない、まっすぐ伸びた健康な樹木を産出する。しかし木工家の多くは、欠点のある木材と格闘するのを喜びに感じ、またそのような欠点は作品に雅致を与えるだけでなく、そうすることが森林に対する有機的な姿勢でもあると信じている。実際欠点のある木材のなかには、供給量が非常に限られ、需要が大きいため、化粧単板でしか手に入らないものもある。

隠れていた秘密

板材を切断したりカンナかけをしたりすると、内部に隠れていた模様や欠点が表面にあらわれる。板目木取りと柾目木取りの相違が表面にあらわれるのも、ようやくカンナをかけた後である。

❶ この柾目木取りのパウロサ(*Aniba duckei*)の木表を見ると、誰もが木理は通直だと思うだろう。しかし木端を見ると、木理が乱れていることがよくわかる。

❷ アフリカンウオルナットと呼ばれることが多いタイガーウッド(*Lovoa trichilioides*)にあらわれた黒い線。木表から木端に走っている様子がよくわかる。

❸ 柾目木取りの板材の表面にあらわれる、レースウッドとして知られている斑点状の模様を持つ木材は、このヨーロピアンプラタナス(*Platanus hybrida*)以外にも多くある。ヨーロピアンエルム(*Ulmus procera*)にも同様の放射組織が見られる。

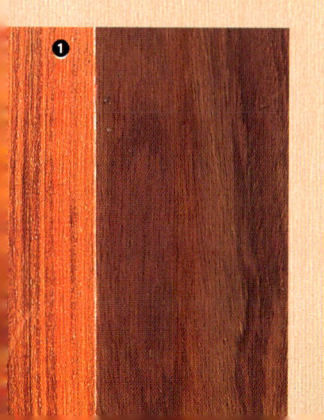

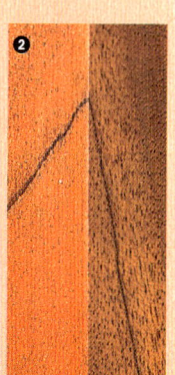

バール

樹皮にまで達した傷は、ときどきバールと呼ばれる硬い渦巻状の痕を残す組織を生み出すことがある。それはろくろ細工職人や彫刻家によって、また化粧単板用として、高く評価されている。バールの交錯した木理は、家具の材料として使うのを非常に困難にし、また渦と渦の中間部分があるため、必ずしも強度があるとはいえない。

節

木材はしばしば節の数で等級がつけられる。節は木材の強度を低め、加工を難しくするからである。また節からは樹液や樹脂が漏れ出すことがあり、そのためその穴は、通常セラックという物質から作られる目止め材を用いて塞ぐ必要があるとされている。

病害と樹齢

病害にあった樹木に、美しい色や模様があらわれる場合がある。すべてではないが、それは木材の強度を低くする。スポルテッドビーチには黒い墨を流したような模様が入り、また老いたオークは濃褐色に変わる。逆に木材にしみができて、その価値を低める場合がある。多くの場合それは粗雑な乾燥の過程で生じる。木材を乾燥させるとき、材と材を離すために置く桟木と化学反応を起こして、材の表面にしみができることがないように注意する必要がある。

波状もく・キルトもく・その他のもく

木材の表面に異様な波のような模様があらわれることがある。特にメイプルやシカモアに多い。驚いたことに、波状もく、キルトもく、あるいはその他のもくの木理模様は、木材の加工性にあまり大きな影響を与えない。最も高く賞讃されるバーズアイメイプルは、非常に小さな節のようにみえるかすかな隆起が特徴である。

クロッチ(木股)と根

木工の名人のなかには、他の木工家がしり込みするような部分を使う人がいる。たとえばガンスミスの工房では、銃床に木理が緻密に交錯したウオルナットの根の部分を用いているが、それは見た目も美しく、反動をよく吸収するからである。大きな枝が幹と出会う場所が、クロッチであるが、その部分には魅力的な炎状の木理が出ることがあり、家具を彩るものとして重宝される。またボート製作者や大工は、船の肋材や天井の横梁などに使うため、曲がった大枝を1本1本選び出す。

❹、❺ ゼブラウッドまたはゼブラノ(*Microberlinia brazzavillensis*)にカンナをかけるのが難しい理由は、同じ板材の木端の両側で木理の方向が異なっていることによく示されている。

❻ 微細な連続した点のめずらしい模様がベリ(*Paraberlinia bifoliolata*)の表面にあらわれている。サンディングの跡と間違われやすいが、自然のなせる技で、木理をぼかしているような効果がある。

❼ 乾燥が粗雑におこなわれることによって、このヨーロピアンオーク(*Quercus robur*)のように、板材に亀裂や割れが生じることがある。このような状態になったらできることはあまりないが、それを作品のなかに生かす木工家もいる。

❽ 柾目木取りで木取りされたオーク(*Quercus species*)にあらわれる放射組織はよく目立つが、ビーチ(*Fagus species*)の場合は変化はほとんど目立たない。この柾目木取りの木端にあらわれている斑点は、普通よりも少し大きく、ひし形が目立つぐらいである。木表のV型の木理模様は、一般に板目木取りの表面であることを示している。

木材の保管

木材を積み上げて保管しておくことは、そのようなスペースのある作業場を持つことが許されたものだけが感じることができる喜びの1つである。たびたび木材店を訪れるのは、時間がかかるし、また最適な材料を買って帰れるという保証もない。自宅にその中から適した材料を選び出すことができる在庫を持っていることは、大きな優位性を与えてくれる。またすぐに必要でないものも保管しておくことによって、必要なときはいつでも使えるという安心感がある。

しかし木材の保管はそう楽なことではない。木材はいつでも取り出せるように、そして質が劣化することがないように保管しておかなければならない。また在庫の中味をしっかり確認しておくことも大切だ。特に荒挽き仕上げの板材は、あとから何という樹種だったかを確認するのは容易ではない。積み上げは確実に安全に、しかも探しやすく取り出しやすい形でおこなわれなければならない。また端材が多く出るが、将来まさにその同じ樹種の、その位の長さの材が必要になるかもしれないと思って、われわれの多くはそれを処分することができない。

記録を取る

保管場所にどのような木材があるかがわかるように、木材店からの送り状やレシートはきちんとファイルしておくこと。すぐに使う予定がない木材でも、良いものがあれば買っておくことはよくあることだが、それを覚えておくのはかなり難しい。使用した木材のレシートには済み印を押しておき、将来に備えて、その性質や可能性についてメモを残すようにしよう。またそれぞれの作品を制作するのにどのくらいの木材が必要であったかを記録しておくと、切断する部材のリストアップの手順がよくなり、必要量も正確に算出することができるようになる。

正しい保管方法

木材を積み上げて保管するときは、さまざまな要因を考慮する必要がある。天然乾燥途中の木材は、屋外に、それも理想的には換気の良い、雨水のかからない場所に、しかも直射日光を避けて保管しておく必要がある。そしてそのような方法で乾燥され、すぐに使う予定のない板材も同様にしておく必要がある。差しかけ小屋の形になる覆いがあれば、理想的である。6ヶ月ごとに、含水計で含水率を計り、木材が湿っていないことを確かめる必要がある。

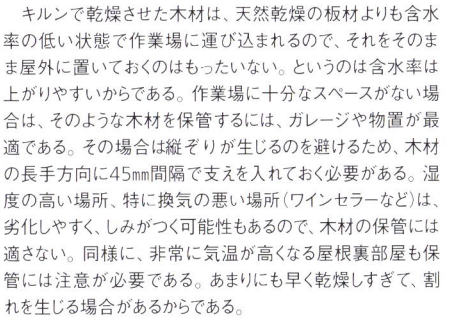

キルンで乾燥させた木材は、天然乾燥の板材よりも含水率の低い状態で作業場に運び込まれるので、それをそのまま屋外に置いておくのはもったいない。というのは含水率は上がりやすいからである。作業場に十分なスペースがない場合は、そのような木材を保管するには、ガレージや物置が最適である。その場合は縦ぞりが生じるのを避けるため、木材の長手方向に45mm間隔で支えを入れておく必要がある。湿度の高い場所、特に換気の悪い場所(ワインセラーなど)は、劣化しやすく、しみがつく可能性もあるので、木材の保管には適さない。同様に、非常に気温が高くなる屋根裏部屋も保管には注意が必要である。あまりにも早く乾燥しすぎて、割れを生じる場合があるからである。

　木材卸商に付属している保管場所(左ページド)のような理想的な状態で木材を保管できる趣味の木工家はほとんどいないだろう。しかしわれわれが訪れた小さな木材店でも、木材を秩序だてて、ていねいに横に寝かせて保管している所(下)もあれば、粗雑に立てかけて放置している所(右)もあった!

理想をいえば、木材はそれが最終的に家具や造作となって納まる場所の湿度と気温に合わせて最終乾燥がおこなわれる必要がある。カンナ仕上げ済みのものもそうでないものも、作業場で数週間乾燥させたあと、含水率を計る必要がある。12%よりも高い場合は、自宅で最終乾燥をする必要があり、特に変形が激しい木材はそうするべきである。樹種や育った環境がさまざまなので、厳密なガイドラインを示すのは難しく、実際挑戦と失敗の積み重ねだ。理想的なシナリオとしては、作業場の気温と湿度が、自宅と同じということであろう。そのような理由から、多くの木工家が自宅に付属しているガレージを、木材の保管場所としても作業場としても好むのである。

木材の積み重ね方

板材はそりを避けるため、45mm間隔で支柱のあるラックの上に横にして保管しておくのが最善の方法である。また理想的には、空気を循環させるため、1枚1枚桟木で隙間を空けて積み重ねるのが良いが、その場合は中間の板材を抜き出すとき、面倒な場合がある。

板材は樹種ごとに色分けしたり、略号を記したりして見分けがつくようにし、できるかぎり同じ樹種ごとに分けて保管しておくのが望ましい。多くの人々が、軒下や屋根の下に木材を積むが、そこがちょうど良い空きスペースになっているからであろう。しかし支えを確実にし、湿っている可能性のある外壁に立てかけないように注意する。作業場の乾燥状態が良くないときは、新しく購入した板材には、ビニールシートをかけておこう。

加工する準備の整っている木材、特にキルンで乾燥させた板材は、自宅と同じ湿度で作業場で保管することが肝要である。気温と同時に湿度も絶縁しておくことが必要だ。工場は多くの場合セントラルヒーティングになっているが、自宅の場合は、穏やかな暖房と、しっかりした絶縁に頼る必要がある。自宅に付属しているガレージが良いのは、そこが多くの場合湿気を絶縁し、寒すぎることがないからである。

できるだけ頻繁に、在庫している木材の含水率を計測すること。特にすぐに使う予定の板材は必ず行うこと。たいてい問題は冬期に最も重大になる。というのは、非常に乾燥したセントラルヒーティングの自宅と、部分的でしかも断続的な暖房の作業場との湿度の差が最大になるからである。この時期は木材の含水率に特に注意しなければならない時期で、8から9%の含水率まで落とす必要がある。これをどのようにして行うかは、いつも木工家の頭を悩ませるところであるが、作業場に別に絶縁ボックスを作り、そこにすぐに使う予定の木材を保管するようにしている木工家もいる。

端材の保管

道具の柄や帯鋸の支柱にするために、もしかすると作業場のどこかに放置しているかもしれない50cmほどの長さの木材を買いに木材店まで出かけたいと思う人はいないだろう。ローズウッドならば、ほんの小さな木片であっても、それを捨てることは木工家にとって犯罪にも等しい行為であるが、あまりめずらしくない木材の端材を保管しておくか処分するかは、決断の難しいところである。それはある程度、どのような作品をよく作っているかによる。木箱を製作する人は、どのような大きさの木材でも保管するであろうが、椅子職人は、張り材や横木に使えるような長さのものだけを保管する。

保管するに値するものを見分けるには、経験が必要である。同じようなデザインのものを数種、繰り返し製作

ほとんどの木工家は、特に希少でめずらしい木材(左)については、端材を処分することができない。きちんと換気良く積み上げて保管しておこう。作業場に保管している木材の種類や量を管理するには、木口に少量のラテックス塗料(右)を塗り、色分けすると良い。樹種ごとにどの色を使うかを工夫しよう。

する木工家は、すぐにどのくらいの長さの端材を取っておくべきかを判断することができるようになる。また同じ大きさや形の端材が、逆に新しい作品の霊感を与えてくれることもある。実験的な精神に溢れ、試作品を作ることが好きな木工家は、常に変化する要求を満たすために端材を多く保管するだろう。ところで端材はていねいに保管する必要がある。そうしないと管理することができなくなり、それ自身の人生を勝手に歩み始める。棚も役に立つが、この場合は縦に仕切りを入れた小区画をいくつか作り、長さごとに、あるいは樹種ごとに、保管しておくのが良いだろう。しかし必要な端材の量は限られているので、結局は使わないことになる端材で作業場がいっぱいになることがないようにしなければならない。木材の端が見えるように置いておくと、断面で必要な木材をすぐに探し出すことができる。針葉樹材と広葉樹材で、あるいは木理の種類や色で区分しておくとなおさら良い。

本書の活用法

本書の大きさでは世界中の樹種の木材を掲載するのは不可能なので、木工家にとって価値のある世界の木材に範囲を絞った。容易に入手できるものもあればそうでないものもあり、また、世界中を探し回ってでも手に入れたい魅惑的なものもある。

「主要木材」には、加工が容易なことで価値を認められて、市場を通じて入手可能な木材を入れた。ここに掲載されている木材は、どれも非常に美しく、その多くが希少で貴重なので、まさに木材置場の宝石と呼ばれている。

「その他の木材」には、木工家にはあまり知られていないが、本書に掲載される資格を持つと思われる木材を入れた。それらの多くは入手することが難しく、またほとんど商品価値のないものもある。また木工家にとってあまり重要でなく、関心を向けられていないものもある。

「木材の造形美」には、病害、欠点、木理などの因子、さらには加工の方法によって作り出される、視覚的美しさを持った木材を取り上げた。

p.37からの木材索引は、本書に掲載している木材の写真によるものである。それにより希望する木材が見つかったなら、今度は「木材一覧」の該当のページを開き、写真を見ながら詳細な解説を参照していただきたい。

各項目の内容

これから木工のために木材を購入し使用しようとする人にとって最も重要な情報を、各木材ごとに小見出しをつけてわかりやすく解説した。小見出しの意味はほとんど自明だと思われるが、以下に簡単に説明する。あまり使用されない樹種については、内容を圧縮している。

❶ 学名および一般名

混乱を避けるため、本書では学名のアルファベット順に木材を並べた。というのは、異なった樹種であるにもかかわらず同じ一般名で呼ばれている木材がいくつもあるからである。実際木材商のなかには、自分たちが販売している木材が何であるのかを正確に知らずに販売している人がいる——確かに同じ地域から産出された木材で、見分けるのが非常に難しい樹種がいくつかある。最もよく使われている一般名もここに記載した。

❷ 一目でわかる長所欠点

各木材の主要な長所、欠点を要約。

❸ 木材の概観

他の木材と比較しながら、筆者がその木材の概観をまとめた。

❹ 主要特性

種類 その樹種が広葉樹材か針葉樹材か、あるいは熱帯、温帯どちらに生育するかを示す。

別名 同定がしやすいように、その木材を記述するために一般的に使われている名前をほとんどすべて列記した。別の学名を持つ場合はそれも記した。別の一般名も入れている。

近縁の樹種および類似の樹種 近縁の樹種には、本書に記載されていないが、木材店や他の参考文献で出会うかもしれない樹種を入れている。樹種によっては多くの近縁の樹種を持っているものもあるが、近い関係にあるもの以外はここに載せていない。類似の樹種には、実際には近縁関係にはないが、それと混同されやすいものを載せた。

代替材 同様の性質を持つ代替になれる樹種を記した。

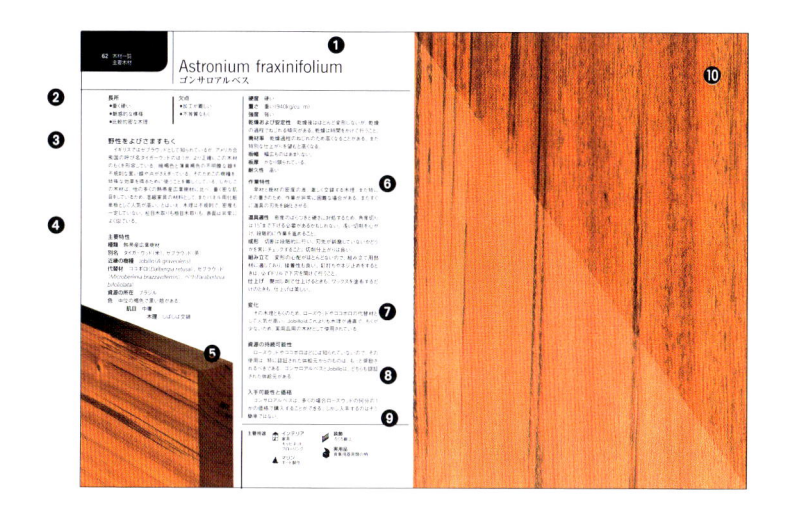

資源の所在 その樹種が豊富に産出される地域を記した。生育の可能性のある、あるいは育成できるかもしれない地域は記していない。

色 木材は、板材1枚1枚がそれぞれ違った色を持っているので、ここでは一般的な色について記した。もちろん色は樹種を特定するときの最も重要な要素である。

肌目 木材には、オークのように道管が広く開いて、肌目が粗のものもあれば、表面が非常に滑らかで肌目が精のものもある。均一、一定の肌目とは、粗であれ精であれ、板材全体にわたって同質なものをさす。肌目が均質でないのは、たいていは早材と晩材の間の密度、肌目の違いが原因である。肌目をあらわすときの粗は疎、精は密と述べられていることもある。

木理 この項目では、木理が通直であるか、波状か、あるいは交錯しているかについて記す。加工のしやすさという点では、木理が通直のものが良いが、最も興味をそそられるのは、木理が波状のものではないだろうか。木理の交錯しているものは、実際に作業をするまで、そうとわからないものが多い。

硬度、重さ、強度 これらは木材の基本的な性質であるが、同種の木材であってもその産地、乾燥の過程によって大きく異なる場合がある。

乾燥と安定性 この項目では、その木材の乾燥が容易であるか、どのくらいの期間を要するか、そして乾燥後の変形の度合いについて記す。木工家にとっては後のほうの性質が重要であろう。

廃材率 ある作品を製作するときに必要な木材の量は、板材1枚につきどのくらいの廃材が出るかに依存している。カンナ仕上げの板材を購入する場合は、当然廃材の量は比較的少なくなるが、樹種によっては欠点が多かったり、色むらがあったりして、使えない部分が多く出るものもある。

板材の幅と厚さの選択肢 針葉樹材、広葉樹材ともに、入手しやすいものは、板材の幅も厚さも各種用意され

ている。あまり大きく成長しない樹木は、板材の大きさも小さめで、また輸入される木材も大きさは限られている。大きさが限られているため、その木材が高価なときは廃材率をいかに少なくするかということが重要な問題となる。

耐久性　木材の耐久性、すなわち虫害および腐朽に対する抵抗は、木材によって大きく異なっている。主に屋内で使用する作品を製作する木工家にとっては、これは樹種の選択の際それほど重要な要素ではないかもしれない。しかし木材を屋外で使用する場合のために、元来耐久性の高い木材について特記した。

薬剤を吸収する広葉樹材もあるが、吸収は辺材の部分だけなので、使用するときは、丸太または枝全体に使うようにする。心材まで薬剤がしみ込む広葉樹材は非常に限られている。この点で注目すべきは、耐久性はないが、薬剤をよく吸収する樹種である。また、処置のほどこしやすい針葉樹材についても特に記した。

❺ 板材の断面の写真
板材の色の立体感と木口が詳しく観取できるように、実寸大の写真を載せている。

❻ 作業特性
いままで使ったことのない木材に挑戦する木工家にとっては、加工性は最も重要な問題である。木理が交錯していて、表面の仕上げや鋸断に苦労する樹種がある一方で、型削りや輪郭削りに適した樹種もある。接着剤性、釘やネジ釘の引抜抵抗は、接合をするための重要な要素である。また仕上げの容易さ、光沢の度合いも知っておく必要がある。

❼ 変化
木取り方法が変われば、木理、もく、固有の欠点などによって、木材の外観が大きく変わるものがある。

❽ 資源の持続可能性
この項目では、その樹種が絶滅の危機にあるかどうか、またその産地が資源の持続可能性を確認すべき産地かどうかについて述べる。この資料は、ワシントン条約の附属書、国際自然保護連合のレッドリスト、さらには絶滅危惧種に関する他のデータにもとづいている。ワシントン条約で認証された供給元からの入手しやすさについても、知り得る範囲で記した。資源の持続可能性と木材の認証については、常に状況が変化しているので、たえず最新の情報を確認しておくことが重要だ。

❾ 入手可能性と価格
これについては大きく変動する供給の状態に依存しているので、大まかに、「広く入手可能」、「比較的高価」という形で示した。メールオーダーでしか手に入らないものもある。

❿ 板材の写真
木理やもくをできるだけリアルに確認できるように、実寸大の大きな写真を掲載している。半分は、サンダー加工をしているが仕上げ加工をしていないもの、そして残りの半分は、木理の美しさを知ってもらうために、オイル仕上げを施したものを載せている。

主要用途
以下は木材の最も一般的な用途を図案化したものである。木工家に新たなアイデアを得てもらうためであり、また木材の重要性、さらには特殊な用途を持つ木材であるということを示している。

外装　デッキから支柱まで

実用品　梱包材料、器具の柄、キッチン用品

技術　ジグから印刷版木まで

インテリア　床材、指し物、家具

造船　甲板材からマストまで

建具　陳列棚や店舗内装

装飾　ろくろ細工、彫刻、化粧単板

趣味＆レジャー　運動用具、楽器

建築　木造を含む建築一般

木材索引

主要木材
page 42

この章には、国産材、外材を問わず、商業的取引によって入手できる世界中の樹種を掲載している。木工家によって最も広く用いられている木材である。

Acacia koa
コア
page 44

Acacia melanoxylon
オーストラリアン
ブラックウッド
page 45

Acer pseudoplatanus
ヨーロピアンシカモア
page 46

Acer rubrum
ソフトメイプル
page 48

Acer saccharum
ハードメイプル
page 50

Afzelia quanzensis
アフゼリア
page 52

Alnus glutinosa
コモンオルダー
page 53

Alnus rubra
レッドオルダー
page 54

Aniba duckei
パウロサ
page 56

Aningeria superba
アニンゲリア
page 57

Araucaria angustifolia
パラナパイン
page 58

Arbutus menziesii
マドロナ
page 60

Aspidosperma polyneuron
ペロバロサ
page 61

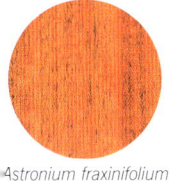

Astronium fraxinifolium
ゴンサロアルベス
page 62

Atherosperma moschatum
タスマニアンサッサフラス
page 64

Aucoumea klaineana
ガブーン
page 65

Betula alleghaniensis
イエローバーチ
page 66

Betula pendula
ヨーロピアンバーチ
page 68

Buxus sempervirens
ヨーロピアン
ボックスウッド
page 70

Calocedrus decurrens
インセンスシーダー
page 72

Calycophyllum candidissimum
レモンウッド
page 73

Carya glabra
ヒッコリー
page 74

Castanea sativa
ヨーロピアンスイート
チェスナット
page 76

木材一覧 / 木材索引

Cedrela odorata
スパニッシュシーダー
page 78

Cedrus libani
レバノンスギ
page 80

Chlorophora excelsa
イロコ
page 82

Cordia dodecandra
ジリコテ
page 84

Cordia elaeagnoides
ボコテ
page 86

Cybistax donnell-smithii
プリマベラ
page 87

Dalbergia cearensis
キングウッド
page 88

Dalbergia latifolium
インディアンローズウッド
page 90

Dalbergia nigra
ブラジリアン
ローズウッド
page 92

Dalbergia retusa
ココボロ
page 94

Dalbergia stevensonii
ホンジュラスローズウッド
page 96

Diospyros celebica
マッカーサーエボニー
page 98

Diospyros crassiflora
アフリカンエボニー
page 100

Dyera costulata
ジェルトン
page 102

Entandrophragma cylindricum
サペリ
page 104

Eucalyptus marginata
ジャラ
page 106

Euxylophora paraensis
パウアマレロ
page 108

Fagus grandiflora
アメリカンビーチ
page 110

Fagus sylvatica
ヨーロピアンビーチ
page 112

Fraxinus americana
ホワイトアッシュ
page 114

Fraxinus excelsior
ヨーロピアンアッシュ
page 116

Gossypiospermum praecox
マラカイボボックスウッド
page 118

Guaiacum officinale
リグナムバイタ
page 120

Guibourtia demeusei
ブビンガ
page 122

Ilex opaca
ホリー
page 124

Juglans cinerea
バターナッツ
page 125

Juglans nigra
ブラックウオルナット
page 126

Juglans regia
ヨーロピアン
ウオルナット
page 128

Kunzea ericoides
ティーツリー
page 130

Laburnum anagyroides
ラブルナム
page 131

Larix decidua
ヨーロピアンラーチ
page 132

Larix occidentalis
ウェスタンラーチ
page 133

Liriodendron tulipifera
アメリカンホワイトウッド
page 134

Lovoa trichilioides
タイガーウッド
page 136

Magnolia grandifolia
マグノリア
page 138

Malus sylvestris
アップル
page 139

Metopium brownii
チェチェン
page 140

Microberlinia brazzavillensis
ゼブラウッド
page 142

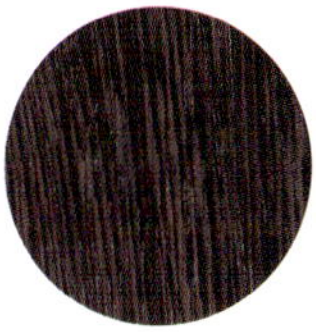

Millettia laurentii
ウェンジ
page 144

Nothofagus cunninghamii
タスマニアンマートル
page 146

Nothofagus menziesii
ニュージーランド
シルバービーチ
page 147

Ochroma pyramidale
バルサ
page 148

Ocotea rodiaei
グリーンハート
page 150

Paraberlinia bifoliolata
ベリ
page 152

Paratecoma peroba
ホワイトペロバ
page 153

Peltogyne species
パープルハート
page 154

Pericopsis elata
アフロルモシア
page 156

Picea sitchensis
シトカスプルース
page 158

Pinus monticola
ウェスタンホワイトパイン
page 159

Pinus palustris
サザンイエローパイン
page 160

木材一覧
木材索引

Pinus strobus ホワイトパイン page 162	*Prunus avium* ヨーロピアンチェリー page 164	*Prunus domestica* プラム page 165	*Prunus serotina* ブラックチェリー page 166	*Pseudotsuga menziesii* ダグラスファー page 168	

Pterocarpus soyauxii
アフリカンパドウク
page 170

Pyrus communis
ペアウッド
page 172

Quercus alba
ホワイトオーク
page 174

Quercus robur
ヨーロピアンオーク
page 176

Quercus rubra
レッドオーク
page 178

Sequoia sempervirens
レッドウッド
page 180

Sickingia salvadorensis
チャクテコク
page 181

Swietenia macrophylla
アメリカンマホガニー
page 182

Taxus baccata
ヨーロピアンイチイ
page 184

Taxus brevifolia
パシフィックイチイ
page 186

Tectona grandis
チーク
page 188

Terminalia ivorensis
イディグボ
page 190

Terminalia superba
リンバ
page 191

Thuja plicata
ウェスタンレッドシーダー
page 192

Tilia americana
バスウッド
page 194

Tilia vulgaris
ヨーロピアンライム
page 196

Tsuga heterophylla
ウェスタンヘムロック
page 198

Ulmus americana
グレーエルム
page 200

Ulmus hollandica
ヨーロピアンエルム
page 202

Ulmus rubra
レッドエルム
page 204

その他の木材
page 206
この章には、それほど多く使用されていず、また広く入手することが不可能なもの、木工家にとってあまり重要性のないものを掲載している。

Acanthopanax ricinofolius
セン
page 208

Aesculus hippocastanum
ホースチェスナット
page 209

Brosimum paraense
ブラッドウッド
page 210

Caesalpinia echinata
ブラジルウッド
page 211

Cedrela toona
オーストラリアンレッドシーダー
page 212

Chloroxylon swietenia
セイロンサテンウッド
page 213

Dalbergia frutescens
ブラジリアンチューリップウッド
page 214

Dracontomelon dao
パルダオ
page 215

Endiandra palmerstonii
クイーンズランドウオルナット
page 216

Entandrophragma utile
ユティル
page 217

Eucalyptus gomphocephala
チュアート
page 218

Khaya ivorensis
アフリカンマホガニ
page 219

Marmaroxylon racemosum
マーブルウッド
page 220

Millettia stuhlmannii
パンガパンガ
page 221

Pinus ponderosa
ポンデロサパイン
page 222

Populus species
アスペン
page 223

Pterocarpus dalbergioides
アンダマンパドウク
page 224

Salix alba
ウィロー
page 225

Swietenia mahogani
キューバンマホガニー
page 226

Tieghemella heckelii
マコレ
page 227

Triplochiton scleroxylon
オベチェ
page 228

Turreanthus africanus
アボジラ
page 229

その他の木材
page 230
病害、欠点、もく、さらには加工方法によって作り出された美的価値の高い木材

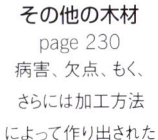

病害の木材
page 232

もく
page 234

バール
page 242

柾目木取り
page 246

主要木材

西アフリカからアメリカニューイングランド諸州まで、世界各地の木工家は、その地の森林から産出される木材を使い、地理的特徴をもつ作品を創造している。どの大陸でも、木材卸商には似たような木材が並び、たいていは板材の幅や厚さで区分されているだけである。しかし世界中の木工家によって愛され、大洋や国境を越えて使用されている樹種もある。この章に掲載している樹種は、入手が容易な国もあればそうでない国もあるだろうが、どれも世界中で昔から愛されてきた樹種ばかりである。熱心な木工家ならば、きっとすべてのサンプルを取り寄せたいと思うだろう。

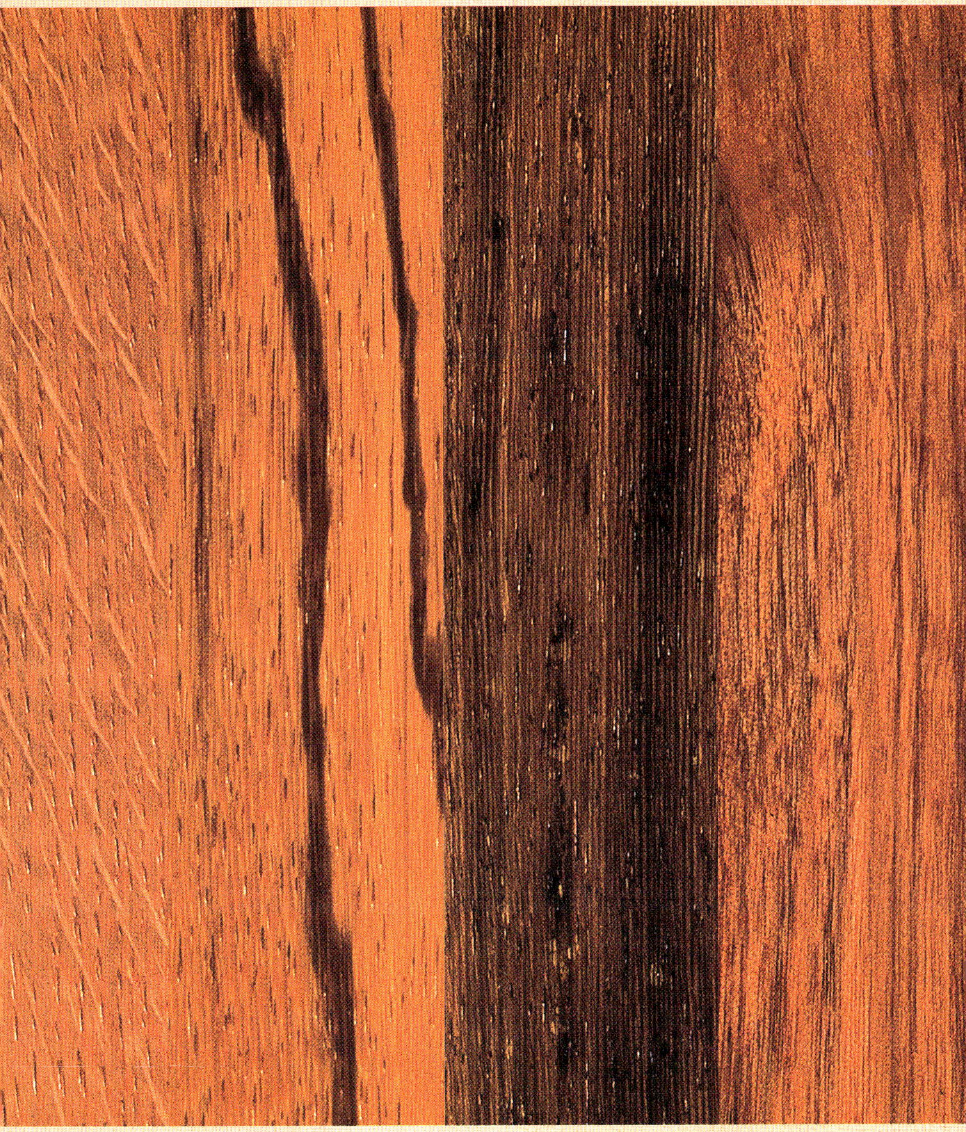

Acacia koa
コア

長所
- チークの代替材になる
- 安定性があり、強い

欠点
- 交錯木理
- 高価

ハワイ産の装飾用広葉樹材

コアは重さは中庸であるにもかかわらず、驚くほど硬質である。しかも衝撃をよく吸収する。安定性があり、加工は容易であるが、ところどころに木理が交錯している箇所がある。また木口を加工するのは容易ではないといわれている。ハワイ産の木材の中では、現在最高の木材と考えられており、楽器、特にウクレレの材料として、また家具製作にも使用されている。色、肌目、木理などの点で、チーク（*Tectona grandis*）との類似性を持っている。

主要特性

種類 熱帯産広葉樹材
別名 ハワイアンマホガニー、koa-ka
類似の樹種 *A.koaia* 危急種にあげられている樹種で、小さく節が多い。ほんの少数発見されるだけである。
資源の所在 ハワイ諸島
色 褐色、明るい褐色、金色に近い色から、淡黄白色、黄褐色、中位の褐色、さらには赤、褐色、黒の細い濃色の線まで変化に富んでいる。
肌目 中庸で均一
木理 通直または波状、交錯しているものもある。
硬度 硬く光沢が良い。
重さ 中庸から重（660kg/cu. m）

入手可能性および資源の持続可能性

コアは今のところ絶滅危惧種にはあげられていないが、全般的にかなり高価である。熱帯産広葉樹材の専門取扱店からのみ入手可能。

主要用途
- インテリア　高級家具／キャビネット
- 建具　高級住宅内装木部
- 趣味＆レジャー　楽器

Acacia melanoxylon
オーストラリアンブラックウッド

長所
- マホガニーの代用になる
- もくを持つものがある

欠点
- 加工が難しい
- 接着性にばらつきがある

曲がりくねった木理を持つマホガニー調の木材

　波状木理、交錯木理を持っているため、加工性の良い木材とはいえないが、仕上がりの美しさはきわだっている。色はアメリカンマホガニー（Swietenia macrophylla）に似ているが、それよりも模様と色調が変化に富み、フィドルバックもくを持つものもある。組み立てる前に必ず接着剤の効果を試すこと。曲がりくねった木理に対処するため、刃先の角度を浅くする必要が生じる場合がある。研磨すると美しい艶が出る。

主要特性
種類　温帯産広葉樹材
別名　タスマニアンブラックウッド
近縁の樹種　Wattle（A. mollissima）
資源の所在　オーストラリア
色　帯赤褐色で、薄い金色に近い縞や暗褐色の帯がある。
肌目　中庸
木理　通直な部分もあるが、それ以外は激しい波状、または交錯。
硬度　中庸
重さ　中庸から重（660kg/cu. m）

入手可能性および資源の持続可能性
　熱帯産材専門の業者から購入可能。マホガニーよりもやや高価。絶滅危惧種には含まれていない。

主要用途
- インテリア　高級家具
- 建具　店舗内装　住宅内装木部
- 趣味＆レジャー　銃床
- 装飾　ろくろ細工

Acer pseudoplatanus
ヨーロピアンシカモア

長所
- 価格が安い
- 精で均一な肌目
- 優美なもくがある

欠点
- 雅致に乏しい
- 他の淡色の木材よりも軟質

目立つ線を欠く軟質のカエデ材

多くの点で、近縁種にあたるハードメイプル(A. saccharum)に似ているが、ヨーロッパシカモアはヨーロッパの樹種のなかでは晩材の線があまり目立たず、軟質である。ろくろ細工では美しい作品となり、家具や建具にも使用価値が高く、特に柾目木取りされた木口や木表には、優美に輝くレースウッドもくがあらわれることがある。しかしそれは偶然性が高く、木理が特定の角度で走っているときだけ明らかになる。

主要特性
種類 温帯産広葉樹材
別名 アメリカ合衆国産のシカモアと混同しないように。こちらは、Platanus occidentalisである。
代替材 バターナッツ(Juglans cinerea)、アメリカンホワイトウッド(Liriodendron tulipifera)、シカモア(Platanus occidentalis)
資源の所在 ヨーロッパ、西アジア
色 淡黄白色から白色
肌目 精で均一
木理 波状または通直
硬度 中庸
重さ 中庸(610kg/cu. m)
強度 曲げ強さはあるが、特に強いというわけではない。

乾燥および安定性 乾燥期間が長すぎると、桃色褐色のしみがつくことがある。組み立て後の変形は穏やか。
廃材率 低い。辺材も多くなく、欠点もほとんどない。ただし、しみが問題になることがある。
板幅 各種揃っている。
板厚 各種揃っている。厚板も入手可能。
耐久性 不良。腐朽および虫害に注意する必要がある。

作業特性

ヨーロピアンシカモアは、家具製作にはあまり使用されていない。というのは、ハードメイプルのような硬さと、特徴的な木理を持っていないからである。しかしこの木材の加工性については文句のつけようがない。ろくろにかけると、ノミの先端から長い木屑が飛ぶように削りだされ、美しい仕上がりになる。また電動であれ手動であれ、どの道具にもよく適応する。肌目が精なので仕上がりは美しい。

道具適性 良い。欠け、裂けは少ないが、もくの上では起こることがある。鈍磨した道具を使うと、焦げを生じることがある。
成形 切削仕上がりは良い。しかし焦げを生じることがあるので注意が必要。
組み立て 良い。接着性も良い。押さえすぎるとつぶれることがあるので注意が必要。
仕上げ 好ましい光沢はでるが、ハードメイプルほど完璧ではない。ステイン塗装、ペイント塗装、ともに仕上がりは良い。

変化

波状もく、フィドルバックもくなどを持った部分は化粧単板として、また時にはプレステイン加工して、高級建具、キャビネット、内装などに用いられる。銀灰色の化粧単板は、ヘア(野ウサギ)ウッドとして知られており、また蒸すことによって古色シカモアにすることもできる。

入手可能性および資源の持続可能性

ヨーロッパ全体に広く分布し、容易に生育するが、それほど入手しやすいものではない。ヨーロッパでは比較的容易に専門卸商から入手することができる。また認証された木材を探し出すことはできるが、認証されていない木材を使うことも完全に容認されている。よく使用される木材ではないことから、広葉樹材の中では比較的安価である。

主要用途
インテリア 家具、フローリング
建具 建具全般、住宅内装木部
装飾 キャビネット用化粧単板、ろくろ細工
実用品 キッチン用品

Acer rubrum
ソフトメイプル

長所
- 魅力的な木理模様
- 価格が安く、入手が容易
- 加工が容易
- 美しい色

欠点
- 小さな節や欠点のあるものがある
- 乾燥の過程で青いしみがつくことがある

木理 通直だがところどころ波状、しかし硬度は一定。
硬度 中庸から硬い
重さ 中庸（620kg/cu. m）。近縁の樹種はやや軽い。
強度 中庸、しかし曲げ強さはある。
乾燥および安定性 時間はかかるが乾燥は容易。乾燥後の変形はほとんどない。
廃材率 乾燥過程で生じることのある青いしみに注意。小さな節、欠点が時々見つかるが、全般的に廃材率は低い。
板幅 各種非常に多く揃っている。
板厚 各種非常に多く揃っている。
耐久性 不良

北米大陸産広葉樹材

ソフトメイプルを、多くの木工家が偏愛するシュガー（ハード）メイプル（A. saccharum）と思い込ませることは容易である。実際はソフトメイプルは、ハードメイプルよりほんの少し軟らかいだけで、こちらの方が色も良く、木理も雅致がある。レッドメイプルと呼ばれることもあるが、それは大木になることもあるこの樹木の葉の色からきている。

主要特性
種類 温帯産広葉樹材
別名 レッドメイプル、スカーレットメイプル、スワンプメイプル、ウオーターメイプル
近縁の樹種 シルバーメイプル（A. saccharinum）、ビッグリーフメイプル（A. macrophyllum）
代替材 レッドエルム（Ulmus rubra）
資源の所在 北米大陸東海岸
色 淡褐色または薄茶色から淡黄白色、かすかに桃色または灰色の色調を帯びる。

　肌目 精で均一

作業特性

シュガーメイプルよりも少し軟らかいので、それよりも加工が容易。しかしほとんどの木工家にとっては十分な硬さを持ち、優れた木材であることに変わりはない。

道具適性 鉋削性は良く、滑らかな表面を得ることができる。肌目は精で均一。
成形 切削仕上がりは良く、切断も容易。
組み立て 接着剤を使うときは注意——試してみること。釘・ネジ着性は良好だが、注意しながら進めること。
仕上げ シュガーメイプルほどの光沢は望めないが、目止め材は必要ない。全般的に仕上がりは美しい。

変化

板目木取りの板材の表面には、地図の等高線を思わせる魅力的な曲線があらわれることがある。柾目木取りの木端にはわずかに波打つ線と、放射組織に由来するかすかな斑紋がある。もくなど多様な木材の造形美を得ることができる。

入手可能性および資源の持続可能性

産出高は多いが、木工家の多くが実際よりも軟らかいと思い込んでいるため、不本意にも無視されることが多い。その赤みを帯びた色調は興趣をそそり、加工性も良いので、これは不当であろう。多くの木材が認証されており、また経済的でもある。

主要用途

- **インテリア** 家具／フローリング
- **建具** 住宅内装木部／パネル
- **実用品** 器具の柄
- **趣味＆レジャー** 楽器

Acer saccharum
シュガーメイプル

長所
- 硬質で強く重い
- 特徴的なもく
- 肌目が精で均一

欠点
- 道具の損耗が激しい

名前に恥じず、生まれながらに硬い

　この北米産広葉樹材シュガーメイプル、またの名ハードメイプルは、その均一で精な肌目と強い光沢によって、家具、インテリア建具、特にキッチンまわりの木部工事の材料として非常に高い人気を保っている。道具の刃先の損耗は激しいかもしれないが、それが生みだす明快な線は、現代的デザインにとって理想的である。実際、強く、重く、硬く、安定性が高い。そのため、フローリングの材料としても理想的である。

主要特性
種類　温帯産広葉樹材
別名　ロックメイプル、ハードメイプル
代替材　ビーチ類（Fagus species）、ペイパービーチ（Betula papyrifera）
資源の所在　北米大陸
色　淡色、心材に向かって暗色になる。赤褐色の晩材の線が目立つ。
肌目　精で均一
木理　通直から波状のものまである。
硬度　硬い
重さ　中庸から重（740kg/cu. m）
　　強度　強い

乾燥および安定性　乾燥は遅いが、乾燥後はおおむね安定している。
廃材率　ほとんど0に近い
板幅　各種揃っている。
板厚　各種揃っている。
耐久性　屋外では悪く、虫害を受けやすい。

作業特性
　手に持つと、誰もがその重さ、密度に驚く。またその硬さは道具の刃先にとっては難敵である。しかし研磨すると、非常に細かい木粉が出るが、素晴らしい光沢ができる。その重量と硬度により、高級家具の素材として最高の評価を得ている。

道具適性　縁を欠かす心配はほとんどなく、鉋削性、鋸断性とも良い。
成形　切削仕上がりがよく輪郭削りに適す。
組み立て　接着性が良く、変形もあまりしないので、ほとんど問題ない。重量があることから、家具製作では、パネルとしてよりも枠木として使用されることが多い。

仕上げ　素晴らしい光沢に仕上げることができる。ワックスは木理の奥まで浸透していかないので、艶出し剤で仕上げるかワニス仕上げにするのが良いだろう。

変化
　化粧単板に加工されることが多い。無垢板としても、化粧単板としても、髄が破裂したような印象的な鳥眼もくを持つものがあり、またキルトもく、波状もくなどの美しいもくを持つものが少なくない。そのような化粧単板は、家具のパネルとして理想的である。

資源の持続可能性
　認証されていないものでも、安心して使用できる。

入手可能性と価格
　認証されたものは容易に入手することができ、価格も中庸。認証されていないものでも安心して使用できる。

主要用途
- **インテリア**　家具／フローリング
- **建具**　住宅内装木部
- **装飾**　ろくろ細工
- **実用品**　ブッチャーブロック（大型まな板）

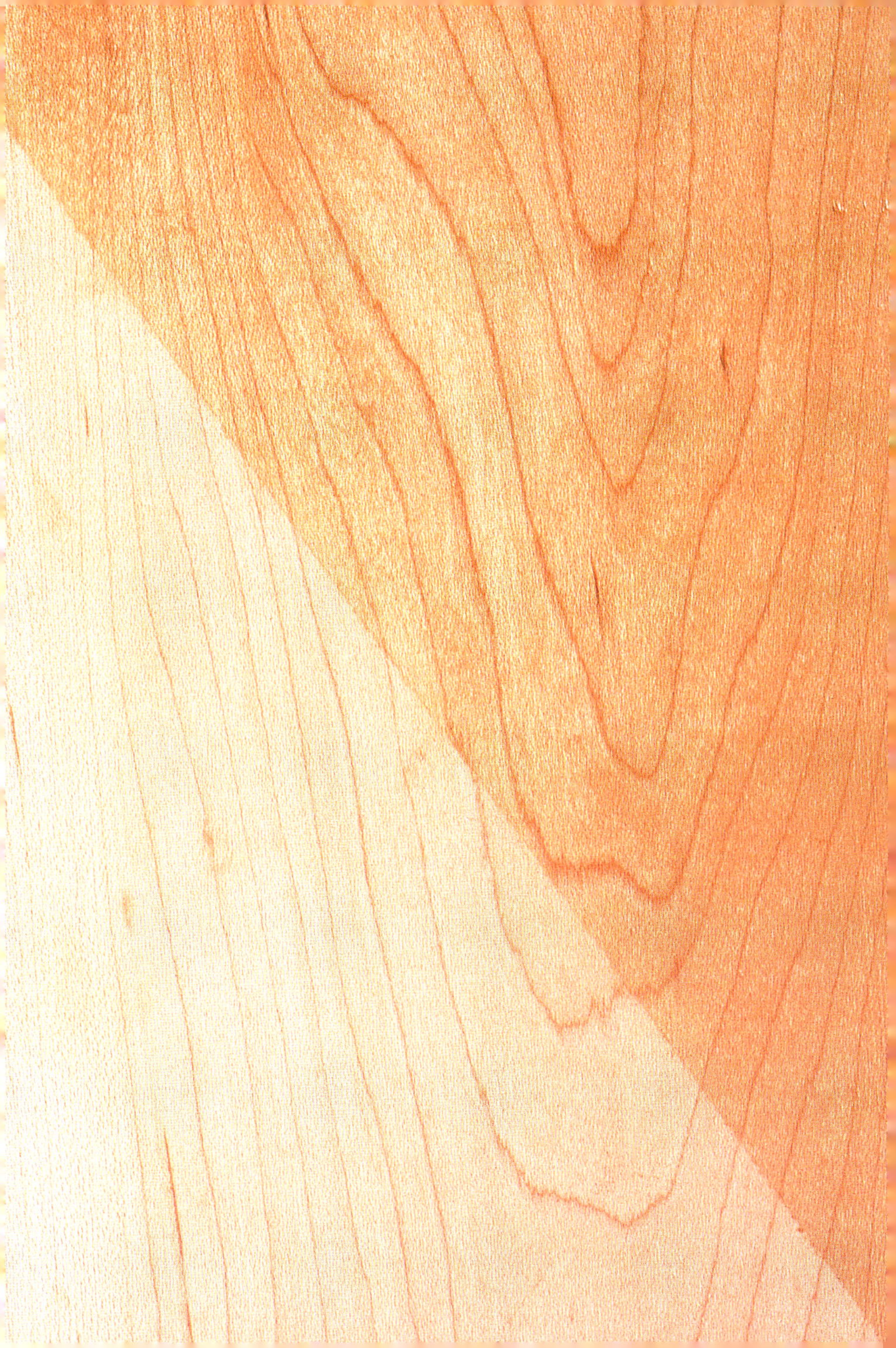

Afzelia quanzensis
アフゼリア

長所
- 非常に高い安定性
- 最上のマホガニーと同じ色を持つ

欠点
- 肌目が粗
- 刃先を鈍化させる

肌目の粗いマホガニー代替材

マホガニーに似せて用いられる木材の代表として、アフゼリアという名前が、傘下のすべての近縁の樹種を含めて使用されている。肌目は粗で、道具の刃先をすぐに鈍らせ、木理が交錯しているものもあり、かなり使いにくい。大きく開いた道管を持っているため、辛抱強く磨いても次々に現れ、完全に滑らかな伝統的仕上げを得るためには、目止め材が必要である。目立つ木理模様はないが、アフゼリアの真の強さは、最上のマホガニー (*Swietenia mahogani* or *S. macrophylla*) と良く似た色を持つことにある。

主要特性
種類　熱帯産広葉樹材
別名　ポッドマホガニー、マホガニービーン、chanfuta、chanfuti、peulmahonia、mkehli
近縁の樹種　*A. bipindensis*、*A. pachyloba*、*A. africana*
資源の所在　サハラ以南のアフリカ大陸
色　中位の帯赤褐色
肌目　粗しかし一定
木理　通直しかし交錯しているものもある。
硬度　中庸
重さ　重い(820kg/cu. m)

入手可能性および資源の持続可能性

*A. quanzensis*は絶滅危惧種に含まれていないが、近縁の樹種が絶滅危急種に含まれている。購入に際して、それらを区別するのはかなり難しい。確かに広く入手可能というわけではないが、あまりにも高く売買されている向きがある。持続可能な資源から供給されているという報告がなされているが、認証された蓄積があるという証拠はほとんどない。

主要用途
- インテリア　家具
- 建具　建具全般　住宅内装木部

Alnus glutinosa
コモンオルダー

長所
- 安定している
- 通直木理
- 経済的

欠点
- 小さな欠点を持つものがある
- 繊維質
- サイズの小さなものしか入手できない

桃色の色調を持つ実用的な木材

　趣味の木工家や専門の家具職人によって使用されることはそう多くはないが、大量生産や建具製作の場面ではよく用いられている。乾燥は順調に行うことができ、安定性が高く、強すぎず弱すぎず、使いやすい。加工性は全般に良いが、繊維質なので、型削りや輪郭削りに際しては、刃先を常に鋭く研いでおく必要がある。ステイン塗装しやすく、仕上げも容易だが、それほど強い光沢は出ない。そのため、実用品の素材として、特にろくろ細工がしやすいことから、ろくろ細工で仕上げる製品によく使用されている。オルダーはあまり大きく成長することがないので、板材の大きさは限られている。また幅ぞりするものもある。

主要特性
種類　温帯産広葉樹材
別名　ブラックオルダー、グレーオルダー、ハンノキ
近縁の樹種　*A. incana*
資源の所在　ヨーロッパ、しかし北アフリカ、日本にも生育
色　淡桃色がかった淡黄白色、またほとんど白色に近いもの、薄い赤褐色のものもある。
肌目　精で一定
木理　通直
硬度　中庸
重さ　中庸（530kg/cu. m）

入手可能性および資源の持続可能性
　広く入手可能というわけではないが、高価ではなく、絶滅の脅威にもさらされていない。

主要用途
- 実用品：器具の柄、キッチン用品
- 趣味＆レジャー：玩具
- 建具：店舗内装、住宅内装木部

Alnus rubra
レッドオルダー

長所
- 豊富にあり経済的
- 安定性が良く、等質
- 加工しやすく、用途が広い

欠点
- 雅致に乏しい
- 軟らかい
- 光沢に欠ける

用途の広い実用的木材

レッドオルダーは近年ますます用途が広がり、重要な木材となってきた。安定性が高く、経済的で、豊富にあることから、化粧単板の芯材として、あるいは無垢板の状態で家具の部材として使用されている。樹皮の内側が空気に触れると赤みがかった橙色になることから、この名前がついた。北米大陸には多くのオルダー種が生育しているが、商業的に入手可能なのは、このレッドオルダーと、もう1つホワイトオルダー(*A. rhombifolia*)だけである。

主要特性
種類　温帯産広葉樹材
別名　オレゴンオルダー、パシフィックコーストオルダー、ウェスタンオルダー
類似の樹種　シーサイドオルダー(*A. maritima*)、アリゾナオルダー(*A. oblongifolia*)、ホワイトオルダー(*A. rhombifolia*)、スペックルドオルダー(*A. rugosa*)、ヘイゼルオルダー(*A. serrulata*)、シトカオルダー(*A. sinuata*)、マウンテンオルダー(*A. tenuifolia*)、
代替材　バーチ(*Betula* species)、ヒッコリー(*Carya* species)、ビーチ(*Fagus* species)、アスペン(*Populus* species)
資源の所在　アラスカからカリフォルニアまでの北米大陸太平洋沿岸
色　伐採直後はほとんど白に近い淡色で、辺材と心材の色の差はあまりない。しかしその後、帯黄赤色、薄い褐色へと色が濃くなる。
肌目　精で均一
木理　一般に通直で、目立たない
硬度　軟らかい
重さ　軽い(450kg/cu. m)
強度　中庸、しかし軽い木材のわりには強い。
乾燥および安定性　乾燥は早く、乾燥後の安定性も非常に高い。
廃材率　低い
板幅　各種揃っている。
板厚　各種揃っている。
耐久性　土中では耐久性は良くないが、水中では良好。虫害を受けやすい。

作業特性

レッドオルダーは加工性が高く、安定性もあるが、比較的軟らかい木材のため、滑らかな表面を得るためには、道具の刃先を鋭く研磨しておく必要がある。安定しているので、マホガニーやウオルナットの化粧単板のための芯材として使用されることが多い。人によっては木粉が皮膚に炎症を起こすことがある、という報告がなされている。

道具適性　鉋削性も鋸断性も良いが、刃先は鋭くしておくこと。さもないと繊維にそって裂けるおそれがある。
成形　木質が軟らかいので、切削仕上がりは良くない。しかし実用的な家具や建具には理想的である。
組み立て　接着性は良好。しかし釘引抜抵抗は良くない。
仕上げ　ステイン塗装しやすく、他の樹種に似せることもできるが、光沢はそれほど良くない。

変化
化粧単板用にカットされることが多い。

資源の持続可能性
成長は早く、広く生育するので、資源の持続可能性については問題ない。認証された木材を探し出すのは容易だが、他の樹種ほどこだわる必要はない。

入手可能性と価格
広く入手可能。比較的安価。

主要用途　インテリア／家具

装飾　彫刻／ろくろ細工／化粧単板用芯材

Aniba duckei
パウロサ

長所
- 硬質で強く耐久性がある
- 比較的加工が容易
- 興味ある木理模様

欠点
- 絶滅危惧種に指定される可能性あり
- 供給量が限られている
- 木質が等質でないものが多い

桃色をしたローズウッドの代替材

パウロサという名前は、他の多くの樹種にも使用されており、ブラジリアンローズウッド（*Dalbergia nigra*）、ブラジリアンチューリップウッド（*D. frutescens*）、さらに種々のローレル類（*Laurus* species）がこの名前で呼ばれることがある。またモザンビーク産の桃色をした木材はすべてこの名前で呼ばれている。このパウロサの木口を分析してみると、金色、赤、紫、濃褐色のスペクトルが見られる。ゆるやかな波状の通直木理を持っている。肌目は粗で均一、色は一定していない。ローズウッド類の木材全般に特徴的なことであるが、板目木取りした板材の木表や木口には、渦状の模様があらわれ、また柾目木取りの板材には、さまざまな幅のくっきりした線が出る。

主要特性
種類 熱帯産広葉樹材
別名 Brazilian louro, louro rosa
類似の樹種 *A. rosaeodora*
資源の所在 ブラジル
色 金色から赤、紫、非常に暗い褐色まで多彩。
肌目 均一、しかし中庸から粗
木理 通直、かすかに波状
硬度 硬い
重さ 重い（820kg/cu. m）

入手可能性および資源の持続可能性

絶滅危惧種に指定しているリストもある。供給元で認証されている所はない。専門の輸入業者からしか入手できないが、それほど高価ではない。類似の樹種の *A. rosaeodora* は、南アメリカのほとんどの国で絶滅危惧種と考えられているが、それはこの木から精油が抽出され、さかんに伐採されるからである。

主要用途
- インテリア
  家具
  フローリング
- 実用品
  道具の柄
- 装飾
  化粧単板
  ろくろ細工

Aningeria superba
アニンゲリア

長所
- 肌目が均一
- ステイン塗装が容易
- 斑紋もくを持つものがある

欠点
- 全般的に雅致に乏しい
- 割れやすい
- 鉱物質を含む

一流樹種のための信頼できる代替材

比較的雅致に乏しい木材であるが、家具の材料として使用され、またステイン塗装されてウオルナット、チェリー、オークの模造品となる。とはいえ、柾目木取りの、それも斑紋もくのあるものは、それ自身魅力的で、テーブルの天板やパネルに使用される価値がある。加工が容易であるが、鉱物質を含み、刃先を早く鈍らせると嫌う人もいる。割れやすい性質を持ち、強さも中庸でしかなく、曲げ強さに特に強いというわけでもない。しかし短い期間で十分に乾燥し、乾燥後はほとんど変形することがない。

主要特性
種類 熱帯産広葉樹材
別名 Anigre, anegré
近縁の樹種 A. robusta, A. altissima, A. adolfifriederici, A. pseudo-racemosa
資源の所在 アフリカ
色 淡褐色または帯淡黄白色または帯桃色
肌目 中庸から粗、しかし非常に均一
木理 全般に通直であるが、木理を横切って斑紋もくがあらわれることがある。柾目木取りの板材表面に生長輪が見られることがある。
硬度 中庸から硬
重さ 中庸 (530kg/cu. m)

入手可能性および資源の持続可能性

アニンゲリアは広く入手可能な木材でないにもかかわらず、パネルやキャビネット、家具のための化粧単板用に世界中で販売されている。認証された木材の確かな供給元がない一方で、権威ある絶滅危惧種に関するリストでもほとんど触れられていない。

主要用途
- 建具：住宅内装木部、建具全般、合板
- 装飾：キャビネット用化粧単板

Araucaria angustifolia
パラナパイン

長所
- 興趣ある色
- 加工性の良い高密度の木理
- カンナ仕上げで販売されることが多い
- 廃材率が低い
- 他のほとんどの広葉樹材よりも安価

欠点
- 強度が低い
- 他のほとんどの針葉樹材よりも高価
- 興趣ある色が年月とともに退色する
- 急激に変形することがある

興趣ある色を持つ高密度の針葉樹材

パラナパインは、自分の手で初めて自宅を改装しようとする人にとって、最も魅力的な木材の1つである。針葉樹材にしては高密度で使いやすく、マツ科(Pinaceae)よりも深みのある色を持っている。

主要特性
種類 熱帯産針葉樹材
別名 ブラジリアンパイン
代替材 ペロバロサ(*Aspidosperma polyneuron*)、イエローバーチ(*Betula alleghaniensis*)
資源の所在 アルゼンチン、ブラジル、パラグアイ
色 全体的に黄褐色で暗褐色から赤色の筋がある。しかしそれは時間の経過とともに薄くなる。
肌目 滑らかで均一。正確な線を出すことができる。
木理 生長輪は目立たず、非常に密度の高い木理。そのため、全体が等質で、加工が容易。
硬度 針葉樹材にしては硬いが、表面は傷つきやすい。

重さ 木材によってかなりばらつきはあるが、全般的に中庸(480-640kg/cu. m)
強度 曲げ強さ、圧縮強さのみ中庸。しかし衝撃には弱い。そのため棚の厚板によく使用される。
乾燥および安定性 乾燥は難しく、暗色の部分で激しく割れることがある。そのため購入前によく検査すること。またそりが出ていないかもよくチェックすること。
廃材率 辺材の部分で少し出るかもしれないが、割れがないかぎりあまり高くならない。
板幅 比較的揃っている。しかし幅広板の幅ぞりには注意が必要。
板厚 まあまあ揃っている。
耐久性 屋外では耐久性は低い。ある種の害虫に弱い。保存薬剤の効果はかなり高い。

作業特性
主に安価な針葉樹を使う人にとっては、パラナパインは贅沢かもしれない。木理は通直で均一。縁が欠ける心配もほとんどない。

道具適性 使いやすい。またたいていは4面カンナ仕上げで販売される。幅ぞりが問題となる。
成形 切削仕上がりは良好で、手動道具でも電動道具でも使いやすい。刃先を鈍らせることもない。
組み立て 容易。継手加工も簡単に正確にできる。接着性も良い。
仕上げ どんな仕上げにも適応し、深みのある光沢を出す。しかし材面は傷つきやすいので注意。この木材は広葉樹材の肌目を持ってはいるが、比較的軟らかいことを肝に銘じておくこと。

資源の持続可能性
パラナパインは非常に希少な熱帯産針葉樹の1つである。ワシントン条約の附属書Iに掲載されており、国際自然保護連合では絶滅危急種にリストアップされている。違法な伐採が行われている可能性もある。

入手可能性と価格
針葉樹材市場の最も高価な樹種として、コントラクターズヤード(契約材木卸商)を通して広く入手可能。普通荒挽き仕上げではなく、平角のカンナ仕上げで販売される。そのため針葉樹材としては高価だが、広葉樹材にくらべるとほどほどの価格である。

主要用途 インテリア / 日用家具 / キャビネット / 建具 / 建具全般 / 店舗内装

Arbutus menziesii
マドロナ

長所
- 優美な色と模様
- 滑らかで均一な肌目

欠点
- 安定性に欠け、乾燥しにくい
- 電動道具の刃先を鈍化させる

チェリーに似ているが あまり使用されない広葉樹材

　マドロナは果樹木材との類似性を持ち、イギリスではストロベリーツリーとして知られている。ペアウッドとブラックチェリーを組み合わせたような木質で、桃色がかった褐色をし、優美でまっすぐ伸びた木理を持っている。しかし色はむらがある。常緑の広葉樹で、北米大陸の北西沿岸地域で生育する。仕上げは美しく、比較的加工は容易だが、道具の刃先をすぐに鈍化させるといわれており、また接着性も良くないという木工家もいる。乾燥は難しく、また乾燥後も顕著に不安定である。

主要特性
種類　温帯産広葉樹材
別名　マドロナ、パシフィックマドロナ、マグノリア、ストロベリーツリー（英）、bullbay、big laurel、bat tree、albuti tree
近縁の樹種　A.procera, A.unedo (strawberry madorone)、A.crispo, A.salicifolia, A.serratifolia, A.vulgaris
資源の所在　北米大陸北西部
色　桃色褐色の地に淡色の筋
肌目　精で均一、触感も非常に滑らか
木理　一般に通直
硬度　中庸
重さ　中庸から重（770kg/cu. m）

入手可能性および資源の持続可能性
　商品価値が低いため、あまり流通していず、絶滅の危惧もないようだ。バールのあるものはパイプや化粧単板用に高い値をつけられている。

主要用途
- **インテリア**　家具
- **装飾**　ろくろ細工、象嵌細工および化粧単板
- **趣味＆レジャー**　楽器

Aspidosperma polyneuron
ペロバロサ

長所
- 独特の色
- 精で滑らかな均一の肌目
- 一般に通直な木理

欠点
- 弱くもろいものがある
- 暗色の筋が目障りになる場合がある

独特な色を持つ広葉樹材

他の多くの熱帯産広葉樹材と同様に、ペロバロサも木理が通直なときは使うのが楽しいが、交錯しているときは悪魔のように思える。しかしたいていは扱いやすく、滑らかな肌目が好ましく、縁が欠ける心配もほとんどない。独特の橙色が鮮やかで、非常に滑らかな光沢に仕上がる。ブラジルでは建設資材として使用されているが、他の国では家具や住宅内装木部の材料として人気を高めつつある。この種の木材は確かに挑戦してみる価値はあるが、板材の内部に暗色の筋があらわれ、それを避けることが難しいということは前もって留意しておく必要がある。乾燥後も穏やかではあるが変形する傾向があり、また乾燥の過程でねじれが生じることもある。

主要特性

種類 熱帯産広葉樹材
別名 A. peroba、ロサペロバ、レッドペロバ、ピンクペロバ、パロロサ、アマレロ、amargosa
近縁の樹種 A. desmanthum
資源の所在 ブラジルおよび他の南アメリカ諸国
色 淡赤色または橙色で、かなり暗色の筋がある。
肌目 精で均一
木理 一般に通直、しかし交錯、波状もある
硬度 中庸から硬質
重さ 中庸から重(750kg/cu. m)

入手可能性および資源の持続可能性

ブラジルでは非常によく使用されているが、今では他の国でもほどほどの価格で広く入手できる。国際自然保護連合では絶滅危惧種としてリストに載せられているが、幸いなことに認証された供給元があるので、可能な場合は、使用されるべきである。

主要用途

インテリア
家具
フローリング

建具
建具全般
住宅内装木部

装飾
ろくろ細工
化粧単板

Astronium fraxinifolium
ゴンサロアルベス

長所
- 重く硬い
- 魅惑的な模様
- 比較的密な木理

欠点
- 加工が難しい
- 不等質なもく

硬度 硬い
重さ 重い（940kg/cu. m）
強度 強い
乾燥および安定性 乾燥後はほとんど変形しないが、乾燥の過程でねじれる傾向がある。乾燥は時間をかけて行うこと。
廃材率 乾燥過程のねじれのため高くなることがある。また特別な仕上がりを望むと高くなる。
板幅 幅広ものはあまりない。
板厚 かなり限られている。
耐久性 高い

作業特性
早材と晩材の密度の差、激しく交錯する木理、また特にその重さのため、作業が非常に困難な場合がある。またすぐに道具の刃先を鈍化させる。

道具適性 密度のばらつきと硬さに対処するため、角度切りは15°まで下げる必要があるかもしれない。浅い切削を心がけ、段階的に作業を進めること。
成形 切断は段階的に行い、刃先が鈍磨していないかどうかを常にチェックすること。切削仕上がりは良い。
組み立て 変形の心配がほとんどないので、組み立て用部材に適しており、接着性も良い。釘打ちやネジ止めをするときは、必ずドリルで下穴を開けて行うこと。
仕上げ 艶出し剤で仕上げるときも、ワックスを塗布するだけのときも、仕上げは美しい。

野性をよびさますもく
イギリスではゼブラウッドとして知られているが、アメリカ合衆国の呼び名タイガーウッドのほうが、より正確にこの木材のもくを形容している。暗褐色と薄黄褐色の不明瞭な線を不規則な黒い線や点がさえぎっている。そのためこの樹種を、特殊な効果を得るために使うことを難しくしている。しかしこの木材は、他の多くの熱帯産広葉樹材に比べ、重く密な肌目をしているため、高級家具の材料として、またパネル用化粧単板として人気が高い。とはいえ、木理は不規則で、密度も一定していない。柾目木取りも板目木取りも、表面は非常によく似ている。

主要特性
種類 熱帯産広葉樹材
別名 タイガーウッド（米）、ゼブラウッド（英）
近線の樹種 Jobillo（*A.graveolens*）
代替材 ココボロ（*Dalbergia retusa*）、ゼブラウッド（*Microberlinia brazzavillensis*）、ベリ（*Paraberlinia bifoliolata*）
資源の所在 ブラジル
色 中位の褐色で黒い筋がある。
肌目 中庸
木理 しばしば交錯

変化
その木理ともくのため、ローズウッドやココボロの代替材として人気が高い。Jobilloはこれよりも木理が通直で、もくが少ないため、実用品用の木材として使用されている。

資源の持続可能性
ローズウッドやココボロほどには知られていないので、その使用は、特に認証された供給元からのものは、もっと奨励されるべきである。ゴンサロアルベスとJobilloは、どちらも認証された供給元がある。

入手可能性と価格
ゴンサロアルベスは、多くの場合ローズウッドの何分の1かの価格で購入することができる。しかし入手するのはそう簡単ではない。

主要用途
インテリア 家具、キャビネット、フローリング
マリン ボート製作
装飾 ろくろ細工
実用品 食事用器具類の柄

Atherosperma moschatum
タスマニアンサッサフラス

長所
- 用途が広い
- 加工が容易
- 独特な黒色への変化

欠点
- 雅致に乏しい木理模様
- 樹種を混同されやすい

白色または黒色の多用途のオーストラリア産広葉樹材

サッサフラスは、オーストラリアで最もよく知られている木材の1つで、家具や住宅内装木部、ろくろ細工に広く使用されている。サッサフラスという名前は、近縁関係にない種々の木材にも使われており、根の部分の樹皮の芳香によって好まれているアメリカンサッサフラス(*Sassafras albidum*)もその1つである。こちらは、バーチ(*Betula species*)やオルダー(*Alnus species*)といくつかの類似点を持っており、同じような用途に使用されている。しかしタスマニアンサッサフラスのほうがこれらの北米産の木材よりもやや硬く重い。加工しやすく、仕上げも美しく、また安定しているともいわれている。伐採当初は茶褐色または灰色で、心材は菌類に侵されると黒く変色することがある。森林経営者のなかには、このような変色を意図的に作り出すため、わざと傷をつける人がいるといわれている。

主要特性
種類 温帯産広葉樹材
別名 オーストラリアンサッサフラス、ブラックサッサフラス、ホワイトサッサフラス
資源の所在 オーストラリア
色 淡黄褐色または灰色の地に、暗色のしみや筋がある。菌類に侵された木材は黒色へと変化する。
肌目 精で均一、やや繊維質
木理 通直、しかしほとんど目立たない
硬度 中庸
重さ 中庸(590kg/cu. m)

入手可能性および資源の持続可能性

サッサフラスはオーストラリアでは非常に一般的な木材であるが、北米大陸にはそれほど多く輸入されていない。サッサフラスが危急種になるという徴候はない。黒く変色したサッサフラスは、白いものよりは高価。

主要用途
- **インテリア** 家具、フローリング
- **建具** 住宅内装木部、建具全般
- **装飾** ろくろ細工、彫刻

Aucoumea klaineana
ガブーン

長所
- 価格が安い

欠点
- 交錯木理
- 特徴のないもく
- 弱い

主に合板に用いられるマホガニーの代替材

合板の生産に使用されることが多いガブーンは、家具生産ではマホガニー（*Swietenia macrophylla*）の模造材料として、またモールディングの材料として重要な樹種の1つになっている。住宅内部の木部や、建具、さらにはボート製作の材料としても用いられている。特に耐久性が強いというわけではないが、肌目は均一で中庸である。さまざまな木理を含んでいるが、加工は特に容易でも困難でもない。中央アフリカ、特にガボン共和国に生育する。乾燥は早く、乾燥後は変形は穏やかである。

主要特性
種類 熱帯産広葉樹材
資源の所在 中央アフリカ
色 心材は桃色がかった赤色で、辺材は淡灰色または白色。本物のマホガニーとよく似た色をしている。
肌目 中庸から粗。しかし一定。
木理 通直、波状、交錯と多様。
硬度 中庸
重さ 軽い（430kg/cu. m）

入手可能性および資源の持続可能性

ガブーンはアメリカ合衆国よりもヨーロッパのほうが入手しやすい。アメリカ合衆国では、スパニッシュシーダー（*Cedrela odorata*）、サンタマリア（*Calophyllum braziliensis*）、jatoba（*Hymenaea courbaril*）のほうがマホガニーの代替材としては一般的。国際自然保護連合では絶滅危急種としてリストに掲載されており、長期的な観点から乱獲が心配されている。

主要用途

建具
モールディング
住宅内装木部
建具全般　合板

装飾
化粧単板

インテリア
マホガニー模造家具

実用品
ベニヤ板
梱包用木枠

Betula alleghaniensis
イエローバーチ

長所
- 入手しやすく経済的
- 精で均一な肌目
- 木理が密で加工が容易

欠点
- 乾燥時の変形
- 耐久性が高くない
- 木理が不均質なものがある

木理 通直
硬度 中庸
重さ 中庸から重（700kg/cu. m）
強度 良好。特に曲げ強さは良好。
乾燥および安定性 乾燥は時間がかかるが良好。しかし乾燥後もかなり変形する。
廃材率 中庸。節のあるもの、辺材もある。
板幅 各種揃っている。
板厚 各種揃っている。
耐久性 不良。虫害および腐朽に弱い。心材には保存薬剤はほとんどしみ込まない。

数あるバーチ種のなかで最上

バーチは北米大陸で最も多く生育する樹種の1つで、多くの変種が存在しているが、そのなかではこのイエローバーチが木工家にとって最高の木材であり、また最も入手しやすいものである。ほとんどがアメリカ合衆国北東部および五大湖周辺で生育し、シンプルな製品や合板の生産に広く使用されている。この木材の持つ独特の芳香には、それを使用する人の誰もが魅了される。

主要特性
種類 温帯産広葉樹材
別名 *B. lutea*、グレーバーチ、カナディアンシルキーバーチ、ハードバーチ、シルバーバーチ、スワンプバーチ、カーリーバーチ、ホワイトバーチ、witch hazel
近縁の樹種 スイートバーチ（*B. lenta*）、ペーパーバーチ（*B. papyrifera*）、リバーバーチ（*B. nigra*）、グレーバーチ（*B. populifolia*）
代替材 ビーチ（*Fagus grandifolia or F. sylvatica*）
資源の所在 北アメリカ
色 心材は薄い帯赤褐色、辺材は淡色
肌目 精で均一

作業特性
バーチは家具よりも実用品に使用されることが多いが、曲げに強いことから、椅子の部材にも適している。木粉は非常に微細で、皮膚に炎症を起こすことが知られている。

道具適性 節の周囲では裂けることがあり、刃先を丸くしてしまうこともある。
成形 切削仕上がりは良い。
組み立て 釘打ちで裂けることもあるが、釘着性、接着性は良い。
仕上げ 優れた光沢を出し、ステイン塗装も容易。

変化
スライサーカットまたはロータリーカットの形で化粧単板に加工される。ロータリーカットには独特の年輪模様が出ているものがある。

資源の持続可能性
イエローバーチには絶滅の脅威はない。

入手可能性と価格
広く入手可能で、価格も安い。

主要用途
- インテリア 家具
- 建具 住宅内装木部 合板
- 装飾 化粧単板

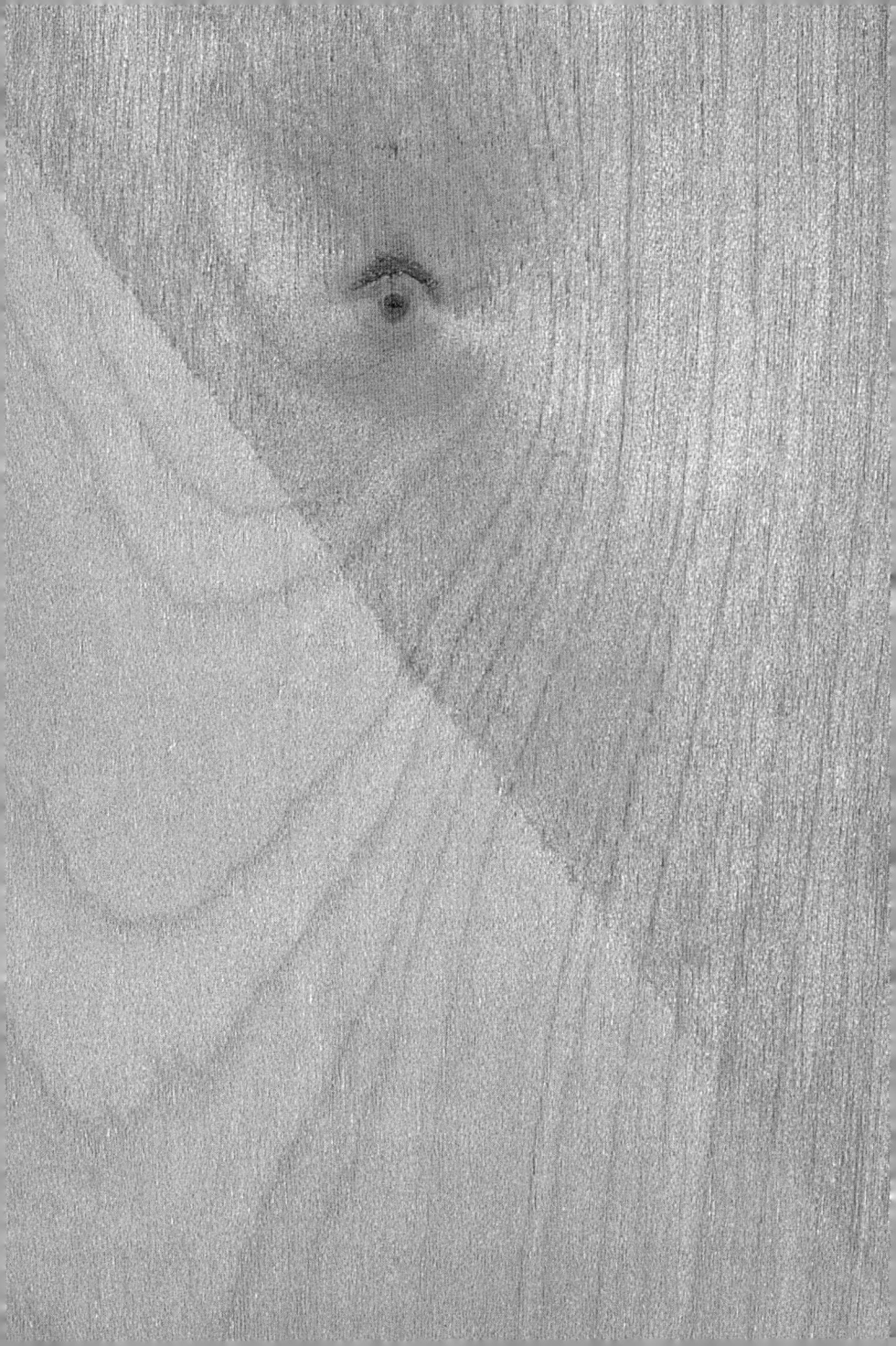

# Betula pendula
ヨーロピアンバーチ

長所
- 精で均一な肌目
- 木理が通直なため加工が容易
- 価格も安く乾燥も容易

欠点
- 雅致に乏しい外観
- 材の大きさが限られている
- 耐久性に劣る

多用途の実用的な木材

大量生産家具や合板の材料として使用されることが多いヨーロピアンバーチは、質の高い作品のための木材とは考えられていない。樹木はあまり太く生育しないため、板材の幅はかなり狭いものに限られている。色も模様もそれほど興味を引くものではないため、その材質の良さは主に実用的な目的のために利用されている。また建具の目に見えない部分に広く使用されている。しかし曲げ強さは高く、ステイン塗装もしやすいため、組み立て家具の材料としてよく使用されている。

主要特性
種類 温帯産広葉樹材
別名 特殊な木取り法や仕上げごとにさまざまな名前で呼ばれている。そのなかには、Masur birch、Karelian birch、ice birchなどがあり、これらの名前はその産出国とも関係している。
近縁の樹種 *B. pubescens*、*B. alba*、*B. odorata*がしばしばヨーロピアンバーチとして販売されている。
代替材 ホワイトウッド(*Liriodendron tulipifera*)あるいは他のバーチ類(*Betula species*)

資源の所在 ヨーロッパ
色 淡黄白色から非常に淡い黄褐色
肌目 精ないし中庸、一定している。光沢は良い。
木理 通直
硬度 中庸
重さ さまざまだが、全般的に中庸から重(590-690kg/cu.m)
強度 強い。特に曲げには強い。
乾燥および安定性 乾燥はかなり早く、ねじれもわずか。
廃材率 中庸
板幅 ヨーロピアンバーチはあまり大きな樹木に育たないので、板材の幅は限られている。
板厚 多くの場合合板の材料として使用されるが、板材でも入手可能。
耐久性 不良。虫害を受けやすく腐朽しやすい。心材は保存薬剤をあまり吸収しない。

作業特性
高級家具ではなく大量生産家具によく使用される。一般に合板の材料として使用されるが、特殊なカットで化粧単板(特に種々の色でステイン塗装されて)としても好まれている。またろくろ細工にも用いられている。

道具適性 手動でも電動でも鋸断や鉋削は容易。
成形 輪郭削り、型削りに適している。大量生産家具では、曲げて使用されることが多い。
組み立て 接着性、釘・ネジ着性、どれも良い。
仕上げ 十分良好な仕上がりになるが、少し毛羽立つことがある。光沢もあり、ステイン塗装もしやすい。

資源の持続可能性
供給不足はなく、そのため特に認証された供給元から購入する必要はない。

入手可能性と価格
無垢板よりも合板として広く供給されている。価格は比較的安い。

主要用途
建具 合板、隠れた部分
インテリア 大量生産家具、組み立て家具、フローリング

Buxus sempervirens
ヨーロピアンボックスウッド

長所
- 硬く強い
- 木理が密、肌目が精で、高密度
- 温もりのある黄色

欠点
- 入手が非常に困難
- 木材の大きさが限られている
- 波状木理で裂けやすい

木槌のヘッド、ノミの柄など道具に最適な木材

この木材は、15mm幅の板材さえ多く見出すことはできないし、その帯材をはぎ合わせたパネルも探すことはできない。滑らかで緻密な肌目は、家具職人に好まれているが、彼らはそれを装飾用化粧単板、特に縁飾りや紐を通す枠などの部材として、惜しむように使っている。ろくろ細工職人もこの木材の密度を好み、また道具製作職人は、その硬さと割れにくさから、木槌のヘッドやノミの柄に好んで使ってきた。またチェスの駒にもしばしば使われている。色はかなり変化することがあり、木理のため加工は難しい。

主要特性
種類 温帯産広葉樹材
近縁の樹種 イーストロンドンボックスウッド(*B. macowani*)、マラカイボボックスウッド(*Gossipiospermum praecox*)
代替材 ジェルトン(*Dyera costulata*)
資源の所在 ヨーロッパ全土の叢林、原生林に自生
色 黄色から薄い褐色
肌目 精で均一
木理 通直から波状まで。小さな節が多い
硬度 硬い
重さ 重い(900kg/cu. m)
強度 非常に強い

乾燥および安定性 乾燥には時間がかかり、板材にしない場合でも木口や表面に割裂が生じることが多い。乾燥後は変形は少ない。
廃材率 直径の小さな樹木からしか取れず、また欠点や辺材のため廃材率はかなり高い。
板幅 非常に限られている。
板厚 非常に限られている。
耐久性 土中に埋め込まれて使用されることはありそうにないが、屋外でも耐久性は高い。屋内では虫害に弱い。

作業特性

流線型に切削すると非常に美しい線を出すことができる。ろくろ細工職人はそのクリームのように滑らかな密度の濃い肌目を好むが、この木材を均質な1個の大きなブロックにすることは難しいため、小さな作品に限られる。

道具適性 裂ける確率はかなり高い。最終仕上げには、スクレーパーが必要になるかもしれない。
成形 硬く高密度のため、細部加工に適しているが、波状木理、節のため、砕けたり長手方向に割れたりする確率が高い。
組み立て 接着性は高い。しかしはぎ合わせてパネルにすることは非常に難しい。
仕上げ ステイン塗装しやすく、艶出し剤で仕上げると見事な光沢がでる。

変化

木口が印刷版木の材料として好まれている。またキャビネットのもく象嵌にもよく使われている。どの木取り法でも外観の美しさは変わらない。

資源の持続可能性

ボックスウッドは、十分大きく生育したとき、あるいは伐採する必要が生じたときに、原生林や叢林から不規則に伐採されるため、希少である。認証された蓄積を探すことは難しいが、採取されることによって絶滅するという危険性は今のところあまりない。

入手可能性と価格

供給量が限られているため、当然高価である。専門の業者から購入。

主要用途
- テクニカル：実験用器材、木版・活字用版木
- 実用品：道具の柄
- 装飾：キャビネット装飾
- 趣味＆レジャー：楽器、チェスの駒

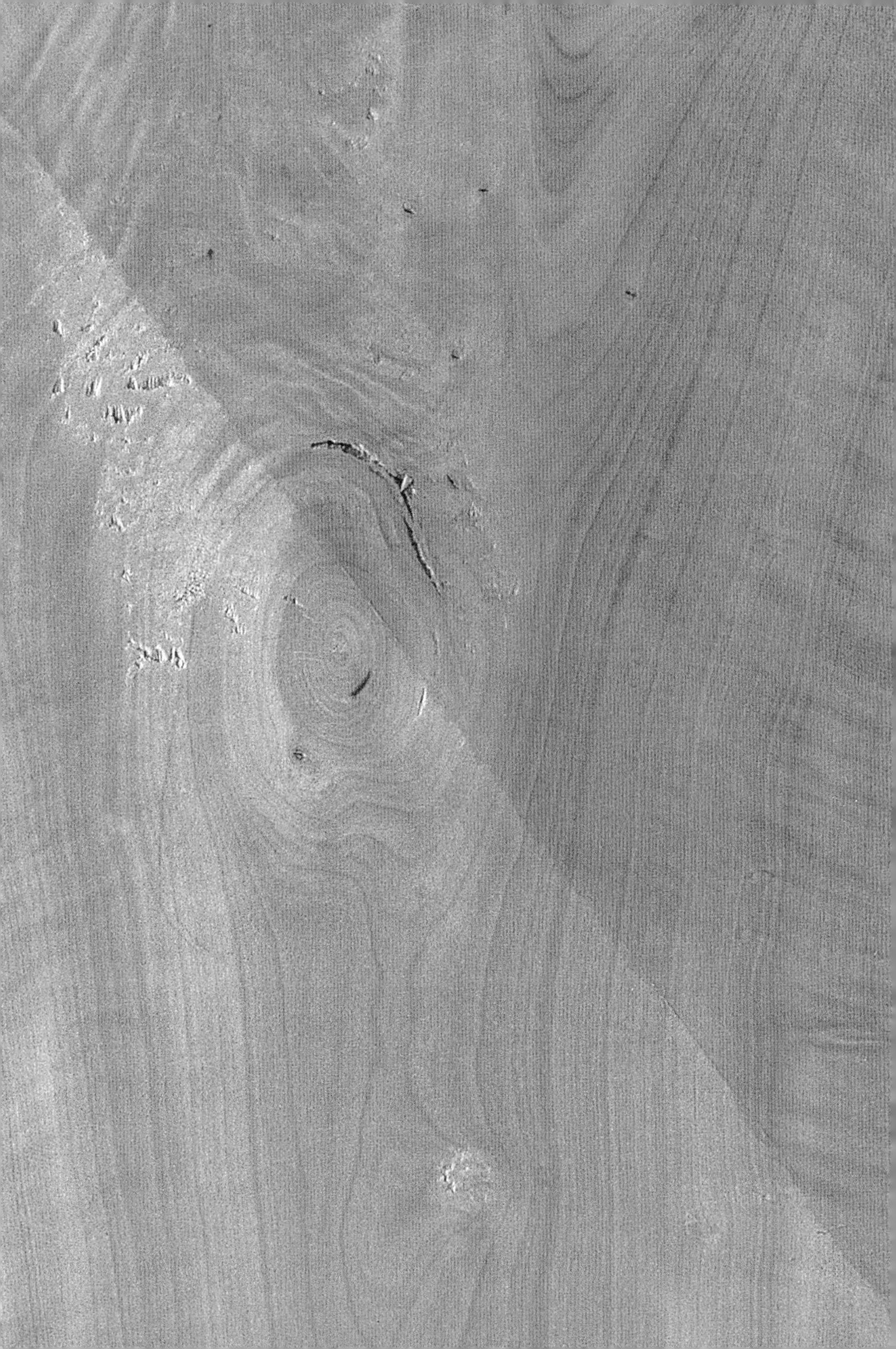

Calocedrus decurrens
インセンスシーダー

長所
- 耐久性がある
- 加工が容易
- 強い芳香がある

欠点
- 菌類に侵されやすい
- 非常に軟らかい

耐久性が高く香りのよい針葉樹材

軽軟な木材にもかかわらず、耐久性があり、木理が通直で強い芳香があることから、使用価値が高い。先端を簡単に尖らすことができることから、塀の柱から鉛筆まで幅広く用いられている。その芳香により、レバノンスギ（*Cedrus libani*）の代替材として引出しや木箱の製作に家具製作者に好まれている。同じ用途でヨーロッパではレバノンスギが広く使用されている。

主要特性
種類 温帯産針葉樹材
別名 *Libocedrus decurrens*、カリフォルニアインセンスシーダー
資源の所在 アメリカ合衆国西海岸
色 薄褐色または黄褐色で、かすかに赤みを帯びる
肌目 精で均一
木理 通直
硬度 軟らかく菌類に侵されやすい。またそれほど強くないが、耐久性は非常に高い。
重さ 軽い（420kg/cu. m）

入手可能性および資源の持続可能性
広く入手可能で、絶滅の脅威はない。混合林でもよく育つので、生物学的多様性による危険性はない。

主要用途
- インテリア: 家具
- エクステリア: 柱、鉄道の枕木
- 実用品: 鉛筆
- 趣味＆レジャー: 玩具

Calycophyllum candidissimum
レモンウッド

長所
- 加工が容易
- 精で均一な肌目

欠点
- 模様が目立たない
- 耐久性がない

ボックスウッドの雰囲気を持つ黄緑褐色の広葉樹材

　硬いが木理が通直なため、レモンウッドは使っていて楽しい木材である。木理模様は平凡だが、色は黄褐色、黄色、黄緑色など、微妙な色合いを持っている。ヨーロピアンボックスウッド（Buxus sempervirens）の雰囲気を持っているが、木理はそれよりも通直で、あまり変化はない。安定性が高く、乾燥は容易で、強さもあり、曲げにもよく耐えるが、耐久性に欠ける。ジェルトン（Dyera costulata）に似ているが、より特徴があり、彫刻家に人気が高い。ボックスウッドほど欠点や節がないので、それよりも加工は容易。

主要特性
種類　熱帯産広葉樹材
別名　デガメ
資源の所在　中南米、キューバ
色　黄褐色から黄緑褐色、辺材は淡色
肌目　精で均一
木理　かなり通直
硬度　硬い
重さ　重い（820kg/cu. m）

入手可能性および資源の持続可能性
　絶滅危惧種には含まれていないが、広く入手できるというわけではない。しかしあまり好まれていない木材なので、高価ではない。

主要用途

インテリア
キャビネット

建具
住宅内装木部

実用品
器具の柄

趣味＆レジャー
アーチェリーの弓
ビリヤードのキュー

装飾
彫刻
ろくろ細工

Carya glabra
ヒッコリー

長所
- 強い
- 曲げに強い
- 器具の柄に最適
- 価格が安い

欠点
- 雅致に乏しい
- 乾燥過程でねじれることがある
- 乾燥後も変形する
- 加工が難しい

肌目 粗
木理 通直または波状
硬度 硬い
重さ 重い(820kg/cu. m)
強度 強靭。衝撃吸収力があり曲げ強さもある。
乾燥および安定性 乾燥過程でねじれることがあるが、乾燥は早い。多少収縮する。
廃材率 乾燥過程で割れるものがあり廃材率が高まることがあるが、白い辺材も価値がある。
板幅 各種揃っている。
板厚 各種揃っている。
耐久性 不良。虫害を受けやすく、土中では腐朽する。

器具の柄、スポーツギアに適した衝撃に強い木材

　ヒッコリーはホワイトアッシュ(*Fraxinus americana*)、ヨーロピアンアッシュ(*F. excelsior*)と共通する強靭さを持っている。色は一定していず、晩材は帯桃色、早材は帯黄色で、ところどころに細い暗褐色の線が出ている。こうした色むらと粗い肌目のため、美観を優先する作品の材料としては好まれないが、ドラムスティック、釣り竿、スキー板、道具の柄、手作りの自動車車体など、柔軟性と衝撃吸収力が求められる場面では好まれている。

主要特性
種類 温帯産広葉樹材
別名 ピグナッツヒッコリー(米)、ブルームヒッコリー
類似の樹種 Mockernut hickory(*C. tomentosa*)、shellbark hickory(*C. laciniosa*)、shagbark、レッド、またはホワイトヒッコリー(*C. ovata*)、nutmeg hickory(*C. myristiciformis*)
代替材 アメリカンビーチ(*Fagus grandifolia*)、ヨーロピアンアッシュ(*Fraxinus excelsior*)、ホワイトアッシュ(*F. alba*)バターナッツ(*Juglans cinerea*)

資源の所在 アメリカ合衆国北東部
色 淡黄白色から帯桃色褐色

作業特性
　木理が不規則なため、加工が難しい場合がある。肌目が粗いので、作業中に手をけがしないように気をつける必要がある。しかし美しい仕上げが得られる。

道具適性 欠けや裂けを防ぐため、表面を削るときは、刃の角度を浅くすること。
成形 良好。硬いので、輪郭削りや継手加工に適している。しかし木理が不規則なことから正確な線が出せない場合もあり、ルーターの刃先を噛むこともある。
組み立て 良好。組みしろがあり、乾燥後の変形も少ない。しかしヒッコリーはパネルや家具にはあまり使用されていない。
仕上げ かなり多めにサンダーをかける必要があるかもしれないが、硬く光沢のある表面が得られる。ステイン塗装すると、疎の木理模様が強調される。

変化
　Pecan(*C. illinoinensis*)はヒッコリーに似ているが、実用品以上の品物に使うことは推奨できない。

資源の持続可能性
　ヒッコリーが絶滅の脅威にさらされているという徴候はないし、また起こりそうもないことである。認証された木材も入手可。

入手可能性と価格
　ヒッコリーは樹種によって入手しやすさも価格もかなりばらつきがある。しかし価格は広葉樹材にしてはほどほどで、専門の木材卸商の所に行けば簡単に見つかる。

主要用途
- **実用品** 道具の柄
- **趣味&レジャー** ドラムスティック、スポーツギア
- **インテリア** フローリング
- **装飾** パネル用化粧単板

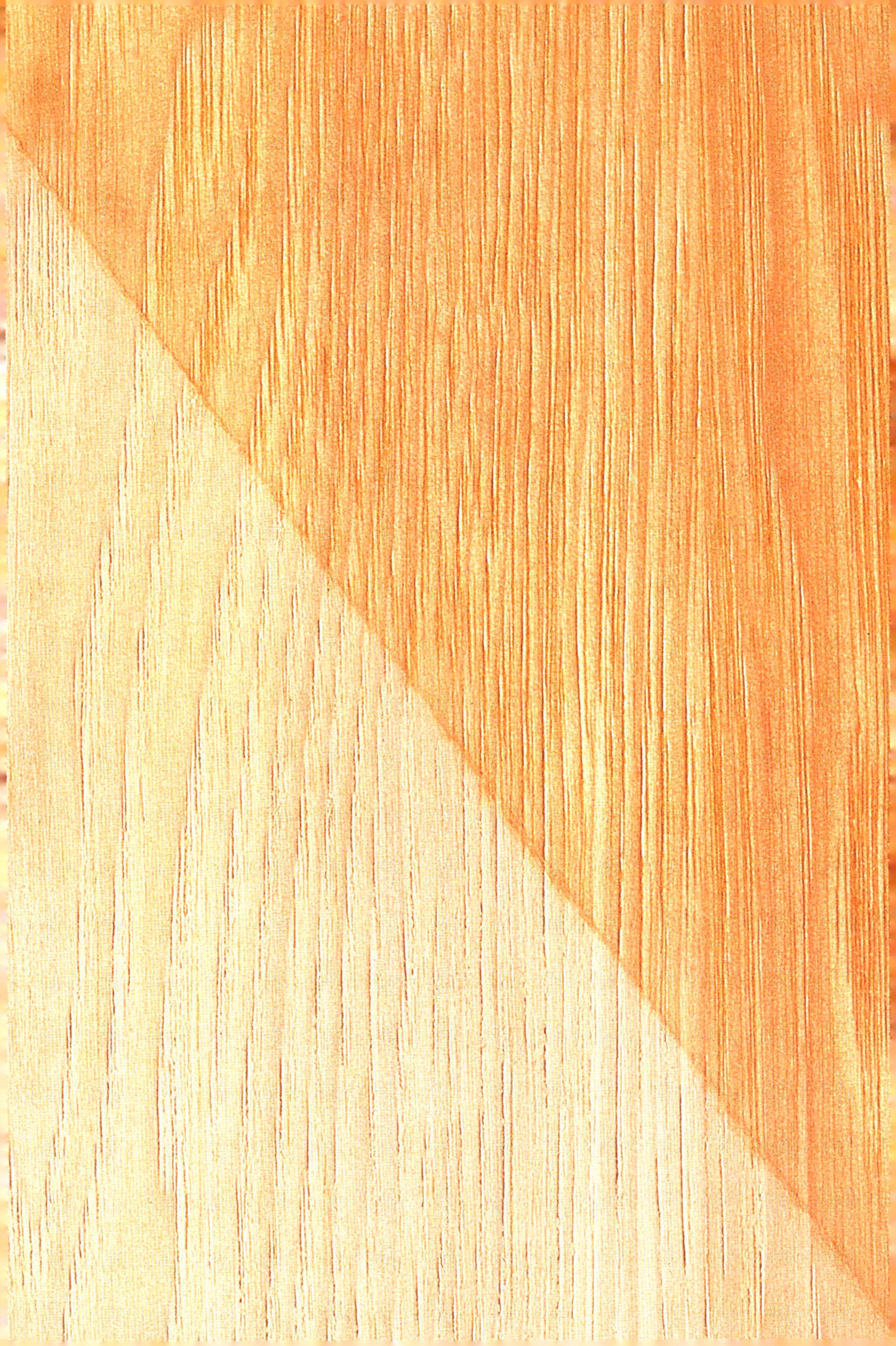

Castanea sativa
ヨーロピアンスイートチェスナット

長所
- ヨーロピアンオークよりも安価
- 木理の通直なものが多い
- 美しいもく

欠点
- 旋回木理のものがある
- 鉄分を含む金属と接触すると腐朽する
- 乾燥が容易ではない
- 放射組織模様がない

オークに似た広葉樹材

この樹種は貧乏人のオークとしばしば書かれるが、理由は、強く耐久性があるからである。しかしオークほどには加工性は良くなく、またもくもあまりない。ホースチェスナット（Aesculus hippocastanum）よりも好まれるが、このスイートチェスナットにははっきりした放射組織がなく、板目木取りの表面は暗色のヨーロピアンアッシュ（Fraxinus excelsior）のほうに似ている。生立木の樹皮の成長の様子からわかるように、木理は通直の場合もあれば、旋回の場合もあるが、見た目から想像するほど交錯していないことが多い。

主要特性
種類 温帯産広葉樹材
別名 スパニッシュチェスナット（ヨーロッパ）、C. vesca
類似の樹種 アメリカンチェスナット（C. dentata）
代替材 オーク類（Quercus species）、アッシュ（Fraxinus sylvaticaおよびF. excelsior）、エルム（Ulmus hollandicaおよびU. americana）
資源の所在 ヨーロッパ、トルコのアジア側
色 心材は淡黄白色から褐色まで
肌目 粗

木理 たいていは通直だが時に旋回。
硬度 硬い
重さ 中庸しかしオークよりもかなり軽い。(540kg/cu. m)
強度 中庸
乾燥および安定性 亀裂が入りやすく、亀甲状になることもある。一般に乾燥は時間がかかり困難。しかし乾燥後はあまり変形しない。
廃材率 割裂や亀裂、その他の欠点のため高くなることがある。
板幅 各種揃っている。
板厚 各種揃っているようだが、木材卸商による。
耐久性 中庸。数種の害虫の攻撃を受け、心材は保存薬剤も吸収しないが、比較的耐久性はある。

作業特性
スイートチェスナットは作業に際していくつかの不利な点を持っている。鉄分を含む金属に触れると腐朽し、その結果しみが出ることがある。旋回木理を持つものは加工が難しいが、全般的には木理は通直で交錯していない。

道具適性 良好。ひどく裂けることもないし刃先を鈍化させることもない。
成形 型削りや輪郭削りに適した十分な硬さを持つ。
組み立て 良好。接着性も良い。
仕上げ 艶出し剤で仕上げると見事な光沢がでる。

変化
装飾用化粧単板として使用されることもあるが、おもな用途は副次的木材で、オークの代替材である。最も一般的な用途は棺である。

資源の持続可能性
ヨーロッパにはもっと人気の高い広葉樹材があるが、この樹種はその木の実で人気があり、将来的な不安はない。認証された木材を購入しなければならない現実的な必要はない。

入手可能性およびコスト
広く入手可能というわけではないが、広葉樹材のわりには高くない。

主要用途
- インテリア：階段
- 建具：インテリア建具
- 実用品：木工民芸品、棺、たる

Cedrela odorata
スパニッシュシーダー

長所
- 芳香がある
- 興趣ある木理模様
- 加工が容易
- 安定している
- 比較的安価

欠点
- 絶滅危急種に含まれている
- 入手困難になりつつある

生長の早い広葉樹版シーダー

本物のシーダー類（Cedrus species）ではないが、外見と芳香が似ているため、この名前で呼ばれており、誤解されて針葉樹材の仲間に入れられることがある。またシガーボックスシーダーと呼ばれることもあるが、これはタバコの乾燥を防ぐ木箱に使われることが多いからである。害虫がその芳香を嫌うため、箪笥や衣装箱に多く用いられる。また外見と肌目は、マホガニー（Swietenia macrophylla）にも非常によく似ている。生長の早い樹種なので、かなり過度に伐採されているが、資源の持続可能性に関しては希望はある。

主要特性
種類 熱帯産広葉樹材
別名 シガーボックスシーダー、サウスアメリカンシーダー、C. mexicana のシノニム種
代替材 マホガニー（Swietenia macrophylla or S.mahogani）
資源の所在 中南米、フロリダ、西インド諸島
色 桃色から褐色まで。全体的に赤みを帯びている。晩材に暗色の線がある。
肌目 中庸で均一
木理 一般に通直。細いが目立つ暗赤色の晩材の線がある。
硬度 軟らかい
重さ 中庸（480kg/cu. m）
強度 重さのわりには強いため、競争用ボートの材料になる。
乾燥および安定性 乾燥は容易で早い。また乾燥後の変形はゆるやか。
廃材率 低い
板幅 各種揃っている。
板厚 各種揃っている。
耐久性 高い

作業特性

ほぼすべての加工が容易にできる。またその芳香が使う人に喜びを与える。

道具適性 ほとんど刃先を鈍化させることなく、非常に滑らかなカンナ仕上げができる。
成形 型削りや輪郭削りに適している。継手加工のための切削にも適す。
組み立て 軟らかいため、広葉樹材にしては組みしろがある。しかし材面は傷つきやすいので注意が必要。釘・ネジ着性、接着性、どれも良く、組み立て後はほとんどゆるまない。
仕上げ ステイン塗装は容易で、艶出し剤で仕上げると強い光沢がでる。

変化

柾目木取り板材の表面はかなり地味で、放射組織も模様もない。

資源の持続可能性

ほとんど欠点を持たないことの代償として、スパニッシュシーダーは過剰に伐採されている。まだ入手しやすいが、実際は不安視され、絶滅危急種にもあげられている。再生産は早いが、植林場は若枝を狙う害虫にさらされている。認証された木材は入手可能である。

入手可能性と価格

今のところ中庸の価格で広く入手可能。

主要用途
- インテリア：家具、キャビネット
- 建具：住宅内装木部
- マリン：ボート製作
- 実用品：シガーボックス

Cedrus libani
レバノンスギ

長所
- 強い芳香がある
- 害虫を防ぐ
- 優れた安定性
- 幅広板が利用できる

欠点
- 節が問題になることがある
- 弾力性がなくもろい

箪笥に最適な芳香の強い針葉樹材

レバノンスギの特徴は、何といってもその芳香と防虫性にある。そのため、箪笥の底板や箱の内張り用として広く使用されている。模様は美しく、心材から辺材へと微妙に変わる色や等質な肌目も魅力的である。レバノンスギは巨大に育ち、胴回りが太くなるものが多いため、用途に応じて種々の厚さの幅広板材を見つけることができる。

主要特性
種類 温帯産針葉樹材
別名 トゥルーシーダー、C. libanotica
代替材 レッドウッド（Sequoia sempervirens）、ウェスタンレッドシーダー（Thuja plicata）、インセンスシーダー（Calocedrus decurrens）
資源の所在 ヨーロッパ、中東
色 薄黄褐色、晩材の線に桃色から赤色の色調が出る。
肌目 等質、ただし毛羽立っている感触が少しある。
木理 大部分が通直であるが、節のまわりなどでゆるやかな曲線を描くこともある。
硬度 軟質から中庸
重さ 中庸（560kg/cu. m）
強度 不良
乾燥および安定性 乾燥は容易で、安定しており、ほとんど変形しない。
廃材率 低い
板幅 各種揃っている。幅広板もある。
板厚 製材所によって厚さはかなり異なる。
耐久性 屋外では不良。また保存薬剤をあまり吸収しない。すべての害虫に強いというわけではない。

作業特性

レバノンスギは、箪笥や箱の内張りによく使用されるが、それ以外の用途で使用されることは稀である。というのは同種の他の木材のほうが、価格は安く、硬く、装飾性もあるからである。幅広板が取れるので柾目木取りの板材が多く、そのため安定性が高いことから箪笥の底板材として理想的。

道具適性 鋸断も鉋削も容易で、滑らかな仕上がりになるが、特に光沢が出るというわけではない。
成形 材面が傷つきやすく、縁が欠けやすい。
組み立て 接着性は良いが、材面が傷つきやすいので注意。柾目木取りで幅広板が得られるので、わざわざ薄板材を張り合わせてパネルを作る必要はない。
仕上げ かなりくすんだ感じにはなるが、どんな仕上げ材でもよく吸収する。

資源の持続可能性

認証されているレバノンスギを探し出すのは難しいかもしれないが、国別に絶滅の脅威があるかどうかをチェックすること。

入手可能性と価格

生産は比較的容易だが、針葉樹材のわりには高価。そのため特殊な目的のために使用されている。

主要用途
- **実用品**: 箪笥の底板材、箱の内張り
- **建具**: インテリア建具

Chlorophora excelsa
イロコ

長所
- 比較的価格が安い
- 油質で耐久性がある
- 同種の木材に比べ硬く軽い
- 仕上げが美しい

欠点
- 交錯木理
- 雅致のない色ともく
- 強さが中庸

永く使用される建具のための耐久性の高い広葉樹材

イロコは熱帯産広葉樹材の中では実用性の高い木材である。耐久性があるため、主に非装飾的な用途に使用されることが多い。油質の肌目をしているため、ボート製作や杭工作物にとっては使用価値が高い。肌目は均一だが粗く、木理はひと目でわかるとおり交錯している。そのため手動道具での加工は困難。しかし切削仕上がりは良く、美しい光沢が出る。

主要特性
種類 熱帯産広葉樹材
別名 カンバラ(ヨーロッパ)
類似の樹種 *C. regia*
資源の所在 アフリカ
色 深みのある中位の褐色。濃色の斑が散在する。
肌目 粗
木理 波状または交錯
硬度 硬い
重さ 中庸から重。しかし他の多くの熱帯産広葉樹材よりは軽い。(640kg/cu. m)
強度 中庸
乾燥および安定性 乾燥は容易で、乾燥後はほとんど変形しない。
廃材率 低い
板幅 各種揃っている。
板厚 各種揃っている。
耐久性 高い。しかし辺材は害虫に侵されやすい。

作業特性
乾燥は容易で、欠点も少なく、ドアや窓枠にとって最適な耐久性を持っているが、この木材の欠点は、交錯木理が木工家を悩ませるということである。

道具適性 木理が交錯しているだけでなく、材中に硬い堆積物を含んでいることがあり、それが道具の刃先を破損することがある。道具は材に対して、特に柾目木取りの板材にカンナをかけるときは、浅めに当てるようにすること。
成形 肌目が均一なため、継手の加工が比較的容易で、建具の材料として人気が高い
組み立て 接着性もよく、変形がほとんどないので、額縁の枠に適している。
仕上げ 肌目が粗いため仕上げに目止め材が必要な場合があるが、表面は硬く、艶出し剤で仕上げると滑らかになる。

変化
イロコに関しては、外見にすべてが現れている。ただし柾目木取りと板目木取りの違いはほとんどない。

資源の持続可能性
絶滅危急種にあげているリストもあるが、他のもっと権威あるリストでは、危険性は低いとされている。現在のところ認証されている供給元からの木材を探し出すのは容易ではないが、今後改善されるだろう。

入手可能性と価格
最も高価な熱帯産広葉樹材には含まれない。熱帯産材を在庫している木材卸商から入手可能。

主要用途
- 建具 / 外装建具 / 額縁
- マリン / ボート製作

Cordia dodecandra
ジリコテ

長所
- 優美な外観
- 硬く重い
- 加工が容易

欠点
- 希少で高価
- 表面に亀裂が入りやすい

ウオルナットに似ている独特の木理

最上のウオルナットと最上のローズウッドの外見、肌目を合わせたような美しさを持つが、あまり広く使用されていないのは、おそらくその供給量が限られており、高価だからであろう。深みのある暗褐色の地に、波のような不規則な黒い細い線が走っている。ジリコテは大きな優占樹種になることがあるが、ある特定の場所に集中して生育しているわけではなく、また発育が妨げられる場合が多く、供給量は限られている。

主要特性
種類 熱帯産広葉樹材
別名 Sericote, ziracote
代替材 ヨーロピアンオーク（*Quercus robur*）
資源の所在 メキシコ南部、ベリーズ、グアテマラ
色 深みのある暗褐色の地に黒い細い線。放射組織が不規則にあらわれるところでは、銀色の斑点が出ていることがある。
肌目 精から中庸、均一。
木理 通直、しかし少し波状になっているところもある。
硬度 非常に硬い
重さ 重い（880kg/cu. m）
強度 強い
乾燥および安定性 乾燥は難しく、表面に亀裂が入ることがある。しかし乾燥後の安定性は非常に高い。

廃材率 比較的低い。特に淡色の辺材部分をコントラストして作品のなかに組み込む場合。
板幅 生立木は直径75cmくらいまで育つので、幅広板も入手可能。
板幅 供給量が少ないので、限られている。
耐久性 中庸

作業特性
硬い木材にしては、他の多くのローズウッド類木材や熱帯産広葉樹材にくらべ、驚くほど加工がしやすい。ろくろ細工や彫刻にも適しているが、その木理模様の美しさが映えるのは、やはり平面にしたときであろう。

道具適性 縁が欠けたり裂けたりする心配はほとんどなく、美しく仕上がる。
成形 型削り、輪郭削りは容易。また刃先をすぐに鈍化させるということもない。
組み立て 接着性は良い方だが、油質なので最初に試してみること。ネジ止め、釘打ちで接合する場合は、必ず先穴をドリルで開けて行うこと。乾燥後は安定性は非常に高い。
仕上げ 艶出し剤で仕上げると素晴らしい光沢がでる。ステイン塗装する必要はない。

変化
最上の柾目木取りをすると、黒い波状の線があらわれる。可能ならば柾目木取りの化粧単板を購入すること。

資源の持続可能性
ジリコテのような木材の状態について明確に意見を述べることは困難だ。というのは、その生長は成り行きまかせで、またスパニッシュシーダーのような量で使用されないからである。ジリコテのような希少な樹種を購入することは、その産地の地域経済に貢献し、もしそうでなかったら耕作地に変えるために伐採されてしまう森林を救うことになるという意見がある。認証されているジリコテを探し出すのは困難だろう。

入手可能性と価格
専門の輸入業者からのみ入手可能で、非常に高価。

主要用途
- **インテリア**：高級家具、キャビネット、フローリング
- **建具**：パネル
- **趣味＆レジャー**：銃床
- **装飾**：ろくろ細工、彫刻、化粧単板

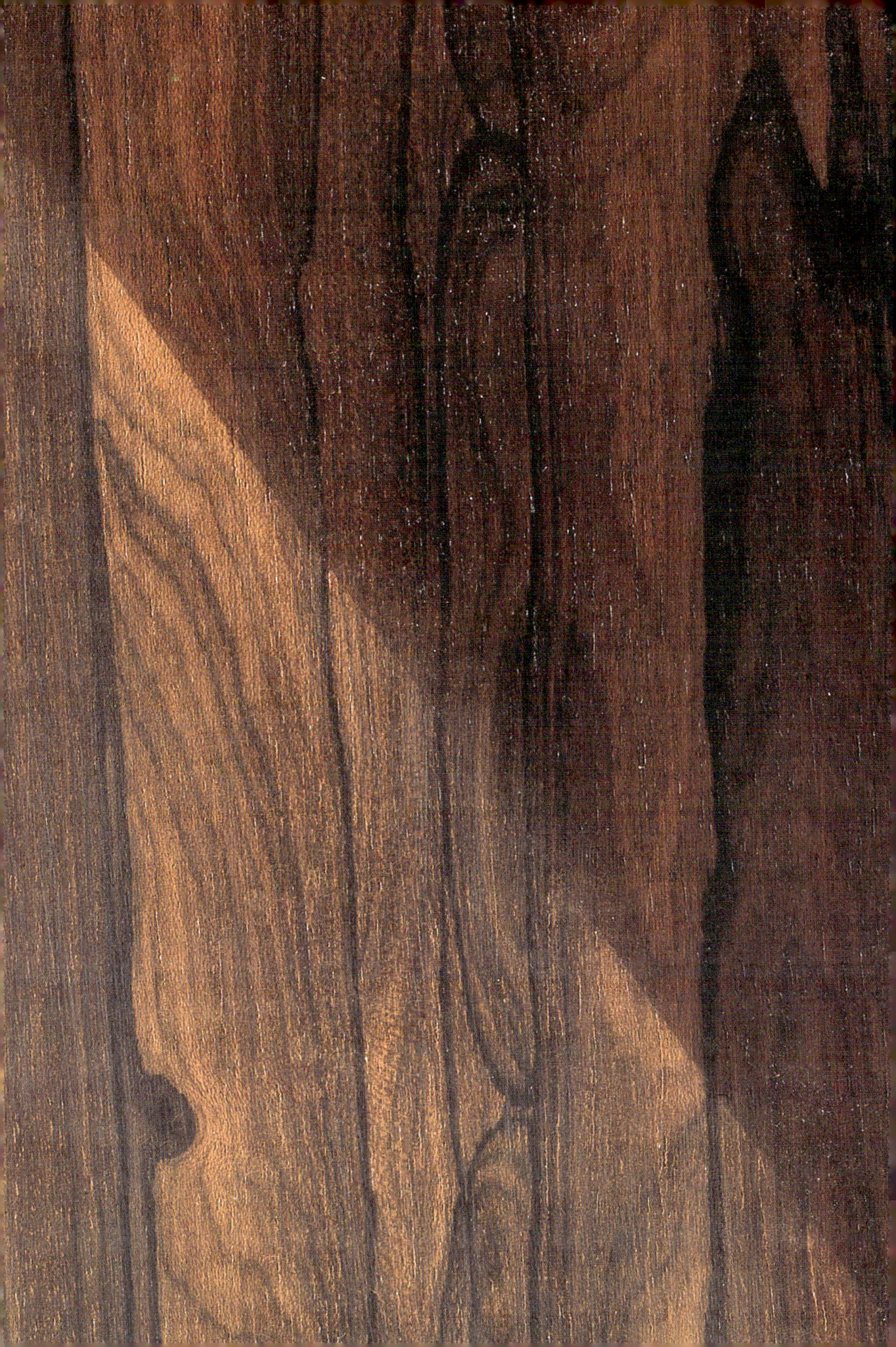

Cordia elaeagnoides
ボコテ

長所
- 独特の木理
- 加工が比較的容易

欠点
- 幅広板がほとんど入手できない
- 廃材率が高い

印象的な縞模様を持つ広葉樹材

印象的な模様を持つボコテは、硬く重い木材だが、その独特の木理からは想像できないほどに加工は容易である。安定性は高いが乾燥が困難なめ、亀裂や割れにともなう廃材率が問題になる。あまり太く成長しないので、板材に辺材が多く含まれる場合があり、これも廃材率を上げる原因になっている。

主要特性
- **種類** 熱帯産広葉樹材
- **別名** Canatele
- **資源の所在** 中央アメリカ、西インド諸島
- **色** 薄金褐色の地に規則的な暗褐色の線が走る
- **肌目** 精から中庸、一定。
- **木理** 通直
- **硬度** 硬い
- **重さ** 重い(800kg/cu. m)

入手可能性および資源の持続可能性

ボコテを在庫している供給元はかなりの数ある。権威あるレポートでは絶滅危急種にあげられていないが、資源の持続可能性については不安視されている。おおむね高価。

主要用途
- インテリア / 家具 / フローリング
- 装飾 / 化粧単板

Cybistax donnell-smithii
プリマベラ

長所
- 興趣ある模様
- 加工はそれほど難しくない

欠点
- 裂けやすい
- 交錯木理

月の裏側からきた木材

　World Woods in Colorの著者であるウィリアム・リンカーンによれば、樹液は通常季節によって樹木内部を昇ったり下ったりするが、プリマベラの樹液は、月の満ち欠けによって昇ったり下ったりするらしい。光沢が素晴らしく、木理は不規則で交錯していることがあるが、加工は比較的容易である。この樹木は新月の日に伐採されるべきであろう。というのは、このとき樹液は下っているので、木口から出る樹液の量が少なくなり、害虫をひきつけることが少なくなるからである。色は中位の黄褐色で雅致のある木理を持っているが、耐久性に欠ける。

主要特性
種類　熱帯産広葉樹材
別名　Tabebuia donnell-smithii, roble
資源の所在　中央アメリカ
色　淡褐色の地に暗色の線。黄色の帯が散在する。
肌目　中庸から粗
木理　波状、交錯または通直。
硬度　中庸から硬。強度は中庸だが、光沢は良い。
重さ　軽い(450kg/cu. m)

入手可能性および資源の持続可能性
　入手可能性も価格もほどほどである。商業取引の主要対象樹木ではないので、絶滅危急種にはあげられていない。

主要用途
- インテリア
  家具
  フローリング
- 建具
  住宅内装木部
  建具全般
- 装飾
  パネル用化粧単板

Dalbergia cearensis
キングウッド

長所
- 豪華な木理模様
- 魅惑的な桃色がかった褐色と辺材のコントラスト
- 木理が通直

欠点
- 節が多い
- 亀裂や割れが生じやすい
- 希少で高価

独特な模様の小さめのローズウッド

キングウッドはローズウッドと呼ばれている木材の1種で、幻想的な模様と色が特徴的であるが、残念ながら小さな樹木にとどまるという欠点を持っている。その結果すべての板材に心割れの可能性があり、またひどく対照的な淡色の辺材を含んでいる。このコントラストを作品のなかに生かさない場合は、廃材率が非常に高くなってしまう。樹木が直径25cm以上に生育するのはきわめて稀である。

主要特性
種類 熱帯産広葉樹材
別名 バイオレットウッド、バイオレット、バイオレットキングウッド
資源の所在 ブラジル
色 心材は桃色または薄赤色から深みのある暗褐色で、辺材は淡黄白色。
肌目 精で均一
木理 通直、しかし生長輪の密度にばらつきがある。
硬度 硬い

重さ 非常に重い(1200kg/cu. m)
強度 強い、しかし弾力性がなくもろいと考えられている。
乾燥および安定性 乾燥過程で亀裂が入ることがある。乾燥後は安定。
廃材率 直径の小さな木材は、辺材の比率が高く、心割れの危険があるため、廃材率は高い。
板幅 非常に限られており、板幅は普通20cm以下。
板厚 限られている。
耐久性 耐久性があると考えられている。

作業特性
キングウッドを使うときの問題は、直径が小さいことから生じる問題にどう対処するかということだが、実際は多くの場合化粧単板でしか入手できない。

道具適性 良好。しかし刃先は特に鋭く研磨しておく必要がある。
成形 素晴らしい輪郭削り、モールディングができる。
組み立て 表面に蝋が出ている場合があるので、接着剤は試してから使うこと。ネジ釘や釘で接合する場合は、先穴を開けて行うこと。
仕上げ 見事な光沢に仕上げることができる。

変化
化粧単板でも板材でも、柾目木取りの部分と板目木取りの部分を両方含むことが多い。対照的な性質の辺材をうまく利用することを考える必要がある。

資源の持続可能性
絶滅危惧種にはあげられていないが、供給は不足がちである。認証された木材を探し出すのはそう難しくない。

入手可能性と価格
非常に希少で、非常に高価。

主要用途

装飾
化粧単板
象嵌
はめ込み細工
ろくろ細工

実用品
小物備品

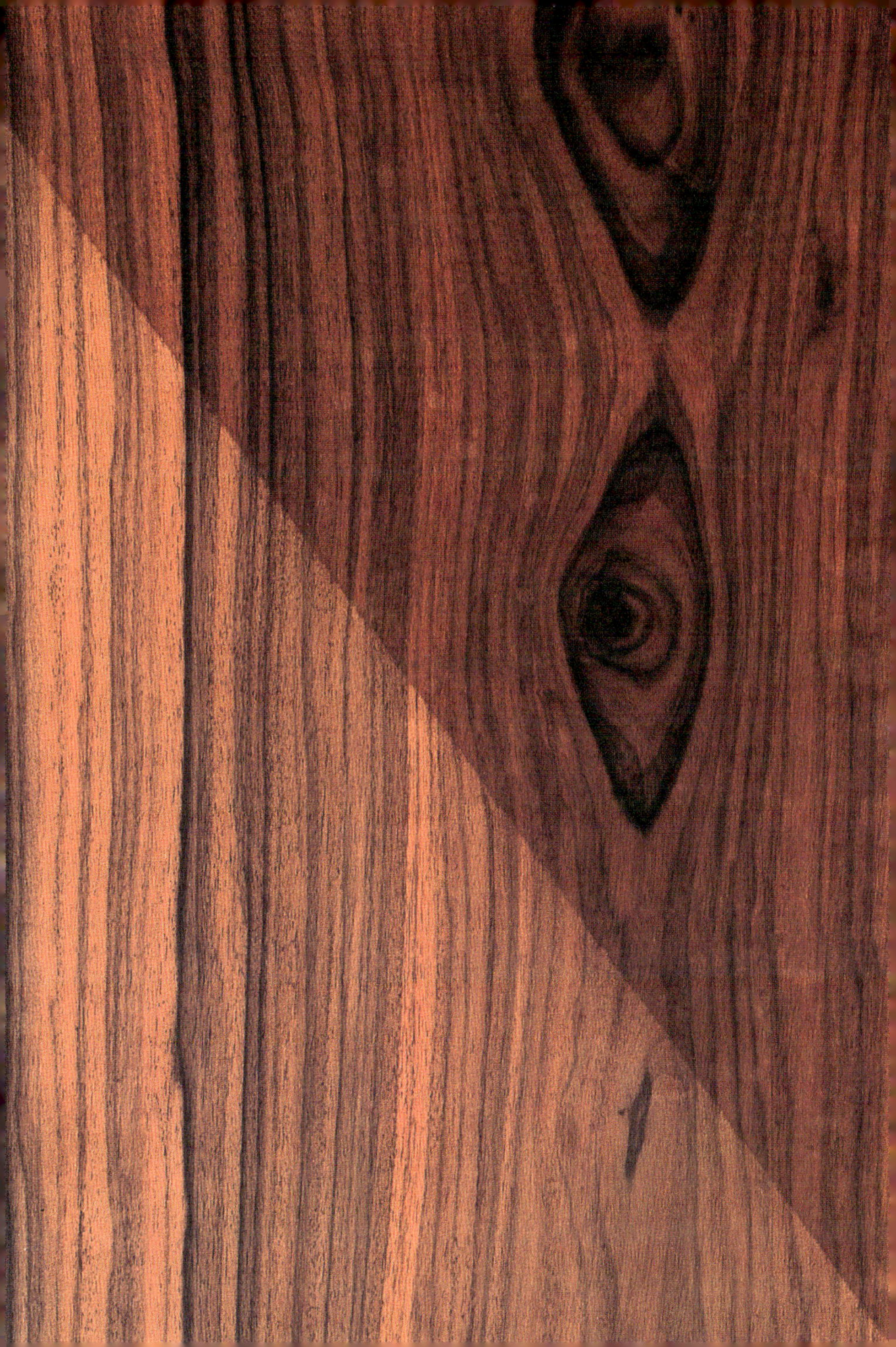

Dalbergia latifolia
インディアンローズウッド

長所
- 独特の色と模様
- 強さと高い密度

欠点
- 加工が難しい
- 入手が困難
- 持続可能性に疑問
- 高価

高品質の植林樹種

*Dalbergia*類の多くに当てはまることだが、インディアンローズウッドについて記述するのは少し難しい。というのは、1枚1枚の板材ごとに様子が違っているからだ。一般的には、中庸から粗の肌目を持ち、非常に濃い褐色の地に、赤紫、桃色、黄白色の筋が割り込むように流れている。木理は密で交錯しているが、通直またはゆるやかな曲線を描いているものもある。資源の所在地を確認することはあまり容易ではなく、違法な伐採が行われているのではないかという危惧もある。しかしsonekelingとして知られている植林樹種ならおそらく心配ないであろう。硬く耐久性があるので、家具や観賞用ろくろ細工の材料として広く用いられている。またインテリア、ドア、キャビネット用の化粧単板としても使用されている。

主要特性
- **種類** 熱帯産広葉樹材
- **別名** Sonekeling, イーストインディアンローズウッド
- **類似の樹種** *D. javanica*, *D. sissoo*
- **代替材** 他のローズウッド(*Dalbergia* species)、ヨーロピアンウォルナット(*Juglans regia*)
- **資源の所在** インド
- **色** 暗褐色の地に、淡黄白色、赤紫色、桃色の筋が不規則に走る。
- **肌目** 中庸から粗
- **木理** 通直またはゆるやかな曲線、交錯していることもある
- **硬度** 非常に硬い
- **重さ** 重い(830kg/cu. m)
- **強度** 一般に強い
- **乾燥および安定性** 乾燥の過程で色が鮮やかになる。品質の劣化を避けるため、キルンで時間をかけて乾燥させるのが理想的。安定性は非常に高い。
- **廃材率** 問題があるとしたら、作品の仕様に合った大きさの板材があるかどうかということだけである。
- **板幅** 限られている。
- **板厚** 限られている。
- **耐久性** 非常に高い。

作業特性
材中に硬い堆積物を含んでいるため、道具の刃先を破損させるおそれがある。

- **道具適性** 鋸断も鉋削も非常に難しい。
- **成形** 型削りも輪郭削りも最高の仕上がりになるが、切削道具には厳しい仕事になる。
- **組み立て** 釘は入りにくいが、木工家がこの木材にふさわしい作品の組み立てに釘を使うことはまずない。接着剤、ネジ釘による接合は良好。
- **仕上げ** 木理が粗のため、目止め材が必要。しかしそれ以外は、他のローズウッド類木材が持つ油質を持たないため、良好。

変化
柾目木取りの板材にはリボンもくがある。

資源の持続可能性
過剰伐採のため危急種に属すると報告されている。実は、本物のインディアンローズウッドは、インド森林法によって保護されており、丸太または板材の状態で輸出することはできないことになっている。植林樹種のsonekelingは入手可能。

入手可能性と価格
入手は困難で、かなり高価。

主要用途
- **インテリア** 家具、キャビネット
- **装飾** インテリア・ドア・キャビネット用化粧単板
- **建具** 高級住宅内装木部
- **趣味＆レジャー** 楽器
- **マリン** ボート製作

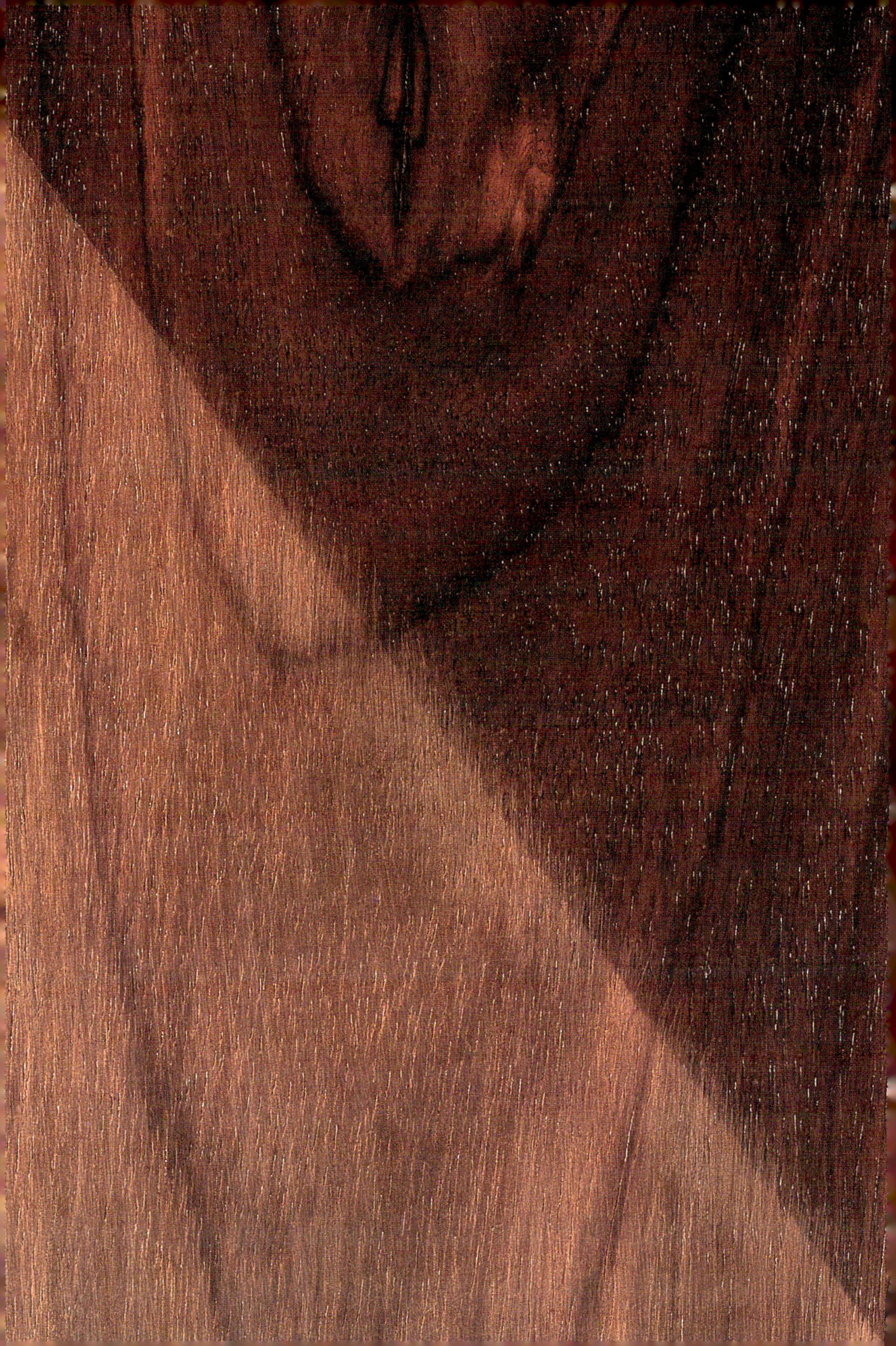

Dalbergia nigra
ブラジリアンローズウッド

長所
- 最高のもく
- 多彩な美しい色
- 硬く強い

欠点
- 非常に高価
- 不確かな持続可能性
- 限られた供給量

世界で最も賞讃される木材の1つ

ブラジリアンローズウッドは硬く重いだけでなく、ヨーロピアンウオルナット(*Juglans regia*)に似た色と模様も持っている。薄黄褐色から非常に暗色の褐色までの多彩な色は、この木材を抜群に魅力的なものにしている一方で、その重さ、強さ、型削り・輪郭削りに対する適性はこの樹種を家具やキャビネットのための理想的な木材にしている。肌目は均一で、精から中庸、木理は比較的通直で、あまり交錯していない。ブラジリアンローズウッドがこれほど高価なのは驚くに値しない。それはほとんど絶滅寸前の状態にあり、商業取引規制の対象になっている。

主要特性
種類 熱帯産広葉樹材
別名 サントスローズウッド、jacaranda
代替材 他のローズウッド類(*Dalbergia* species)、Jacaranda do para(*D. spruceana*)、jacaranda pardo(*Machaerium villosum*)
資源の所在 ブラジル
色 赤い色調を帯びた薄褐色から非常に暗色の褐色まで。
肌目 精から中庸、均一
木理 やや波状
硬度 非常に硬い
重さ 重い(850kg/cu. m)
強度 強い、曲げは比較的容易。
乾燥および安定性 乾燥には時間がかかり、劣化を避けるためキルンで行うのが望ましい。乾燥後は非常に安定している。
廃材率 低くすべき。
板幅 限られている。
板厚 限られている。
耐久性 非常に高い。

作業特性
木理は比較的通直であるが、加工性の高い木材とはいえない。他の類似樹種と同様に油質で、それが切削仕上がりや接着性、仕上げに影響する。

道具適性 刃先をすぐに鈍化させるが、鉋削性は良い。
成形 切削仕上がりは非常に優れている。
組み立て 接着が困難な場合があるので、小片で試してみること。両面に接着剤をつける必要があるかもしれない。
仕上げ 油質が仕上げに影響するので注意が必要。小片で試してみること。

変化
ブラジリアンローズウッドは時代に左右されない装飾性を持っている。そのため多くが化粧単板に加工されている。

資源の持続可能性
ブラジリアンローズウッドは常にワシントン条約附属書Ⅰのリストに掲載されてきたが、そのことはこの樹種が、重大な絶滅の危機に直面しており、商業取引が制限されなければならないということを意味している。またそのことは、この樹種は保護されなければならず、輸出国は森林保全の義務が課されているということを意味している。ローズウッド類は区別が難しいので、購入するときは必ずどの種のローズウッドかを確かめる必要がある。そしてその種の現状を調べた後、購入すべきか否かを判断しなければならない。

入手可能性と価格
非常に高価で、入手できたとしても量は限られている。

主要用途
- インテリア：家具、フローリング
- 趣味＆レジャー：楽器
- 装飾：キャビネット用化粧単板、ろくろ細工

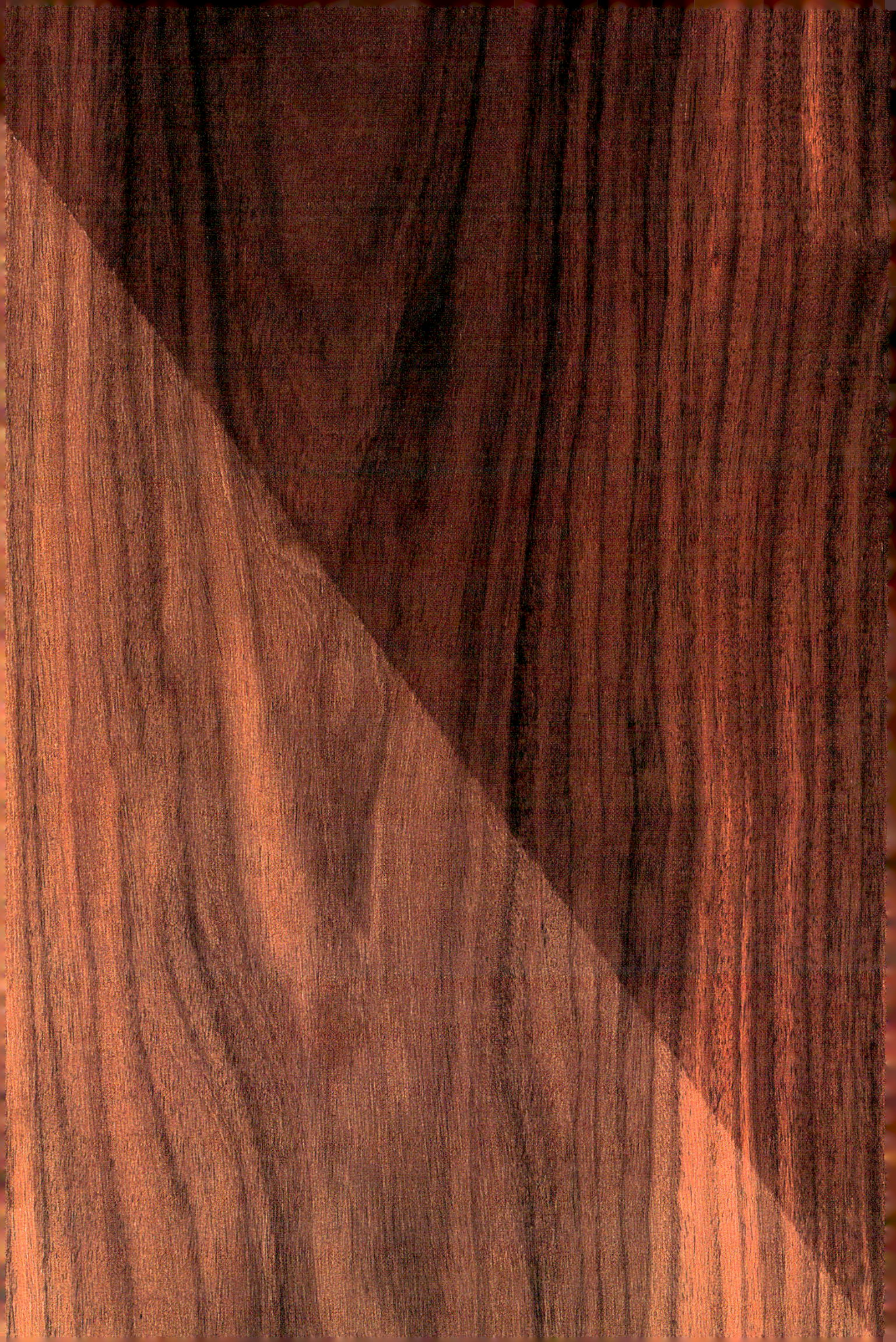

Dalbergia retusa
ココボロ

長所
- 対照的な色の連続
- 独特の木理模様
- 硬く高密度

欠点
- 供給量が非常に限られている
- 高価
- 乾燥が難しい

供給不足に陥っている装飾用ローズウッド

他のローズウッド類の樹種と同様に、ココボロは、その独特の木理模様、色、そして驚異的な光沢、さらにはその硬さと密度によって高く賞讃されている。型削りや輪郭削りに適しているので、一般に装飾用ろくろ細工職人や家具職人によって細かい加工をほどこすために使用されている。ココボロはあえて言うならば、エボニーと共通する多くの点を持っているが、それよりも多くの色と模様を持っている。しかしながらその模様は、他の多くのDalbergia種同様に、年月とともに、鮮やかさが減じる。

主要特性
種類 熱帯産広葉樹材
別名 ニカラグアローズウッド、granadillo
近縁の樹種 チューリップウッド（*D. decipularis*）、ブラジルウッド（*Caesalpinia echinata*）
代替材 スネークウッド（*Brosimum aubletti*）
資源の所在 中央アメリカ
色 暗色の帯の中に赤、橙色、黄色の筋がある。
肌目 精で均一
木理 不規則
硬度 非常に硬い
重さ 非常に重い（1040kg/cu. m）
強度 非常に強い
乾燥および安定性 乾燥には時間がかかり、その過程でねじれや亀裂が生じる確率が高い。しかし乾燥後は非常に安定している。
廃材率 低く抑えるべきであるが、板材は限られた大きさでしか入手できない。
板幅 限られているようだ。
板厚 限られているようだ。
耐久性 非常に油質のため、元来耐久性がある。しかしだからといって塀の柱に使う人はいないだろう！ 防水性能が高いので、食事用器具類の柄として人気がある。

作業特性

この硬質の木材を加工することは、木工家にとっては非常に厳しい作業となる。というのは木粉と格闘しなければならないからだ。ココボロのような熱帯産樹種から出る木粉は、呼吸器系、皮膚系に障害を起こすことがある。

道具適性 刃先は鋭く研磨しておく必要がある。しかし比較的容易に非常に滑らかな表面仕上げが得られる。
成形 ココボロのような硬質の木材は、型削り、輪郭削りに最適なので、装飾用ろくろ細工に理想的な素材といえる。
組み立て 他のローズウッド類と同じく、ココボロも元来油質なので、接着剤を使用するときは必ず数度試してみる必要がある。ネジ止め、釘打ちを行うときは、下穴をあけてから行うこと。
仕上げ 美しく仕上がる。ステイン塗装もできるが、それを望む木工家はほとんどいない。

変化

もくの美しい木材は、はめ込み細工や装飾用に化粧単板に加工される。

資源の持続可能性

認証されているココボロはほとんどなく、絶滅の危険にさらされていると報告されている。供給元に資源の所在について確認し、代替材の使用を検討すべきである。

入手可能性と価格

供給は限られており、非常に高価。

主要用途

装飾 装飾用ろくろ細工　家具用はめ込み細工・象嵌　パネル用化粧単板

実用品 食事用器具類の柄

趣味＆レジャー 楽器

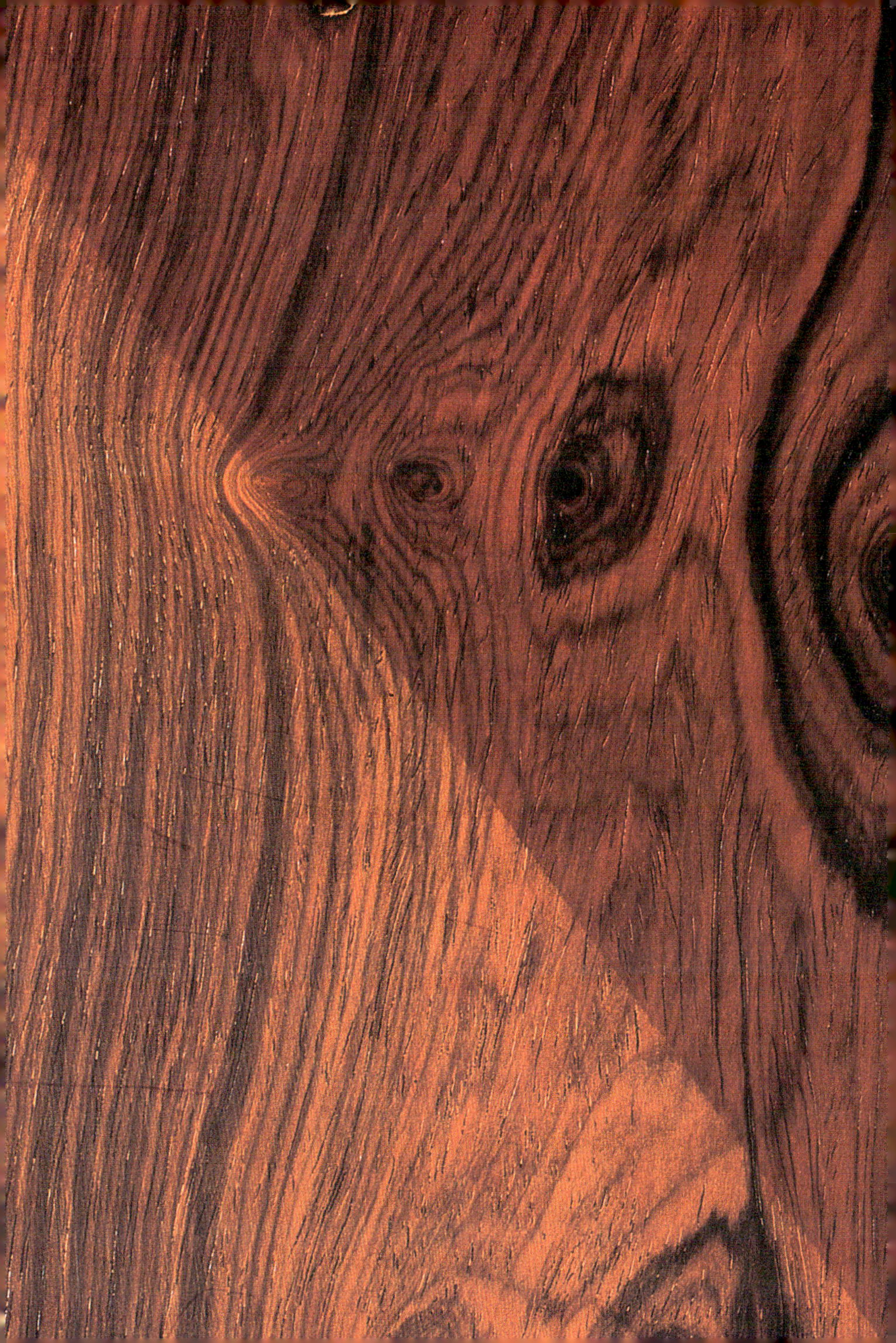

Dalbergia stevensonii
ホンジュラスローズウッド

長所
- 高密度で硬い
- 共鳴性がある
- 美しいもく
- 肌目が精

欠点
- 高い廃材率
- 油質の斑点のため接着性が悪いものがある
- 高価

最も強く最も音楽的なローズウッド

ホンジュラスローズウッドは独特の美しさと雰囲気を持っている。ベリ(*Paraberlinia bifoliolata*)に似ていないこともないが、それよりもずっと暗色である。それはまた、ウオルナット類の、特にヨーロピアンウオルナットの優美な色合いも兼ねそなえている。肌目は精から中庸だが、しばしば木理が交錯しているため、加工は、特に手による加工は難しい。美しい波状木理と優雅な色調(褐色から黒の地に、紫色の斑点が点在する)は、この木材を化粧単板のための理想的な素材にしているが、価格の面からもこのような用途に限定されている。高密度で、共鳴性があることから、木琴やマリンバのバーにも使われている。

主要特性
種類 熱帯産広葉樹材
別名 Nogaed(米)
代替材 他のローズウッド類(*Dalbergia* species)、ヨーロピアンウオルナット(*Juglans regia*)
資源の所在 ベリーズ
色 中位の褐色から黒の地に、紫や赤色の斑点が点在する。

肌目 精から中庸
木理 たいていは波状または交錯。不規則な帯がある。ところどころ通直な箇所がある。
硬度 硬い
重さ 重い(940kg/cu. m)

強度 強く高密度
乾燥および安定性 劣化を避けるため時間をかけて乾燥させる必要があるが、乾燥後はほとんど変形しない。
廃材率 木理の通直な長い部材を得ようとすれば高くなる。
板幅 限られているようだ。
板厚 限られているようだ。
耐久性 非常に高い。

作業特性
ホンジュラスローズウッドを作業場に持ち込むときは、その特別な効果、あるいは独特な音色を探求し続けるべきだ。

道具適性 この木材は刃先を鈍化させるということを警告しなければならないが、それは同時に、素晴らしい仕上げが得られるということを意味している。特に木理が通直な長い部材のとき。
成形 木材の中で最も切削仕上がりの良いこの木材を扱うことができるということは、装飾用ろくろ細工職人にとって最上の喜びである。肌目がかなり精のため、電動工具でも正確な輪郭が出せる。
組み立て 油質の斑点には注意。接着剤をはじき、接合に不具合を生じるおそれがある。
仕上げ ワックスなどの天然の仕上げ材は吸収しない。ワニスや艶出し剤を使用するときは慎重にする必要がある。

変化
あまりない。木材を選ぶときは用途に適した模様を慎重に選ぶこと。そうしないと廃材率が高くなる。

資源の持続可能性
ローズウッド類であるにもかかわらず、意外にもこの樹種が絶滅の脅威にさらされているとしているリストはまれである。しかし認証されている木材は多くない。

入手可能性と価格
高価で、専門の供給元からまれに入手できるだけである。

主要用途
- 趣味&レジャー：楽器
- インテリア：家具
- 装飾：キャビネットおよび内装パネル用化粧単板

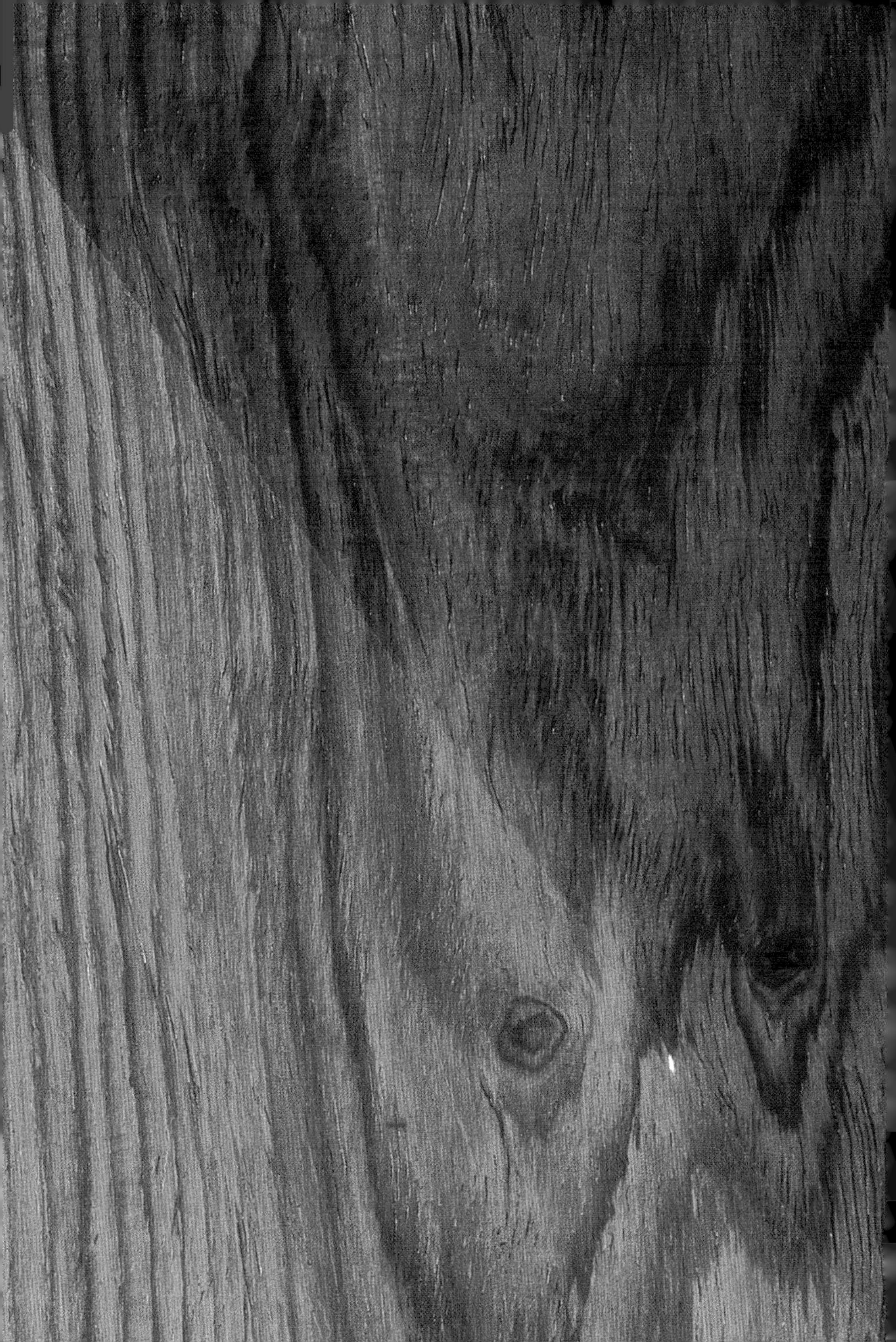

Diospyros celebica
マッカーサーエボニー

長所
- 独特の木理模様
- 非常に硬く重い
- 乾燥後は非常に安定

欠点
- 木粉が痒みを誘発することがある
- 乾燥が難しく、時間がかかる
- 亀裂や割れの心配がある

硬度 非常に密度が高く硬い。
重さ 非常に重い(1090kg/cu. m)
強度 一般に装飾用に使用されるのは、心材が折れやすいからではなく、非常に高価なため。
乾燥および安定性 乾燥は非常にゆっくり。多くの場合、伐採する前に樹皮を環状にはぎ取り、そのまま2年間放置した後に、乾燥させる。乾燥を短期間で行うと、割れるおそれがある。しかし乾燥後は非常に安定している。
廃材率 低い
板幅 当然限られている。
板厚 当然限られている。
耐久性 腐朽に対しては非常に強いが、ある種の虫害を受ける可能性はある。

異国情緒に溢れた高価な装飾用広葉樹材

インドネシア中部の島スラウェシ(旧セレベス)島を産地とするこの木材は、世界中で購入することができる木材の中で、最も希少で最も高価なものの1つである。独特の縞の木理模様が特徴で、おおむね暗褐色または黒の地に、かなり淡色の帯が間隔をおいて流れている。樹木が大きく成長しないことで、その希少さは倍化されている。

主要特性
種類 熱帯産広葉樹材
別名 インディアンエボニー、D. macassar、coromandel (英)
類似の樹種 アフリカンエボニー(D. crassiflora)、スリランカエボニー(D. ebenum)、インディアンエボニー(D. tomentosa and D.melanoxylon)、アンダマンエボニー(D. marmorata)
資源の所在 インドネシア、スラウェシ島
色 暗褐色と黒の縞模様の地に、薄黄色または薄茶色の帯。
肌目 精から中庸、均一。
木理 一般に通直、ところどころ交錯または波状。

作業特性
希少で高価なことから、試しに使ってみるような木材でないことは言うまでもない。非常に硬く、角もすぐには丸くならない。木粉が痒みを誘発することがあるといわれている。

道具適性 刃先の角度を浅くする必要があるかもしれない。表面を仕上げるとき裂くおそれがある。
成形 美しい輪郭仕上げができる。
組み立て 釘打ち、ネジ止めには下穴を開ける必要がある。接着性は良い。
仕上げ 信じられないほど滑らかな表面に仕上がる。非常に強い光沢が出る。

変化
多くの場合化粧単板に加工される。板目木取りと柾目木取りの差異はあまりない。

資源の持続可能性
割当量しか伐採は行われていないと思われるが、ずっと絶滅危急種に入っている。認証されている木材を入手するのは無理だろう。代替材もほとんどない。

入手可能性と価格
入手は困難で、非常に高価。

主要用途
- インテリア キャビネット
- 装飾 装飾用ろくろ細工、はめ込み細工
- 趣味&レジャー 楽器

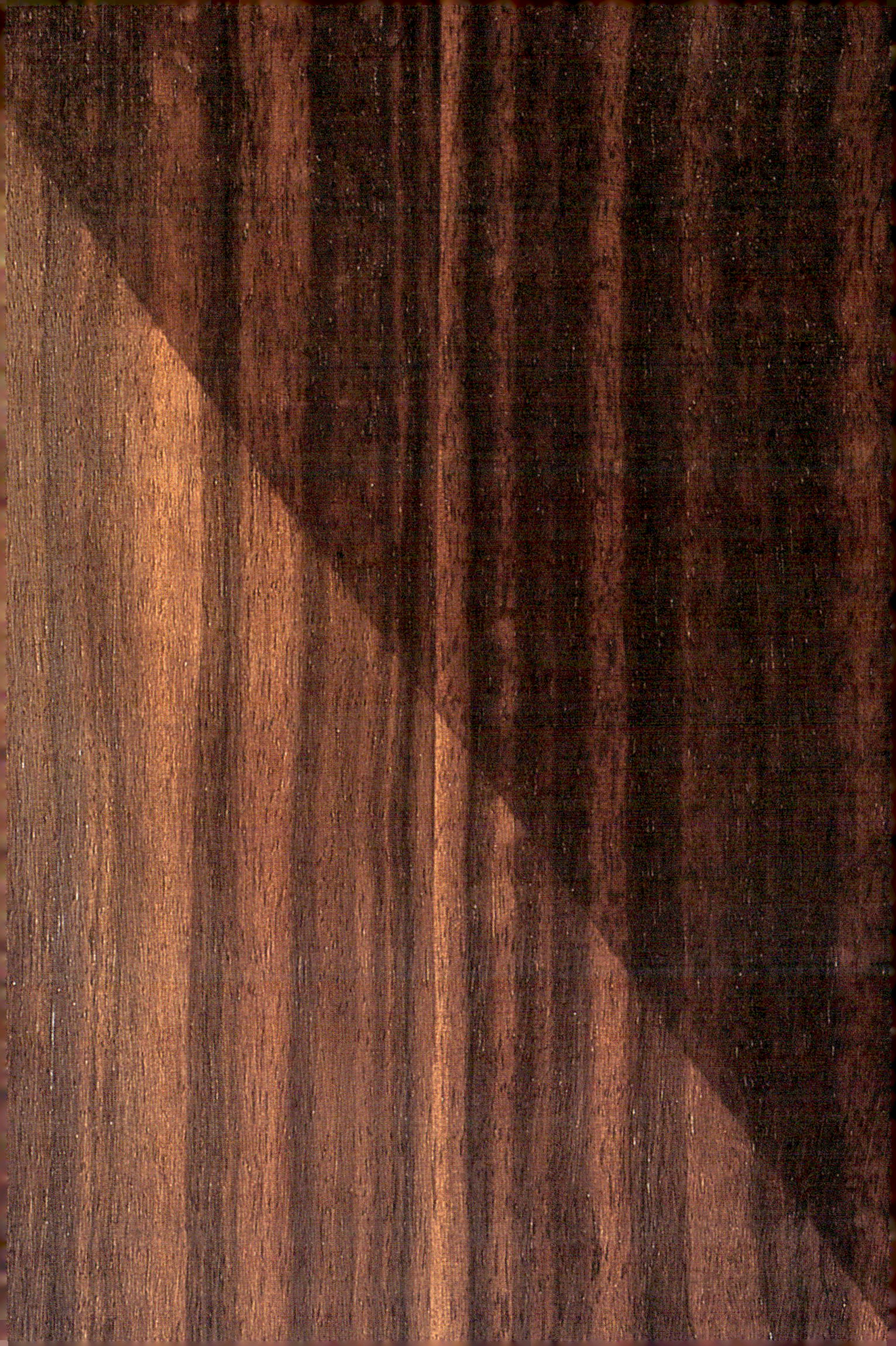

Diospyros crassiflora
アフリカンエボニー

長所
- 魅惑的な色
- 硬く重く高密度

欠点
- 割れや亀裂などの欠点を持つものが多い
- 希少で非常に高価
- 認証された木材はほとんどない
- 色が変わりやすい

最も黒い木材
エボニー類は同定するのが難しいかもしれない。というのはそれらは一様に重く、黒く、また名前に関してある種の混乱があるからだ。アフリカンエボニーは木材卸商の在庫目録のなかで、ときどきガボンエボニー(D.dendo)と混同されていることがある。色は似ているが、アフリカンエボニーのほうが黒い色をしているといわれている。そのなかに淡灰色または薄茶色の筋がいく条か流れている。

主要特性
種類 熱帯産広葉樹材
別名 産出国の名前を冠して呼ばれることがある(ナイジェリアエボニー、カメルーンエボニーなど)。
類似の樹種 ガボンエボニー(D. dendo)、D.piscatoria
代替材 マッカーサーエボニー(D. celebica)、ヨーロピアンオーク(Quercus robur)
資源の所在 中央および西アフリカ
色 ほとんど黒色、そのなかに黒または灰色の筋がいく条か流れる。仕上げると黒さが際立つ。
肌目 非常に精で均一。
木理 通直、ところどころ交錯。
硬度 非常に硬い。

重さ 非常に重い(1000kg/cu. m)
強度 非常に強く、衝撃や荷重に対する抵抗性がある。驚異的な曲げ強さがあるが、それを利用した使用方法はないようだ。
乾燥および安定性 乾燥は早く、乾燥後は安定。
廃材率 供給量が限られているので、割れや条斑の入った板材に出会うかもしれないが、それはほとんど避けられない。しかし小部材用に使用されることが多いため、廃材率はそれほど高くならないようだ。
板幅 限られている。
板厚 限られている。
耐久性 非常に耐久性は高いが、D. piscatoriaはある種の虫害を受けるおそれがある。

作業特性
エボニー類はすべて道具にとっては厳しい存在で、加工はしにくい。また人によっては木粉が、皮膚、目、肺に障害を起こすことがある。

道具適性 非常に硬い木材のため、カンナをかけるとき、びびることが多い。そのため鉋削はできるだけ短くすること。エボニー類のような硬い木材の表面仕上げには、サンダーなどの研磨工具の使用が大いに有効。
成形 複雑なろくろ細工や彫刻をほどこすのに理想的な木材で、素晴らしい線が出せる。しかし切削道具の刃先の角度は浅くする必要がある。
組み立て 接着性は良いが、密度が高く表面が金属のようになっているため、最初に試してみること。ネジ止め、釘打ちには、必ずドリルで先穴を開けること。
仕上げ 高密度の表面の上に油分がしみだしていることがあるので、艶出し剤を使うときは必ず最初に小片で試してみること。余分なものはすぐにふき取ること。仕上がりの光沢は完璧である。

変化
しばしば化粧単板に加工される。

入手可能性および資源の持続可能性
D.crassifloraは国際自然保護連合の絶滅危惧種に指定されており、既存の木材の再生利用、あるいはボックスウッドのような代替材を染色して使うことが奨励されている。認証された木材があるという報告はない。非常に高価で、ますます希少になりつつある。

主要用途
- **装飾** 装飾用ろくろ細工、はめ込み細工
- **技術** 計測器
- **趣味＆レジャー** 楽器
- **実用品** 食事用器具類、柄などの小部品

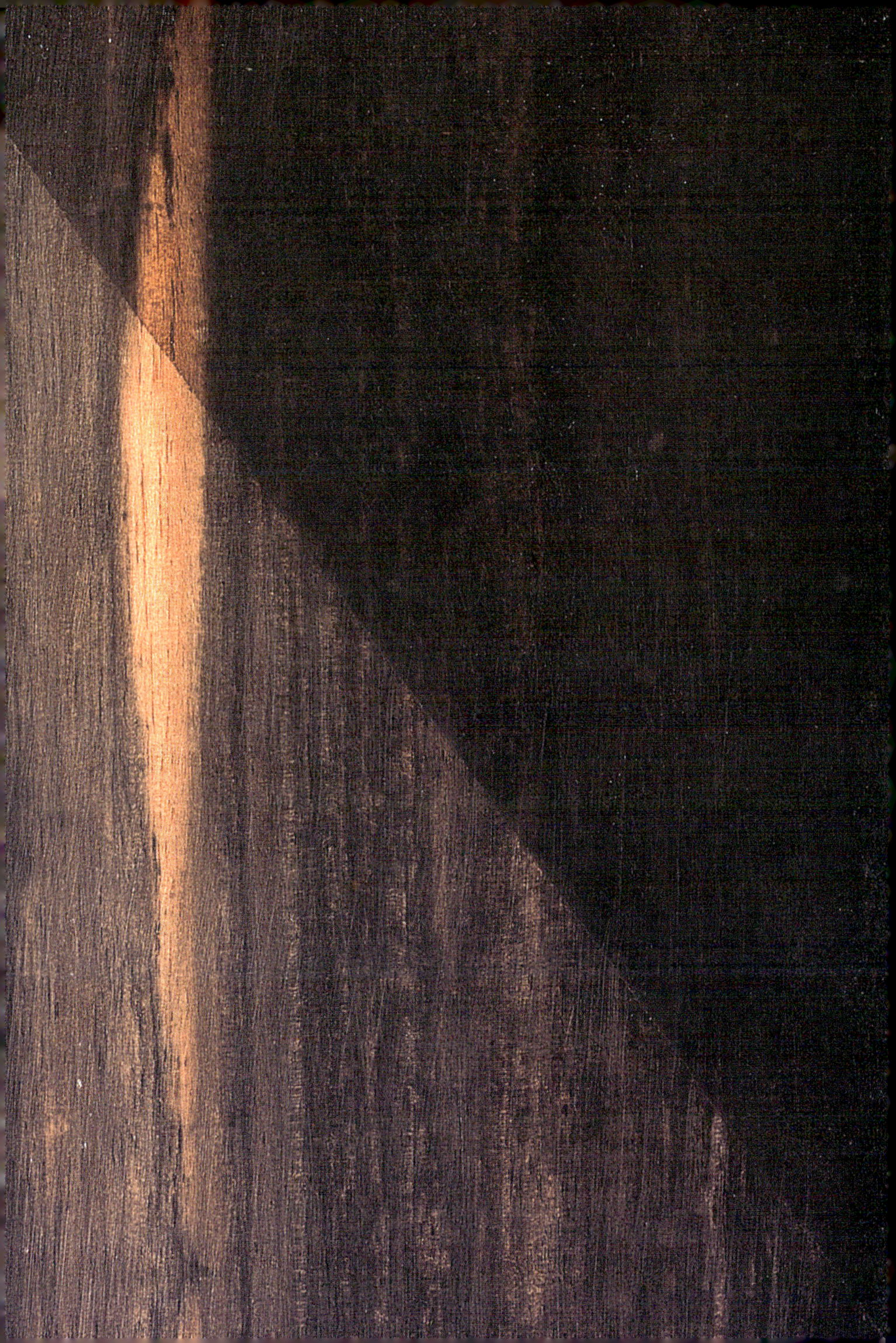

Dyera costulata
ジェルトン

長所
- 精で均一な肌目
- クリームのような黄色
- 彫刻しやすい

欠点
- もくがない
- 強さと耐久性に欠ける
- 乳液つぼがある

彫刻家向けの精で均一な肌目の広葉樹材

木理模様がほとんど見えない軽い木材であるジェルトンは、精で均一な肌目を持っていることから、鋳型製作者や彫刻家にとっては理想的な木材である。しかしそれ以外の用途では、もくがないため他の木材よりも装飾的な加工が必要になる。とはいえおおむね実用品向けの樹種と考えられている。唯一の特徴といえば、ところどころに乳液(ガムの原料になる)の溜まった小さなつぼがあり、それが微小な割れ目となって表面にあらわれることである。それはかならずしも避けられるというわけではなく、また木工家のなかには、それを視覚的な効果として利用する人もいる。ヨーロピアンボックスウッドに色は似ているが、それ以外には似た点はない。

主要特性
種類 熱帯産広葉樹材
代替材 ヨーロピアンボックスウッド(*Buxus sempervirens*)、ヨーロピアンライム(*Tilia vulgaris*)、バスウッド(*T. americana*)
資源の所在 東南アジア
色 淡黄色で淡黄白色または黄白色に変わる。
肌目 精で均一
木理 ほぼ通直
硬度 中庸しかし熱帯産広葉樹にしては軟らかい。
重さ 軽い(450kg/cu.m)
強度 弱い
乾燥および安定性 乾燥は容易で早い。乾燥後の変形もほとんどない。
廃材率 乾燥過程のしみと乳液のつぼは避けることが難しく、その結果廃材率が高くなる場合もあるが、この木材が装飾目的で使われることはめったにない。
板幅 相応
板厚 彫刻や鋳型製作用に厚めのものが多い。
耐久性 劣る

作業特性

木工家の作業場で見かけることはあまりないが、彫刻家や鋳型製作職人には、バスウッド(*Tilia americana*)やホワイトパイン(*Pinus strobus*)の価値ある代替材である。この木材の資産は、精で均一な肌目と、クリームのような黄白色である。

道具適性 この木材にかんなをかける彫刻家はあまりいないが、ジェルトンはとても加工のしやすい木材で、裂けることも刃先を鈍くさせることもない。
成形 この木材が彫刻家や鋳型製作職人に人気がある理由の1つは、それが型削り、輪郭削りに最適であるという点である。
組み立て 接着性が良いので、重ねて張り合わせ彫刻用に使ってもほとんど問題はない。
仕上げ 良い光沢を出すことはできるが、木理に雅致がないので、ペイントやステインで塗装せずに使う木工家はあまりいない。

変化

乳液のつぼを特徴的にあしらうこともできる。

資源の持続可能性

軽軟の木材は、概して生育の早い樹木から取れるので、伐採されすぎて絶滅するということはない。このことはジェルトンにも当てはまり、この樹種が絶滅危惧種に載っているのを見たことはない。

入手可能性と価格

専門の木材卸商から入手できるが、高価ではない。

主要用途 装飾 彫刻 鋳型製作 / 建具 合板

Entandrophragma cylindricum
サペリ

長所
- 価格が安い
- 等質
- マホガニーの代替材になる

欠点
- 雅致に乏しい
- 安定性があまり良くない
- 交錯木理

マホガニーより劣る類似樹種

サペリはマホガニーの実用的な代替材と考えられているかもしれないが、実際それは同じMeliaceae科に属している。マホガニーによく似た色で、かなり通直な木理を持っているが、暗色の帯はあまり魅力的とはいえない。とはいえこの樹種は、美しいもくを持っていることで好まれている。驚くことではないが、多くオフィス家具や店舗内装用の化粧単板として使われ、また無垢板の形で建具、特にドアに用いられている。肌目はおおむね精で均一だが、木理が交錯していることがあり、加工が難しい場合がある。

主要特性
種類 熱帯産広葉樹材
代替材 マホガニー類(*Swietenia* species)、レッドリバーガム(*Eucalyptus camaldulensis*)、ジャラ(*Eucalyptus marginata*)
資源の所在 アフリカ
色 中位の赤褐色の地にそれよりも深みのある暗色の帯
肌目 精から中庸
木理 かなり通直であるが、波状や交錯もある。

硬度 広葉樹材にしては軟らかい。
重さ 中庸(620kg/cu. m)
強度 強くない。またたわむことがある。
乾燥および安定性 急速に乾燥させるとねじれを生じることがある。乾燥後も多少変形する。
廃材率 低い
板幅 各種揃っている。
板厚 各種揃っている。
耐久性 中庸

作業特性
木粉が多く出たり、木理が交錯していることから、特に加工性の良い木材というわけではないが、仕上がり面は美しい。

道具適性 木理が交錯しているため、機械加工の途中でしばしば裂けを生じることがある。
成形 型削りも輪郭削りも良好。
組み立て 接着性は良く、変形も限度内。
仕上げ ていねいにステイン塗装すると良い仕上がりになる。

変化
柾目木取りの板材にリボンもくやフィドルバックもく、斑紋もくさえ出ることがある。それらは化粧単板に加工される。

資源の持続可能性
この樹種の状態は国ごとに異なっており、調査してみる必要がある。しかし認証された木材があるという報告はほとんどない。

入手可能性と価格
主に合板の形で入手できるが、輸入材の専門卸商からは無垢材でも購入することができる。価格は中庸。

主要用途
- インテリア: 家具、キャビネット、フローリング
- 建具: 住宅内装木部、パネル、合板

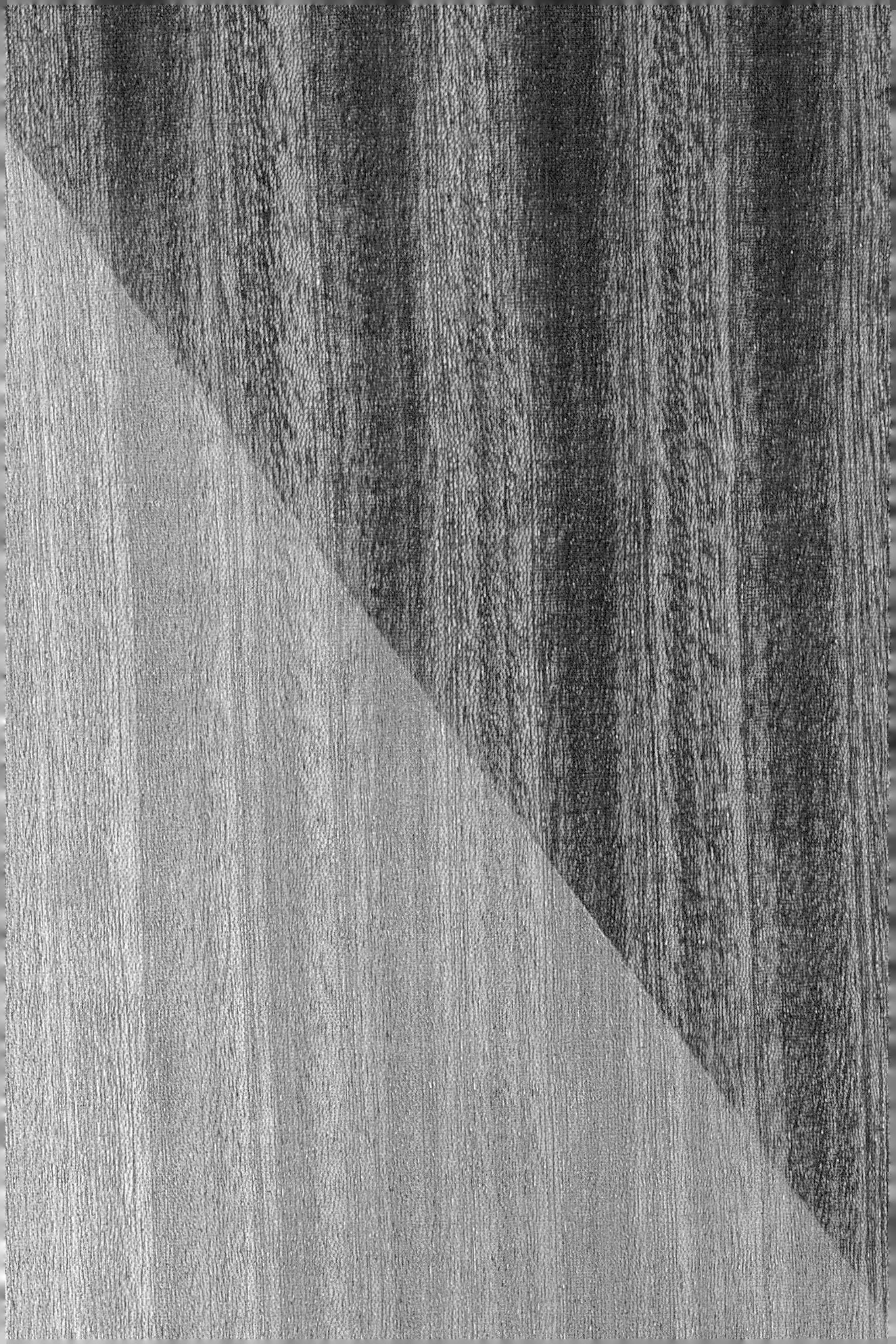

Eucalyptus marginata
ジャラ

長所
- 深みのある色
- 美しいもく
- 強く硬く光沢が良い

欠点
- 色むらがある
- 交錯木理
- 加工が難しい

枕木に使用されたことがある赤いゴムの木

ジャラは強く、元来耐久性が高いので、かつては鉄道の枕木によく使用されていた。オーストラリア西海岸、パースの南側の細い帯状の地域にしか生育していないが、この地では住宅建築から高級家具の製作まで、どんなものにも使用されている。

主要特性
種類 温帯産広葉樹材
別名 ウェスタンオーストラリアンマホガニー
代替材 パープルハート(*Peltogyne paniculata*)
資源の所在 オーストラリア西部
色 深みのある赤色あるいは赤褐色、中位の明るさから暗いものまで。赤色は時間の経過とともに濃い褐色に変わっていく傾向がある。小さなしみがが出て斑状の模様になることがある。
肌目 中庸から粗
木理 通直、しかしところどころ波状、交錯。
硬度 硬い
重さ 重い。しかし木材によって異なる。(800kg/cu. m)
強度 強い。しかし木理が通直でないものは曲げに適しているとはいえない。

乾燥および安定性 最初は天然乾燥が良い。キルンではねじれを生じることがある。
廃材率 中庸。おもな理由は、ときどきゴムつぼが出てくることがあるため。しかしそれを仕上げに生かすこともできる。
板幅 各種揃っている。
板厚 在庫があるところでは揃っている。
耐久性 良い

作業特性
西オーストラリアではあらゆる種類の建築業に使用されており、また家具職人やろくろ細工職人にも好んで使われている。硬質のため、良い仕上がりを得るには、刃先をつねに鋭く研磨しておく必要がある。

道具適性 鉋削性は良いが、木材の硬さに対処するため、刃先は鋭くしておく必要がある。手で加工するのは困難。
成形 切削仕上がりは良好で、美しい輪郭線が出る。また曲線の仕上がりも良い。
組み立て 釘打ち、ネジ止めには先にドリルで下穴をあけておく必要があるかもしれないが、この木材は裂ける心配はない。
仕上げ 美しい光沢に仕上がり、興趣ある色の変化が楽しめる。どのような艶出し剤でも良く仕上がり、ステイン塗装も良好。

変化
ジャラのバールはろくろ細工や彫刻に人気が高い。というのは、それがあることによってこの木材を実際よりもいくぶん軟らかく見せることができるから。柾目木取りの板材には斑状の放射組織があらわれることがある。

資源の持続可能性
絶滅危急種には指定されていないが、認証された木材があるという報告はほとんどない。

入手可能性と価格
ジャラは北米大陸ではあまり良く知られていないが、見いだされたときは、状態は良く、価格も中庸から高めの中間程度。

主要用途
- インテリア：家具、フローリング
- 建築：住宅建築
- 装飾：ろくろ細工
- 外装：鉄道枕木

Euxylophora paraensis
パウアマレロ

長所
- 重く硬く強い
- クリームのような肌目
- 明るい黄色

欠点
- 木理が交錯していることがある
- もくがほとんどない
- 探し出すのが困難かもしれない

ブラジルからきたイエローボックスウッド

パウアマレロはジェルトン（*Dyera costulata*）の明るい黄色、木理模様と、ヨーロピアンボックスウッド（*Buxus sempervirens*）の硬さをあわせ持っている。実際スミソニアン協会の目録では、それはボックスウッドとして知られている数多い木材の1つとして掲載されている。それらの木材の多くは硬く強いため、多くが木槌や道具の柄、活字版木、定規などに使用されている。パウアマレロは、一般に肌目は精で、濃色または明色の斑点が木理模様を横切るように輝き、交錯した木理を暗示している。木口には早材と晩材の間の明瞭な線があるが、それは木表にはあらわれていない。

主要特性
種類 熱帯産広葉樹材
別名 イエローハート
代替材 ヨーロピアンボックスウッド（*Buxus sempervirens*）、バスタードボックス（*Eucalyptus cypellocarpa*）、ホリー（*Ilex opaca*）
資源の所在 ブラジル、アマゾン川下流域
色 黄色
肌目 精から中庸、均一
木理 曲がりまたは交錯
硬度 硬い
重さ 重い（860kg/cu. m）
強度 強い
乾燥および安定性 乾燥過程では均等に収縮し、ねじれは生じない。製品化後もあまり変形しないと考えられている。
廃材率 辺材と心材の差異はほとんどなく、欠点やねじれもめったにないため、廃材率は低い。
板幅 おそらく限られているだろう。
板厚 限られているようだ。
耐久性 高い

作業特性
波状、交錯の木理が短い繊維を持っているため、欠けやすいが、木工家はこの樹種を加工しにくいとは考えていない。

道具適性 木理が交錯している箇所では問題があるかもしれないが、それ以外の場所では加工は容易。肌目が滑らかなので、刃先を鈍らせることもない。
成形 硬く高密度のため、型削りは美しく仕上がる。
組み立て 接着性、釘・ネジ着性とも良好。
仕上げ 油質ではない。極細目のサンダーで美しく仕上がる。光沢も良い。

変化
木理に渦状の模様があらわれる、もくのあるパウアマレロは、pau setimとして知られている。この木材は、裂けるおそれがあるので、鉋削は非常に難しいが、サンダーで研磨すると美しい仕上がりになる。

資源の持続可能性
パウアマレロは熱帯雨林に生育している樹種の中ではあまり知られていず、時々認証された供給元から入手できるが、それほど一般的ではない。絶滅危急種にはあげられていないので、その使用はおそらく奨励されるべきなのだろう。

入手可能性と価格
パウアマレロは専門の輸入業者から入手可能。特に高価ではなく、たいていはヨーロピアンボックスウッドよりも安い。

主要用途 インテリア／家具／フローリング　実用品／道具の柄

Fagus grandiflora
アメリカンビーチ

長所
- 均一な木理、肌目
- 加工が容易
- 価格が安い
- 硬く強い

欠点
- 変形の度合いが大きい
- 興趣のないもく
- 時間の経過とともに黄色に変色

以前は椅子によく使用された実用的樹種

ビーチは加工性が非常に高く、等質で安価なことから、大量生産家具に広く使用されている。装飾性があまりないので、ペイントやステインで塗装されるが、どちらでも美しく仕上がる。柾目木取りの板材や厚板の表面に、微細な黒い斑状の放射組織があらわれることがあり、これは目立たせると面白い仕上がりになる。

主要特性
種類 温帯産広葉樹材
代替材 イエローバーチ（Betula alleghaniensis）、ポプラ（Populus species）
資源の所在 北米大陸
色 赤みを帯びた褐色
肌目 一般に精で均一、ヨーロピアンビーチよりは粗い
木理 通直で欠点はない。
硬度 硬い
重さ 中庸から重（740kg/cu. m）
強度 非常に強く、蒸し曲げが容易
乾燥および安定性 生木から乾燥させるときも、作業場に置いているときも、他のほとんどの温帯産広葉樹材よりも変形が激しい。乾燥は念入りにする必要がある。化粧単板以外では、広いパネルとして使われることはまずない。使用前に乾燥を確認すること。
廃材率 辺材も欠点もほとんどないため、低い。
板幅 各種揃っている。
板厚 各種揃っている。特別厚いものも入手可能。
耐久性 屋外で使用するときは、保存薬剤が必要。虫害を受けやすく、腐朽にも弱い。しかし薬剤はよく吸収する。

作業特性
木工家はこの木材を、作業場のジグやダボなど構造的目的で使用することが多く、またペイントやステインで塗装することも多いが、その理由はこの木材の木理や色がおもしろくないからである。また造家具にもよく使用されるが、それはこの木材の特徴のない木理が他の木材に似せるのに都合が良いためである。

道具適性 非常に良い。木理は通直で加工は容易。しかし鋸を噛んだり、焦げが生じたりすることがあるので注意が必要。
成形 切削仕上がりは非常に良い。ろくろ細工に適しており、ろくろ細工で制作する部材に多く使用されている。
組み立て 接着性は良く、またクランプで締めるのにちょうど良い硬さである。釘打ちに下穴は必要ない。
仕上げ どのような仕上げ材でも均一に吸収し、ペイントやステインで塗装されることが多い。クリアで仕上げると、数年で黄色に変色し不快な色になるので注意すること。

変化
蒸すと色が濃くなり赤みを帯びる傾向がある。

資源の持続可能性
認証された木材が入手可能だが、ビーチには絶滅の心配はほとんどない。

入手可能性と価格
購入しやすく、温帯産広葉樹材の中では最も安価な木材である。オークやチェリーのほぼ半額。

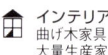

主要用途

インテリア
曲げ木家具
大量生産家具

技術
作業場のジグ

建具
ダボ、圧縮ビスケット
店舗内装

Fagus sylvatica
ヨーロピアンビーチ

長所
- 一定した木理、肌目
- 加工が容易
- 価格が安い
- 硬く強い

欠点
- 変形の度合いが高い
- 興味のないもく
- 時間の経過とともに黄色に変色

以前は椅子製作によく使用された実用的樹種

ビーチは、イギリス南東部チルタン森林地帯で、いわば偉功を立てた。そこではボジャーと呼ばれるろくろ細工職人が、この薄桃色の広葉樹材から椅子の脚や横木を削りだした。ビーチは加工性が非常に高く、等質で、安価なため、現在でも大量生産家具に広く使用されている。ペイントやステインで塗装されることが多いが、どちらでも美しく仕上がる。柾目木取りの板材や厚板の表面に、微細な黒い斑状の放射組織があらわれることがあり、これを目立たせると面白い仕上がりになる。

主要特性
種類 温帯産広葉樹材
別名 イングリッシュビーチ
代替材 イエローバーチ（*Betula alleghaniensis*）、ロンドンプラタナス（*Platanus acerifolia*）、ポプラ、ジャパニーズオーク（*Quercus mongolica*）
資源の所在 ヨーロッパ
色 桃色を帯びた薄褐色
肌目 密で均質な木理、サンダーをかけると非常に滑らかな仕上がりになる。
木理 通直で欠点がない。
硬度 硬い
重さ 中庸から重（720kg/cu. m）
強度 非常に強く、蒸し曲げが容易。
乾燥および安定性 生木から乾燥させるときも、作業場に置いているときも、他のほとんどの温帯産広葉樹材よりも変形が激しい。乾燥は念入りにする必要があるが、早い。広いパネルとして使われることはまずない。
廃材率 低い
板幅 各種揃っている。
板厚 各種揃っている。特別厚いものも入手可能。
耐久性 屋外で使用するときは、保存薬剤が必要。

作業特性
その強さと均質さから、ヨーロピアンビーチは蒸し曲げ加工用に、特に大量生産家具でよく利用される。また模造家具の材料としてもよく使用されるが、それはこの木材の特徴のない木理が、他の木材に似せるのに都合が良いからである。

道具適性 非常に良い。木理は通直で、加工は容易。
成形 切削仕上がりは非常に良い。
組み立て 接着性は良く、クランプで締めるのににちょうど良い硬さである。
仕上げ どのような仕上げ材でも均一に吸収し、ペイントやステインで塗装されることが多い。クリアで仕上げると、数年で黄色に変色し不快な色になるので注意すること。

変化
蒸すと色が濃くなり赤みを帯びる傾向がある。ヨーロピアンビーチはまた斑入り（スポルティング）でも有名で、病害の痕の黒い線や脈が材面上を走っていることがある。

資源の持続可能性
ヨーロピアンビーチは灰色リスの攻撃にさらされ、樹皮をはがれるという被害を受けるが、絶滅の心配はない。認証された木材も入手可能である。

入手可能性と価格
購入は容易で、温帯産広葉樹材の中では最も安価な木材である。オークやチェリーのほぼ半額。

主要用途
- インテリア：大量生産家具、曲げ木家具
- 技術：作業場のジグ
- 建具：ダボ、圧縮ビスケット、店舗内装

Fraxinus americana
ホワイトアッシュ

長所
- 曲げ加工に優れている
- 強い
- 独特の木理模様
- 興味あるしみ
- 辺材がほとんどない
- 欠点がめったにない

欠点
- 時間の経過とともに黄色に変色
- 割裂が生じることがある
- 晩材と早材で、硬さと加工性が対照的なことがある。

木理 通直
硬度 硬い
重さ 中庸から重 (660kg/cu. m)
強度 強い
乾燥および安定性 両方とも良い。しかし木口割れには注意。
廃材率 中庸、木理の方向による。
板幅 各種揃っている。
板厚 各種揃っている。
耐久性 屋外で使用する場合は保存薬剤が必要。害虫には比較的強い。

道具の柄に適した曲げに強い木材

淡色のアッシュは、その装飾性からというよりも、その強さと弾力性のため重要な木材である。ホワイトアッシュの肌目は疎で、独特の小さな開いた道管の列が、ペイントやステインで厚く塗装した後でさえ、材面にあらわれる。とはいえ、ヨーロピアンアッシュ (F.excelsior) のほうがもっと目立つが。ホワイトアッシュは衝撃に対する強い抵抗力を持っているので、道具の柄や運動用具に多く使用されている。しかしアッシュは、木理が切断面から遠ざかるように曲がる箇所で割れることが多いので、木理の通直なものを選ぶようにしなければならない。

主要特性
種類 温帯産広葉樹材
別名 アメリカンホワイトアッシュ (英)
代替材 ヨーロピアンボックスウッド (Buxus sempervirens)、ヒッコリー (Carya species)
資源の所在 アメリカ合衆国、カナダ
色 白色
肌目 肌目は粗で疎、しかし切削仕上がりは良い。

作業特性
晩材は特に硬く、逆目にカンナをかけると、びびることがある。木理が節のまわりを回っているときは、木理が欠けるのを防ぐのは難しい。刃先はすぐに研磨する必要が生じる。切削屑が粉のようになってくるのがその徴候である。

道具適性 縁が欠ける心配はあるが、木理は多く通直で交錯しているものはめったにないため、鋸断も鉋削もうまく行う方法がすぐにわかる。
成形 1回の送りで多く切削しようとすると、木理が裂けることがあるので、浅い切削を心がけること。刃先の鋭い道具を使えば切削仕上がりは良い。
組み立て 材面は傷つきにくいが、組みしろがあまりないので、継手加工は正確に行う必要がある。裂けには注意すること。特有の木理模様と色の変化のため、接着剤で補修しても裂けた箇所を目立たせてしまう。
仕上げ ほとんどのクリア仕上げ材をよく吸収する。しかし硬い斑は、ステインをあまり吸収しない。

変化
中心部の黄褐色への変色は、ヨーロッピアンアッシュのほうがよく起こる。波状もくのあるアッシュもあるが、これは特に化粧単板の形で入手できる。

入手可能性および資源の持続可能性
認証された木材は多くあるが、ホワイトアッシュには絶滅の心配はない。探すのは容易で、価格も廃材率が特に高くならないかぎり、広葉樹材にしては安価。

主要用途
- **インテリア** 家具、ステイン塗装オフィス家具
- **マリン** ボート製作
- **趣味&レジャー** 運動用具
- **実用品** 器具の柄

Fraxinus excelsior
ヨーロピアンアッシュ

長所
- 曲げ強さに優れている
- 独特の木理模様
- ステイン塗装で興趣ある仕上がりになる
- 辺材がほとんどない

欠点
- 淡色が黄色に変色する
- 割裂が生じることがある
- 晩材と早材で、硬さと加工性が対照的なことがある。

重さ 中庸から重(700kg/cu. m)
強度 強い
乾燥および安定性 良い、しかし木口割れに注意。
廃材率 中庸、木理の方向による。
板幅 各種揃っている。
板厚 あらゆる厚さのものが用意されている。
耐久性 屋外で使用するときは保存薬剤が必要。虫害には比較的に強い。

しなやかな樹木から取れる弾力性のある木材

生立木はしばしば曲がったりねじれたりしているが、それはこの木材の優れた柔軟性を示している。色は淡色で、独特の小さな開いた道管の列が、ステインで塗装した後でさえ、材面にあらわれる。衝撃に対する強い抵抗力を持っているので、道具の柄や運動用具に多く使用されている。しかし木理の通直なものを選ぶようにしなければならない。

主要特性
種類 温帯産広葉樹材
別名 コモンアッシュ
代替材 ヒッコリー($Carya\ species$)、ヨーロピアンオーク($Quercus\ robur$)、エルム($Ulmus\ hollandica$ or $U.\ procera$)、
資源の所在 ヨーロッパ
色 白色
肌目 木理は粗で疎、しかし切削仕上がりは良い。
木理 通直
硬度 硬い

作業特性
切削仕上がりは良く美しく仕上がるが、木理が曲がっているときは刃先を噛んだり、割裂を生じたりすることがある。晩材は特に硬く、逆目にカンナをかけるとつっかえつっかえ進むことがある。木理が節のまわりを回っている箇所では、木理が裂けるのを防ぐのは難しい。木屑が粉のようになってきたら、刃先を研ぐ必要がある。

道具適性 縁が欠ける心配はあるが、木理が通直のものが多く、交錯しているものはめったにないため、たいていは鋸断も鉋削もうまく行う方法がすぐにわかる。
成形 1回の送りで多く切削しようとすると、木理が裂けることがあるので、浅い切削を心がけること。刃先の鋭い道具を使えば切削仕上がりは良い。
組み立て 材面は傷つきにくいが、組みしろがあまりないので、継手加工は正確に行う必要がある。裂けには注意すること。独特の木理模様と色の変化のため、パネルをはぎ合わせるとき、継ぎ目を目立たなくさせるのは難しい。
仕上げ ほとんどのクリア仕上げ材をよく吸収する。しかし硬い斑は、他を寄せつけず、ステインを吸収しない。

変化
中心部の黄褐色への変色は、ホワイトアッシュ($F.\ americana$)よりもヨーロッピアンアッシュのほうがよく起こる。波状もくのあるアッシュもあるが、これは特に化粧単板の形で入手できる。

入手可能性および資源の持続可能性
認証されたヨーロピアンアッシュもいくらかあるが、この樹種に絶滅の心配はない。広葉樹材にしては探すのは容易で、価格も安い。廃材率も特に高くはないが、木口割れには注意する必要がある。

主要用途
- **インテリア** 家具 ステイン塗装オフィス家具
- **マリン** ボート製作
- **実用品** 器具の柄
- **趣味＆レジャー** 運動用具

Gossypiospermum praecox
マラカイボボックスウッド

長所
- 滑らかで均一な肌目
- 優美な木理模様
- 高密度で硬い

欠点
- 木材の大きさが限られている
- 乾燥が難しい
- 切削が困難

学名は違うが性質はボックスウッドそのもの

*Buxus*種とは関係のない多くのボックスウッド類同様に、マラカイボボックスウッドもクリームのような色と肌目を持ち、ろくろ細工で美しい製品に仕上がる。幅の広い木材もあるにはあるが、一般に板幅は狭いものに限られている。硬く衝撃に対する抵抗性があるので、道具の柄などろくろ細工で仕上げる製品に多く使用されている。

主要特性
種類 熱帯産広葉樹材
別名 *Casearia praecox*、castelo
代替材 ヨーロピアンボックスウッド（*Buxus sempervirens*）、ジェルトン（*Dyera costulata*）、サンドミンゴボックスウッド（*Phyllostylon brasiliensis*）、Kamassi boxwood（*Gonioma kamassi*）
資源の所在 ベネズエラ、コロンビア、西インド諸島
色 黄色
肌目 精で均一、非常に滑らか
木理 密で一般に通直
硬度 硬い
重さ 重い（850kg/cu. m）
強度 衝撃抵抗力が高いと考えられている。

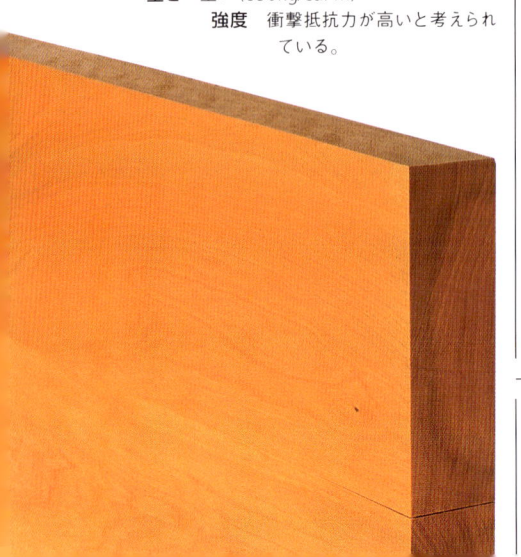

乾燥および安定性 乾燥に時間を要する、亀裂が入りやすい。しかし乾燥後は非常に安定。
廃材率 辺材がほとんどないので、中庸。しかし幅の狭い板材をはぎ合わせて広い板にするとき、廃材がかなりでることがある。
板幅 限られているようだ。
板厚 限られているようだ。
耐久性 高い、しかし辺材に対してある種の虫害を受ける可能性はある。

作業特性

クリームのような肌目をしているため、マラカイボボックスウッドはろくろ細工や彫刻に適しているが、道具の刃先を鈍くさせる。

道具適性 木理が通直なため、鉋削の仕上げは良い。しかし縁が欠けることがある。
成形 ろくろ細工や彫刻で美しく仕上がり、線の鋭いモールディング用の輪郭削りにも適している。本物のボックスウッド種同様に、チェスの駒にも使われる。
組み立て 変形は少なく、特に油質でもないため、接着性は良い。割れを生じることはあまりないが、ネジ釘にとっては十分硬い。釘打ちには先穴が必要。
仕上げ 美しい光沢に仕上がる。

変化

湿度が高いと青いしみが出ることがあるので注意すること。柾目木取りの板材には、放射組織やもくがあらわれることがある。化粧単板にするときは、黒く染めてエボニーに似せることもある。

資源の持続可能性

絶滅危急種には指定されていないが、認証された木材を探し出すことはできない。

入手可能性と価格

広く入手可能というわけではないが、探し当てた場合も、特別高価ではない。

主要用途

技術 活字、版画の版木、精密機器
趣味＆レジャー 楽器
装飾 ろくろ細工、化粧単板

Guaiacum officinale
リグナムバイタ

長所
- 優美な色と模様
- 自己潤滑性
- 非常に耐久性があり、硬く強い

欠点
- 供給量が非常に限られている
- 非常に高価
- 加工が非常に難しい

絶滅の危機にある生命の木

特殊な樹種であるリグナムバイタは、美しいだけでなく、抜群に重く、強く、また顕著に耐久性が高い。数世紀にわたって過剰に伐採されたため、現在供給が不足している。リグナムバイタとは、「生命の木」という意味で、中央アメリカの沿岸部に生育する。薬用の樹脂が取れるため、またその油性の材質から自己潤滑性があるため、滑車やベアリング、車輪、ローラー、抜き型に最適な木材として伐採されつづけてきた。またボーリングのボールの材料にもなっている。

主要特性
種類 熱帯産広葉樹材
別名 アイアンウッド、ウッドオブライフ
近縁の樹種 *G. sanctum*, *G. guatemalense*
代替材 グリーンハート(*Ocotea rodiaei*)
資源の所在 中央アメリカ
色 黄緑褐色、暗黄褐、褐色、黒、暗褐色の縞に、矢筈模様の線が入る。
肌目 一般に精で均一、しかし裂けることがあり、触ると粗い感じがする。
木理 交錯し波状
硬度 非常に硬い

重さ 非常に重い(1150-1310kg/cu. m)
強度 非常に強い
乾燥および安定性 乾燥は注意深く行う必要がある。乾燥後の変形は穏やか。
廃材率 欠点を持つものは少ないので、廃材率はそう高くない。
板幅 限られている。
板厚 限られているようだ。
耐久性 非常に耐久性は高い。しかし虫害を受ける可能性はある。

作業特性
リグナムバイタは加工が非常に難しい。切削道具をびびらせるだけでなく、油質のため接着性も非常に悪い。

道具適性 非常に油断がならない。交錯した木理は裂けることがあり、切削道具を当てると跳ねることもある。しかし刃先を特に鈍化させるということはない。こまめな切削で進めていく必要がある。
成形 裂ける可能性がある。特に柾目木取り板材の表面に。しかし硬いので切削仕上がりは良い。
組み立て ネジ止め、釘打ちは困難。接着剤は最適なものを選ぶために各種試してみること。
仕上げ 研磨すると素晴らしい光沢に仕上がる。

変化
柾目木取りの板材の表面は、縞模様になっている一方で、板目木取りの表面は、躍動的な炎のような木理と美しい波状の縞があらわれる。

資源の持続可能性
リグナムバイタはワシントン条約附属書IIに記載されており、非常に注意して使用すべき樹種に指定されている。この樹種は確かに絶滅の危機にあり、すでにいくつかの地域では絶滅してしまっている。非常によく似た樹種である *G. sanctum* も状況は同じであるが、こちらがしばしばリグナムバイタの名前で販売されているのを目にする。

入手可能性と価格
熱帯産木材の専門卸商からときどき入手することができるが、非常に高価である。板1枚の単価ではなく、重量あたりの単価で販売されることもある。

主要用途
- マリン 船舶用部品
- 装飾 ろくろ細工
- 技術 時計用ベアリングおよび滑車

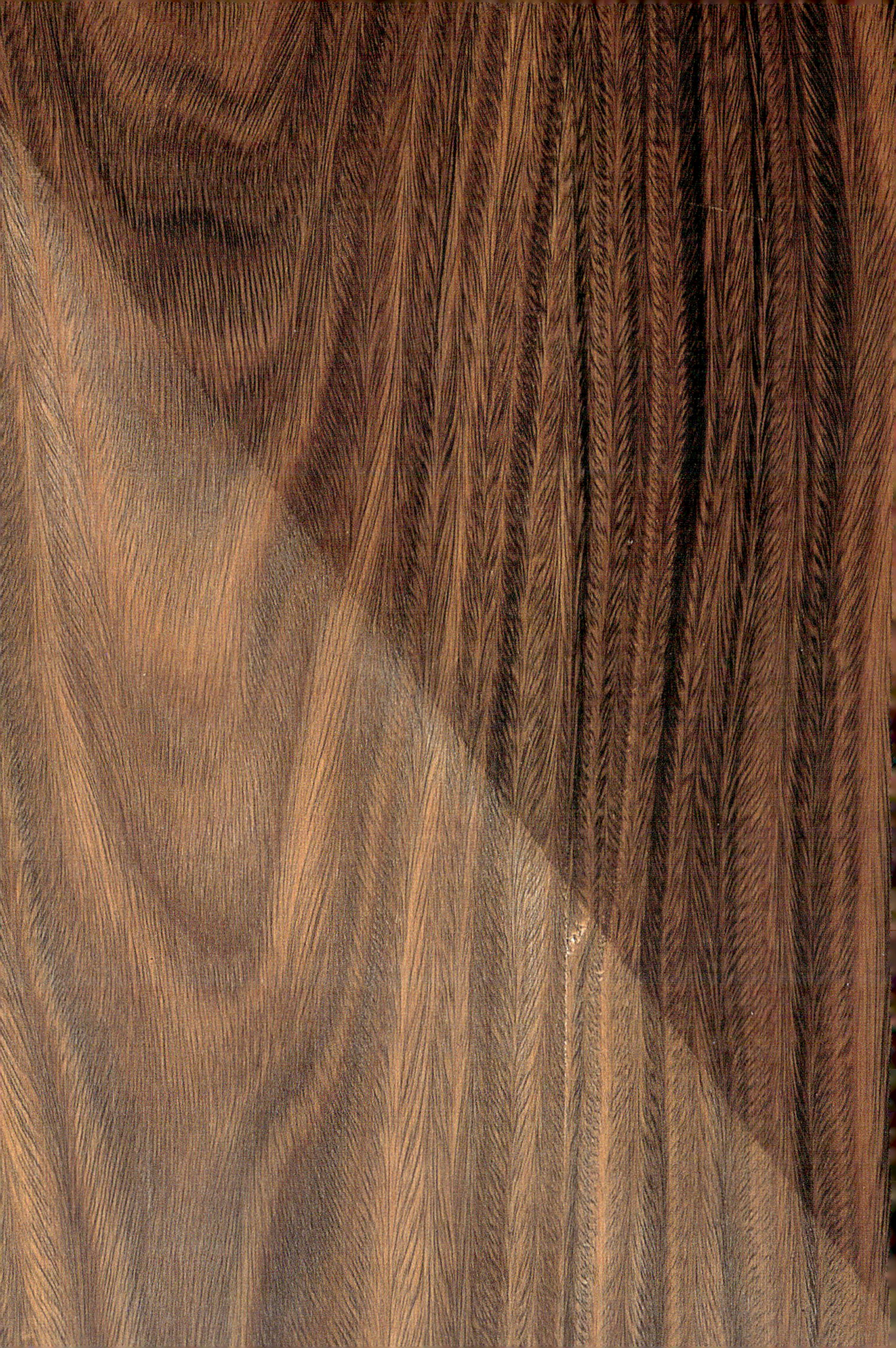

Guibourtia demeusei
ブビンガ

長所
- 硬く強い
- 独特なもく
- 安価なローズウッド

欠点
- 渦巻状または交錯木理
- 道具に厳しい
- 色むらがある

独特な色をした硬く野性味のある外観

ブビンガは当初は桃色がかった赤色をしているが、時間の経過とともに色が濃くなる。通直と交錯の混じりあった木理に、赤褐色の面白いもくがあらわれる。不規則にあらわれる赤褐色の樹脂道がその魅力的な色に加わっている。耐磨耗性があり、美しい仕上がりを見せることから、無垢板のフローリング材として多く使用され、またローズウッドの代替材として道具の柄にも用いられている。

主要特性
- **種類** 熱帯産広葉樹材
- **別名** アフリカンローズウッド
- **代替材** Louro（*Nectandra* species）
- **資源の所在** 中央および西アフリカ
- **色** 赤褐色の地にところどころに紫色の筋
- **肌目** 粗で疎、しかし一定。
- **木理** 通直な箇所もあるがたいていは渦巻状。
- **硬度** 硬い
- **重さ** 重い。しかし熱帯産広葉樹材にしては中庸。（880kg/cu. m）
- **強度** 曲げ強さはないが、圧縮強さはある。
- **乾燥および安定性** 乾燥は容易、安定している。
- **廃材率** 一定しない木理や、やに壺を考えると高いはず。また淡色の辺材もかなりある。
- **板幅** 限られているようだ。
- **板厚** 限られているようだ。
- **耐久性** 虫害を受けやすい。また保存薬剤は辺材しか吸収しない。

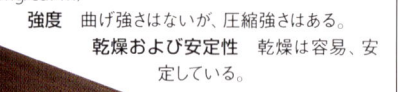

作業特性
この木材は弱気の木工家には向かないが、均質な肌目を持っているため、木理が交錯していようがいまいが、電動道具には素直に従う。しかし道具の刃は、必ずよく研磨されているものを使用すること。ブビンガはkevasingoという名前で知られている化粧単板にもっぱら使われているが、ワークベンチの台にもなる。重くて平滑な表面は、時間のテストにも耐え、確かに強い木材であることを証明している。

道具適性 鋸断性も鉋削性も良いが、刃先に硬い物質が当たることがある。カンナはできるだけ薄い切削を心がけること。刃先が鈍くなっていないかどうか、頻繁にチェックする必要がある。

成形 ほぞを切ったり、ほぞ穴を彫ったりするのに適している。継手の位置を決めるときは、木理が通直な箇所を選ぶこと。

組み立て ブビンガは安定しているので、組み立て製品に問題はない。また接着性も良い。

仕上げ きめの細かい表面加工をすると、輝くような鮮やかな褐色になる。

変化
ブビンガの美しさが最もよく際立つ使用法は、ロータリーカットの化粧単板 "kevasingo" で使用することである。

資源の持続可能性
認証された資源から産出されたブビンガを今まで見たことはないが、国際自然保護連合の絶滅危惧種リストや、ワシントン条約の附属書には記載されていない。

入手可能性と価格
ローズウッドの供給量が減るにつれ、道具の柄や家具用にブビンガが多く使用されるようになっている。熱帯産広葉樹材にしては価格は中庸である。

主要用途
- **インテリア** 家具／フローリング
- **装飾** キャビネット用化粧単板
- **技術** ワークベンチ
- **実用品** 道具の柄

Ilex opaca
ホリー（モチノキ）

長所
- クリームのような白色
- 精で均一な肌目
- 彫刻、ろくろ細工で美しく仕上がる

欠点
- 交錯木理
- 大きさが限られている
- 供給量が非常に少ない

純白のろくろ細工職人用木材

　ホリーを一度使うと、とりこになる。色むらのあるものもあるが、木理がほとんど確認できないような純白のホリーは、永く記憶に残りつづける。しかしそのようなホリーに出会うのは難しい。硬く強い木材であるにもかかわらず、ベルベットのような手触りを持ち、緑色の輝きを放つものもある。木理の交錯したものが多く、道具の刃先を鈍化させることもあるので、加工は容易ではない。またこの木材は乾燥が難しく、安定せず、樹木があまり大きくならないため、木材の大きさも限られている。耐久性もあまり良くないが、それが問題となるような用途で使われることはあまりない。黒く染色されて、エボニーの代替材として使われることもある。

主要特性
種類　温帯産広葉樹材
近縁の樹種　*I. aquifolium*
資源の所在　*I. opaca*はアメリカに生育するが、近縁の樹種が世界中に分布している。
色　淡黄白色
肌目　精で均一、絹のような感触
木理　波状または通直
硬度　硬く強い
重さ　重い（800kg/cu. m）

入手可能性および資源の持続可能性

　ホリーはその果実と葉に対する需要が多いので、伐採されることはほとんどない。そのため入手可能な供給源としては、地元の樹木医、彫刻家・ろくろ細工職人専門の卸商、あるいは化粧単板取り扱い商が考えられる。市場に流通しているものは多くなく、認証されているものもないが、この樹種に絶滅の心配はない。

主要用途

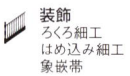

装飾
ろくろ細工
はめ込み細工
象嵌帯

趣味＆レジャー
楽器
チェスの駒

Juglans cinerea
バターナッツ

長所
- 木理模様が美しい
- 興趣ある色
- 広く入手可能で安価

欠点
- 軟らかく弱い
- 乾燥後もゆるやかに変形する
- 耐久性に劣る

色だけが違うウオルナット

　バターナッツは、肌目、重さ、木理はブラックウオルナット (*J. nigra*) とそっくりであるが、色ははるかに白く、晩材の線が目立つ。多くは北アメリカ東海岸沿いの森林で生育する。特別大きな樹木というわけではなく、樹高30m、直径1mを超えることはない。甘い果実は菓子に加工される。

主要特性

種類　温帯産広葉樹材
別名　ホワイトウオルナット
資源の所在　北アメリカ東部
色　辺材は薄褐色または薄茶色。心材はそれよりも暗色で、晩材には赤みがかった線がある。
肌目　中庸から粗、しかし均一。
木理　通直
硬度　軟らかい
重さ　軽い (450kg/cu. m)

作業特性

　木理の通直なものは加工は容易。切削仕上がりは良く、道具を鈍化させることもないが、刃先の鈍磨したものを使用すると裂けることがある。艶出し仕上げをすると美しい光沢に仕上がり、ステイン塗装にも良く合う。

入手可能性および資源の持続可能性

　供給量は多いが、認証された木材もある。価格は中庸。

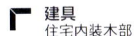

主要用途
- インテリア　家具
- 装飾　彫刻
- 建具　住宅内装木部

Juglans nigra
ブラックウオルナット

長所
- 広く入手可能、費用効果性が高い
- それよりも高価で暗色の木材の良い代替材となる
- 木理が通直で加工が容易
- 美しい仕上がり
- 肌目も色も興趣がある

欠点
- 機械加工で木粉が多く出て、不快な匂いがする
- 刃先を多少鈍くさせる
- 曇った仕上げになることがある
- 肌目が粗
- 軟らかく、材面が傷つきやすい

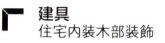

暗色で軽軟な多用途の広葉樹材

ヨーロピアンウオルナット（*J. regia*）の劣等の代替材と考えられていたこともあったが、現在では家具やキャビネットの材料として世界中で広く使用されており、また、時計、彫刻、銃床などの特殊な用途でも活躍している。北アメリカ全体に生育し、木理は一般に通直で、心材は暗褐色の筋状になっており、紫色の色調を帯びていることもある。人工乾燥で出荷されることが多く、広葉樹材にしては顕著に軽い。

主要特性
種類 温帯産広葉樹材
別名 アメリカンブラックウオルナット（英）
代替材 ブラウンオーク、これはヨーロピアンオーク（*Quercus robur*）の病害にあった木材をさす。
資源の所在 アメリカ、カナダ
色 暗褐色の地に薄色の筋があり、端に向かってぼやけていく。かすかに紫色の色調を帯びる。
肌目 均一、しかしやや粗い。
木理 一般に通直、波状のものもある
硬度 広葉樹材にしては軟から中庸
重さ 中庸から重（640kg/cu. m）
強度 中庸、しかし材面が傷つきやすい
乾燥および安定性 安定しており、乾燥も普通、しかし短期間で行うと、亀裂や劣化が起こることがある。
廃材率 低い
板幅 各種揃っている。
板厚 各種揃っている。
耐久性 中庸、しかし屋外での使用には保存薬剤が必要。

作業特性
加工性が非常に高く、辺材が非常に薄いので廃材率もゼロに近い。手動でも電動でも作業は容易で、切削仕上がりは良い。しかし木粉が多く出ることがあり、特有の臭いを不快に感じる木工家もいる。

道具適性 鋸断性、鉋削性とも良く、美しく仕上がる。
成形 ほぞ穴はきれいに仕上がり、変形もゆるやか。
組み立て 接着性は高いが、接着剤のついた部分がくすんだ色になることがあるので注意が必要。接着剤は容易に木理の中にしみ込み除去するのは困難。組み立て後は安定している。
仕上げ 美しい光沢に仕上がり、ほとんどの仕上げ材を吸収する。仕上げ後にミルク色の曇りが出ることがある、特にセラックニスを使用すると。

変化
化粧単板としても入手可能で、主に装飾用に使われている。小さな波状もくを持っている板材もある。

入手可能性および資源の持続可能性
ブラックウオルナットは、認証された持続可能な資源から広く入手することができ、広葉樹材の卸商で簡単に探し出すことができる。絶滅の心配はないようだ。オークなどの他の高級温帯産広葉樹材と肩を並べる価格だが、廃材率が極端に低いので、価値は高い。

主要用途
- **インテリア** 家具、キャビネット
- **建具** 住宅内装木部装飾
- **マリン** ボート製作
- **趣味＆レジャー** 銃床、楽器
- **装飾** 彫刻

Juglans regia
ヨーロピアンウオルナット

長所	欠点
●比類のない木理 ●広い色彩の幅 ●加工が容易	●高価 ●廃材率が高い ●害虫に弱い

模倣されることの多い、高みに立つ広葉樹材

ヨーロピアンウオルナットは比類なく美しい色彩と、優雅で繊細な木理模様を有している。この樹種は驚くほど加工が容易だが、非常に高価で、辺材が広く廃材率も高い。家具製作所はこの木材を、いちはやく山林の現場で倒木の状態で買い付けるといわれている。化粧単板用に、また無垢板用に、使うことができる箇所があることを望みながら。

主要特性
種類 温帯産広葉樹材
別名 イングリッシュウオルナット(英国およびその他の国)
近縁の樹種 ジャパニーズウオルナット(*J. ailantifolia*)
代替材 ブラックウオルナット(*J. nigra*)、ブラジリアンローズウッド(*Dalbergia nigra*)
資源の所在 ヨーロッパおよびアジアの一部
色 灰色および薄茶色から桃色、さらには褐色まで多彩
肌目 精で均一
木理 曲がっているものも通直のものもあるが、交錯はしていない。
硬度 中庸
重さ 中庸から重(640kg/cu. m)
強度 中庸、しかし曲げ強さはある。
乾燥および安定性 乾燥は容易、しかし時間をかけて行うこと。乾燥後もゆるやかに変形する。
廃材率 高い。
板幅 広いものもあるが、一般に限られている。樹木は必ずしも大きくなく、辺材の割合が多いため。
板厚 普通。しかしその柔軟性を活用するために化粧単板用に薄くスライスしないものは、厚くカットすることもある。
耐久性 中庸。しかし虫害を受ける可能性はある。

作業特性
ヨーロピアンウオルナットは最も加工性の高い樹種のひとつといえる。彫刻やろくろ細工では美しく仕上がり、順化しやすく、接着性も高く、仕上げも容易である。もう少し多く生育してくれさえいたら!

道具適性 辺材が心材に割り込んだようになっているので、それを除去するのに結構時間がかかるかもしれないが、経済性を考え、良質な心材をすべて残すことは価値あることである。鉋削も表面仕上げも良好で、裂ける心配もほとんどない。また欠ける心配は節のまわりだけである。
成形 切削仕上がりは非常に良い。
組み立て 接着性、釘・ネジ着性とも良く、ドリルで下穴をあける必要はない。
仕上げ どのような仕上げ材も吸収し、柔らかな光沢を出す。

変化
クロッチやバールのあるヨーロピアンウオルナットは、高級化粧単板のなかで最も一般的なものである。しかし淡色のものも探し出すことができる。イタリア産のアンコナウオルナットのもくは、非常に美しい。

入手可能性および資源の持続可能性
ヨーロピアンウオルナットを探し出すのは容易ではなく、またたいていは高価である。まだ多くのウオルナットの樹木が生育しているが、大部分は伐採するにはまだ若すぎ、また多くが価値の高い大きさまで生育する前に枯れていく。そのため認証されたヨーロピアンウオルナットを探し出すのは容易ではないが、絶滅の心配はない。

主要用途
インテリア 家具、キャビネット
実用品 飾り箱
装飾 ろくろ細工、彫刻、パネル用化粧単板

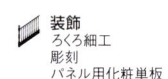

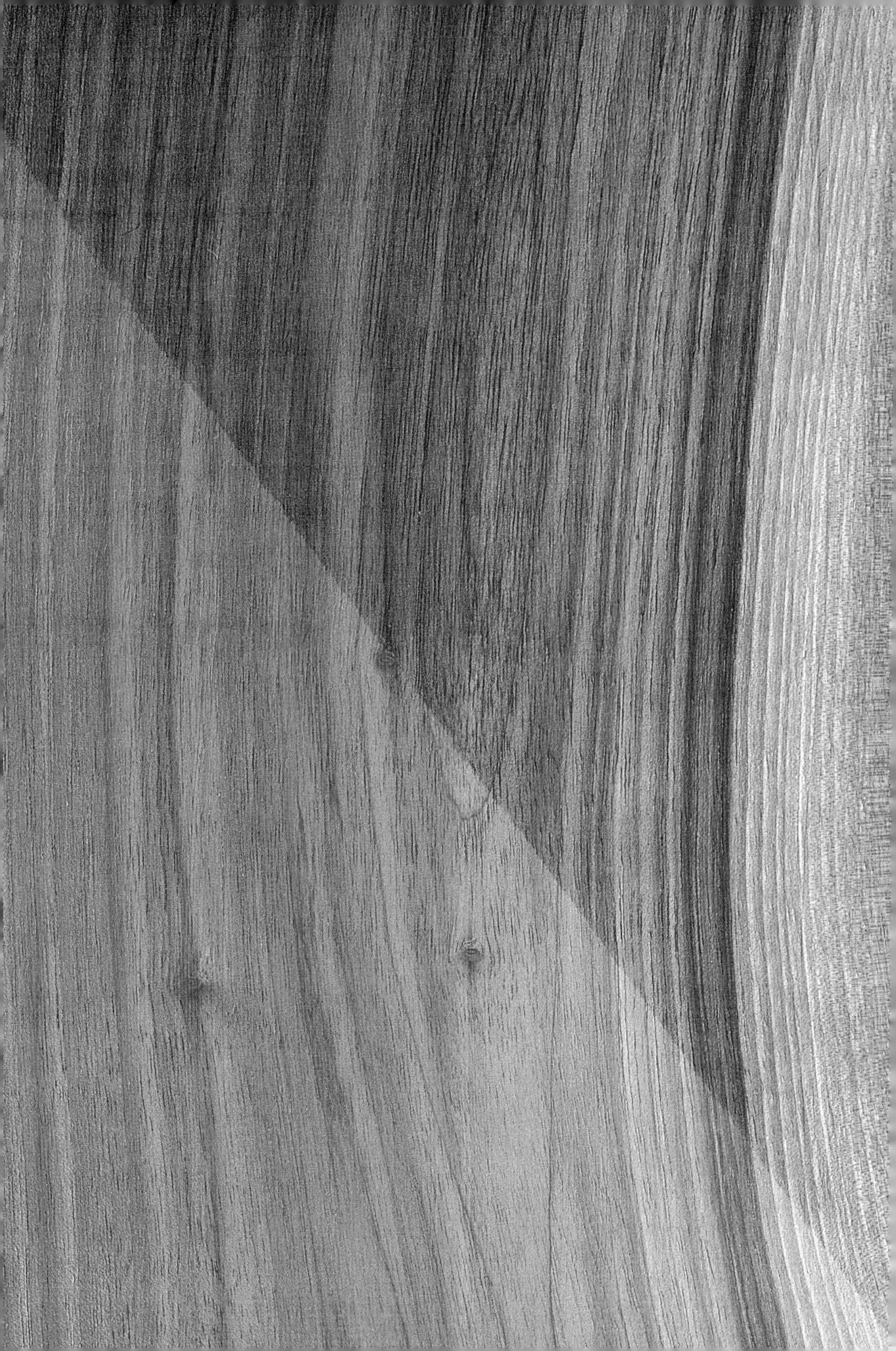

Kunzea ericoides
ティーツリー

長所
- 強く耐久性がある
- チークの代替材になる

欠点
- 供給が困難

非常に美しいニュージーランド産の木材

カヌカ、すなわちティーツリーの葉から茶を抽出した最初の人間は、かの偉大なイギリスの冒険家、キャプテンクックだったと言われている。比較的小さな木で、木材は強く、幹には瘤がでている。以前は、ビーター（繊維塊をほぐす紡績機械の部品）、櫂、武器、プロペラ、車輪のスポークなどに用いられていた。今日では多くが炭に加工されているが、ほぼ通直な木理と、強さと耐久性を供えた優れた木材であることに変わりはない。またチーク（*Tectona grandis*）やヨーロピアンオーク（*Quercus robur*）に似たところもある。

主要特性
種類　温帯産広葉樹材
別名　カヌカ、マヌカ、*Leptospermum ericoides*
資源の所在　ニュージーランド
色　深みのある中位の褐色－暗褐色の地に、暗色の筋とやに壺の痕がある。
肌目　精だが完全に一定というわけではない。
木理　一般に通直
硬度　中庸、まあまあ光沢がある。
重さ　中庸から重（720kg/cu. m）

入手可能性および資源の持続可能性

元来木材を取るための樹木ではなく、葉を摘むための木材なので、過去に入手できた木材は、伐採され別の苗木が植えられることになっていたものであろう。現在では探し出すのは容易ではないが、購入できないほど高い価格ではないようだ。

主要用途
- インテリア／家具
- 建具／住宅内装木部
- 技術／車輪部品
- 実用品／器具の柄

Laburnum anagyroides
ラブルナム

長所
- 深みのある金色ー褐色の心材
- 精で滑らかな肌目
- 雅致のある木理模様

欠点
- 小さな木材でしか入手できない
- 亀裂、割れを生じやすい

牡蠣殻紋様を持つ小さな木材

　樹木が大きく成長しないため、ラブルナムは小さな木材でしか入手できない。しかしそれは探し出す価値のある木材である。独特の心材は、製材後すぐに金色に輝く褐色に変化する一方で、辺材は白いままである。心材はろくろ細工の材料になることもあるが、多くは木理にそってカットされ、オイスターベニア(渦巻き紋様の化粧単板)として使用される。その場合、木口割れや亀裂の可能性があるので、乾燥は慎重に行われる必要がある。木理模様はウェンジ(*Millettia laurentii*)に似ていなくもない。

主要特性
種類　温帯産広葉樹材
別名　ゴールデンチェーンツリー(キングサリ)
資源の所在　ヨーロッパ
色　辺材は淡色、心材は最初は黄緑色をしているが、やがて金色を帯びた褐色に変化する。
肌目　精から中庸、しかし均一
木理　通直
硬度　中庸から硬
重さ　重い(830kg/cu. m)

入手可能性および資源の持続可能性
　一般に化粧単板の形でしか入手できないが、この樹木を切り倒した人から譲ってもらうことができるかもしれない。木材としての商業的需要はほとんどない。

主要用途
- インテリア
  キャビネット
  家具
- 建具
  住宅内装木部
- 趣味＆レジャー
  銃床

Larix decidua
ヨーロピアンラーチ(カラマツ)

長所
- 耐久性と強さ
- 通直木理と均一な肌目
- 独特の木理模様

欠点
- 節
- 割れやすい

多くの類似樹種を持つ均等な縞模様の針葉樹材

他の多くの針葉樹材と同様に、ヨーロピアンラーチの特徴はその大きな年輪で、暗赤褐色の晩材の帯が目立つ。しかしこの木材の肌目は、針葉樹材の中ではかなり均等なほうで、木質も他の針葉樹材より硬く強い。そのため建具や構造的用途に好まれている。以前は電信柱や、炭鉱の坑道用支柱として多く用いられた。木工に使用する場合は、節や割れに注意する必要がある。

主要特性
種類 温帯産針葉樹材
別名 *L. europaea*
類似の樹種 ウェスタンラーチ(*L. occidentalis*)、タマラックラーチ(*L. laricina*)、シベリアンラーチ(*L. russica* or *L. sibirica*)、カラマツ(*L. kaempferi* or *L.leptolepis*)
資源の所在 ヨーロッパ
色 薄褐色と暗赤褐色が交互に並ぶ縞模様、全般に赤橙色の色調を帯びる。
肌目 均一で精
木理 通直
硬度 針葉樹材にしては硬い
重さ 中庸、しかし針葉樹材にしては重い(590kg/cu. m)

入手可能性および資源の持続可能性

ヨーロッパの認証された供給元から入手することができるが、そのことは針葉樹林の生物学的多様性が保証されているということを意味する。とはいえ、現在のところヨーロピアンラーチに絶滅の危険性はなく、使用に問題はない。価格は中庸。

主要用途
建築 住宅建設／坑道支柱／電信柱
建具 外装建具

Larix occidentalis
ウェスタンラーチ

長所
- 通直木理
- 中庸な価格

欠点
- 割れやすい
- 乾燥が困難

ファーと混同されやすい優れたラーチ

非常によく似ているダグラスファー（*Pseudotsuga menziesii*）と混同されることの多いウェスタンラーチは、主に住宅建設に使用されている。一般に木理が通直で、欠点がほとんどなく、保存薬剤で処理すれば相応の耐久性を持つこの木材は、そのような用途に最適である。第1の問題は、割れやすいことで、そのため釘打ちは難しいが、ネジ釘や接着剤での接合は容易である。木質が繊維状なので、作業中の取扱いには注意が必要。

主要特性
種類　温帯産針葉樹材
別名　ラーチ、ウェスタンタマラック、マウンテンラーチ、hackmatack
近縁の樹種　タマラックラーチ（*L. laricina*）、シベリアンラーチ（*L. sibirica*）
資源の所在　アメリカ合衆国北西部およびカナダ
色　辺材は幅が狭く淡色で、心材は赤褐色
肌目　針葉樹材にしては比較的粗、淡色の早材と濃色の晩材の線との間に顕著な対照がある。
木理　通直で、生長輪は非常に近接している。
硬度　軟から中庸、耐久性は普通。
重さ　中庸（580kg/cu. m）

入手可能性および資源の持続可能性
広く入手可能で、絶滅の脅威にさらされている樹種のリストにもあがっていない。認証された供給元もある。

主要用途
- 建築：電信柱
- 建具：住宅内装木部

Liriodendron tulipifera
アメリカンホワイトウッド

長所
- 精で均一な肌目
- 通直木理
- 軽く実用的
- 魅力的な黄褐色

欠点
- 耐久性に劣る
- 軟らかく繊維質
- 辺材が害虫に弱い

木理　通直
硬度　軟で繊維質
重さ　中庸（500kg/cu. m）
強度　中庸
乾燥および安定性　辺材が非常に広いものもある。乾燥は容易で、障害なく早くできる。組み立て後も安定している。
廃材率　色のついた筋や辺材のない木材を探そうとすれば廃材率は高くなるが、このような実用的な樹種としては低い。
板幅　各種揃っている。
板厚　各種揃っている。
耐久性　不良。辺材は害虫に弱い。保存薬剤で処理しないかぎり、屋外での耐久性は劣る（薬剤の吸収は良い）。また腐朽するので、土中には埋めないこと。

実用性で多くの針葉樹材を追い越す広葉樹材

木工家の多くは上質な広葉樹材を加工して製品に仕上げることに慣れているが、同時に目に見えない骨組み、構造枠には、二次的木材を使うことができるということも認識している。アメリカンホワイトウッドは、精で均一な肌目を持ち、比較的安価で、まさにそのような木材として真価を発揮する。

主要特性
種類　温帯産広葉樹材
別名　イエローポプラ、チューリップポプラ、チューリップウッド
代替材　レッドオルダー（*Alnus rubra*）、パラナパイン（*Araucaria angustifolia*）、フープパイン（*Araucaria cunninghamii*）、ペーパーバーチ（*Betula papyrifera*）、kauri（*Agathis* species）
資源の所在　北アメリカ、ヨーロッパ
色　淡黄白色の地に緑色、褐色、赤色、さらには青色の筋が走っている。その筋は、時間の経過とともに黄褐色に暗色化する。
肌目　精で均一

作業特性
木工家の多くはアメリカンホワイトウッドを、あまり厳しくない状況で使用する実用的木材以上のものとしては考えていない。鋸断性も鉋削性も良く、また接着性も良く、組みしろもある。多くの針葉樹材にくらべ、安定性が高く、早材と晩材の差異で問題が起こることもない。

道具適性　良い。容易に平滑になり、変形することもない。
成形　広葉樹材と同程度の切削仕上がりを求めることはできないが、型削りは良好で、継手加工も容易。
組み立て　接着性も良く、軟らかい材質なのでいくらか遊びがきく。
仕上げ　仕上げは良好で、このように軟らかい広葉樹材にしては光沢がでる。鉋削のあと多少毛羽立っているのでサンダーをかける必要がある。

変化
合板の材料になる。

資源の持続可能性
生長が早いので、奨励されるべき樹木である。絶滅の脅威にはさらされていない。

入手可能性と価格
ホワイトウッドは安価で探し出すことも容易な広葉樹材である。また硬さ、安定性、強度などの点において、多くの針葉樹材に対して有利に競合している。

主要用途
- 装飾　彫刻／鋳型原形製作
- 建具　建具全般
- インテリア　ドア
- 趣味＆レジャー　玩具

Lovoa trichilioides
タイガーウッド

長所
- 価格が安い
- ウオルナットやマホガニーの代替材になる

欠点
- 見た目ほど強さも耐久性もない
- 絶滅の危険性がある
- 入手が限られている

ウオルナットに似ているマホガニー

　木工家には、ストライプウオルナットまたはアフリカンウオルナットとしても知られている。この樹種はゼブラウッドのような均一な模様は持っていないが、魅力的な色と木理を持っている。マホガニー科(Meliaceae)の一種ではなく、ウオルナット科(Juglandaceae)の一種である。薄黄褐色から暗黄褐色へと移行する色の変化をさえぎるように、細い暗色の線が走っている。仕上げると、ホログラム(光の波動の干渉)のように輝き、明るい場所では、見る位置によって色が変化する。板目木取り、柾目木取りのどちらの材面にもあらわれる黒い線は、作品のなかに創造的に生かすことができる。

主要特性
種類　熱帯産広葉樹材
別名　ストライプウオルナット(英)、アフリカンウオルナット(英)
代替材　ヨーロピアンウオルナット(*Juglans regia*)、マホガニー(*Swietenia species*)、スネークウッド(*Piratinera guianensis*)
資源の所在　中央および西アフリカ
色　黄褐色から深みのある暗黄褐色まで。
肌目　さまざまであるが、やや疎。
木理　小さな斑で交錯している場合が多いが、一般に通直またはゆるやかに曲がり。
硬度　中庸
重さ　中庸(560kg/cu. m)
強度　広葉樹材にしてはそれほどでもない。
乾燥および安定性　乾燥は容易、しかし心割れがあると裂けるおそれがある。乾燥後はゆるやかに変形。
廃材率　低い
板幅　木材卸商によって状況は大きく異なるが、幅広板もある。
板厚　限られているが、厚板も入手可能。
耐久性　害虫や腐朽に対する抵抗性はいくぶんある。

作業特性

　これまでみてきたように、タイガーウッドはかなり平均的な木材で、見映えよりも経済性で選ばれることが多い。しかしそれはヨーロピアンウオルナット(*Juglans regia*)やマホガニーの古木の代替材として、少なくとも目立たないところでは、用いることができる。加工はそう難しくないが、木理が交錯しているところがある。

道具適性　良い、しかし木理が交錯している箇所では浅い切削を心がけ、刃の角度を下げて行う必要がある。
成形　ほぞ穴加工やろくろ細工は容易。しかし木粉が多くでる。
組み立て　接着性は良く、組み立て後の変形もあまりない。
仕上げ　良好。どんな仕上げ材でもよく吸収する。

変化

　柾目木取りの板材には優美な線があり、魅力的なもくを作っている場合もある。

資源の持続可能性

　国際自然保護連合によって、いくつかのアフリカの国では、絶滅危急種にあげられている。認証された供給元があるという徴候はほとんどない。

入手可能性と価格

　いくつかの専門取扱い業者によって、種々の板幅、板厚で輸入されている。ある種の針葉樹材よりもほんの少し高いくらいである。

主要用途

実用品　実用品家具
インテリア　フローリング
装飾　パネル用化粧単板　ろくろ細工
趣味＆レジャー　銃床

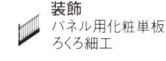

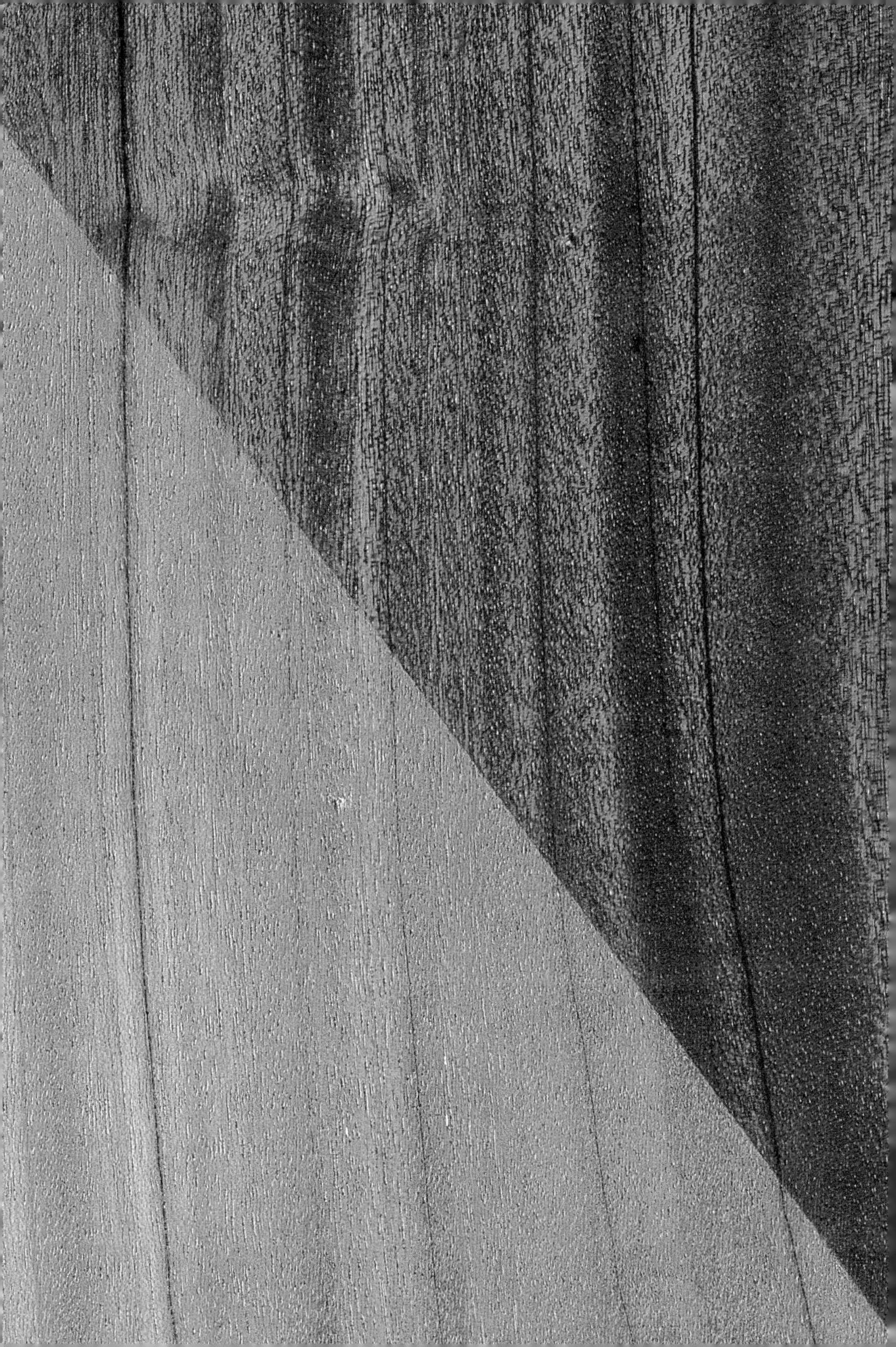

Magnolia grandifolia
マグノリア

長所
- 安定性があり、加工が容易
- 均質な肌目
- 通直木理

欠点
- 雅致に乏しい
- 広く入手可能ではない
- かなすじがある

緑色を帯びた安定性の高い広葉樹材

ミシシッピ州の州の木であるサザンマグノリアは、安定性に特に優れ、容易に正確な加工ができることから、ベネチアンブラインドやルーバ（よろい板）、モールディングのための理想的な材料となっている。また旋作性が高く、仕上がりも美しいことから、実用品向けの木材として、さらには家具やキャビネットの材料として使用されている。乾燥は良好だが、耐久性は良くない。かなすじが出ている木材の多くは、装飾用単板に加工される。マグノリアは外見も使用法もアメリカンホワイトウッド（*Liriodendron tulipifera*）によく似ているが、それよりも硬さがあり、色も一定している。

主要特性
種類 温帯産広葉樹材
別名 サザンマグノリア、エバーグリーンマグノリア、バットツリー、スイートマグノリア、ビッグローレル、ブルベイ、グレートローレルマグノリア、マウンテンマグノリア、ブラックリン、キューカンバーウッド
近縁の樹種 *M. virginiana*
資源の所在 アメリカ
色 淡黄褐色または淡黄白色で緑色の色調を帯び、ところどころ紫色の筋がある。辺材は狭く黄色をしている。
肌目 中庸で一定
木理 通直
硬度 かなり硬く、比較的強い。
重さ 中庸（560kg/cu. m）

入手可能性および資源の持続可能性

マグノリアは高価な木材ではないが、ホームセンターよりも大量生産企業向けの木材卸問屋からのほうが入手しやすい。危急種になる心配はないようで、認証された供給元も見当たらない。

主要用途
- **装飾** 薄い羽根板／モールディング
- **インテリア** フローリング／大量生産家具
- **建具** 住宅内装木部

Malus sylvestris
アップル

長所	欠点
●果樹材特有の色	●折れやすい
	●安定性がない
	●道具に厳しい

果樹材のなかの劣等種

　果樹材樹種のあるもの、特にチェリー (*Prunus serotina* and *P.avium*) やペアウッド (*Pyrus communis*) は、絹のような滑らかさと優美な模様、色を持っている。アップルは、色合いという点では、それらの樹種と同じものを持っているが、多くの点で劣っている。模様と色は特徴がなく、硬い木材であるにもかかわらず、毛羽立っていることが多い。そのうえ道具の刃先を鈍化させ、加工が難しい。また特に安定性が高いわけでもなく、乾燥も難しい。しかしながら、アップルはろくろ細工や彫刻では面白い味を出す。波状木理と硬さのため、道具の柄に適している。曲げ強さはなく、折れやすい。

主要特性
種類　温帯産広葉樹材
別名　クラブアップル
近縁の樹種　ジャパニーズクラブアップル (*M. floribunda*)、Hupeh apple (*M. hupehensis*)、*M. pumila*、*Pyrus malus*
資源の所在　アメリカ、ヨーロッパ、南西アジア
色　淡黄褐色から桃色、多様な暗色の筋があり、心材と辺材の差異はほとんどない。
肌目　精で均一
木理　波状
硬度　硬い
重さ　中庸から重 (720kg/cu. m)

入手可能性および資源の持続可能性

　アップルを入手するのは容易ではない。たいていは、木材卸商や専門の供給元よりは、地元の果樹園からのほうが入手しやすい。化粧単板やろくろ細工用厚板も入手可能。絶滅の脅威にさらされているという心配はないが、認証を必要とするほど商業的に流通していない。

主要用途
装飾
ろくろ細工
彫刻
化粧単板

実用品
器具の柄

Metopium brownii
チェチェン

長所
- 硬く重い
- 縞の木理模様
- 深みのある赤褐色

欠点
- 裂けやすい
- 大きさが限られている

有毒な樹皮を持つウオルナットの代替材

チェチェンは年代物のマホガニーの雰囲気を持つ美しい木材である。全体は暗赤褐色で、そこに縞になった波状の木理が走っている。中央アメリカ、特にメキシコに多く生育し、大きいものは、2m50㎝くらいの高さまで成長する。ところがこの樹種は、樹皮と樹液に毒性があることから過剰伐採を免れてきた。その毒性の成分はうるしのように人体に作用する。幸い、木材自体には毒性はない。

主要特性
種類 熱帯産広葉樹材
別名 ホンジュラスウオルナット（英）チェチェンニグロ、ブラックチェチェン、ブラックポイズンウッド、chechem
代替材 ブラジリアンローズウッド（*Dalbergia nigra*）、とはいえこの樹種は現在探し出すことはほとんど不可能で、絶滅危急種になっている。
資源の所在 中央アメリカ、メキシコ
色 深みのある暗色の帯赤褐色、薄色または暗色の縞模様がある。
肌目 精から中庸
木理 通直、ゆるやかな波状、交錯している箇所を持っていることが多い。
硬度 硬い
重さ 重い（850kg/cu. m）
強度 強い
乾燥および安定性 乾燥は良好のようで、乾燥後は安定している。
廃材率 低い。欠点のあるものはほとんどない。しかし対照的な黄色い辺材を持つ。
板幅 一定していない。
板厚 一定していない。
耐久性 中央アメリカでは建設資材として古くから使われてきたので、耐久性は元来持っているに違いない。

作業特性
チェチェンは商業的に伐採、製材されることがなかったので、一般的には使用されていない。そのためその特性についてはほとんど知られていない。一見したところ加工が難しい感じだが、実は鋸断性も鉋削性も良い。木屑には樹皮が持つ毒性はなく、炎症を起こす心配はないと考えられている。

道具適性 鉋削性は良いが、縁が欠ける可能性がある。硬い木材だが、道具を鈍化させることはない。
成形 肌目が精で均一なため、加工性は高く、輪郭削りは良好。
組み立て 良い。接着性は良いが、釘打ちやネジ止めには下穴が必要なときもある。
仕上げ 研磨すると良い光沢が出る。

変化
板目木取りの材面には魅力的な木理模様があらわれ、それと深みのある赤褐色が合わさって、ローズウッドのような雰囲気をかもし出す。

資源の持続可能性
現在では認証された供給元が存在する。この樹種は、木工家にはあまり知られていないが熱帯に豊富に存在する樹種の1つで、それらの樹種に対する需要を高めるためにも、使用が奨励されるべきである。

入手可能性と価格
価格は中庸だが、熱帯産広葉樹材専門の業者をあたってみる必要がある。

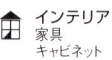

主要用途
- インテリア：家具、キャビネット
- 装飾：ろくろ細工
- 趣味＆レジャー：楽器

Microberlinia brazzavillensis
ゼブラウッド

長所
- 縞模様のもく
- 美しい仕上がり
- 硬く重く安定している
- 化粧単板の形で入手可能

欠点
- 高価な場合がある
- 化粧単板のそり
- 縞の間に密度の差がある

強度 強い
乾燥および安定性 ねじれや亀裂を生じることがあるが、乾燥後は安定。
廃材率 低い
板幅 一定していない。
板厚 蓄積によるが、限られている場合が多い。
耐久性 良い

縞模様の美しい熱帯産広葉樹材

ヨーロッパでzebranoとして知られている木材が、アメリカでゼブラウッドと呼ばれていても少しも驚くべきことではないだろう。柾目木取りの材面では、薄色、中庸、暗色の褐色の縞が、全体的にまっすぐ伸びているが、板目木取りの材面や木口では、多くが美しい曲線を描いている。残念なことは、縞ごとに色も密度も一様でないことと、交錯した木理が作業を困難にすることである。

主要特性
種類 熱帯産広葉樹材
別名 zebrano（ヨーロッパ）
近縁の樹種 *M. bisulcata*
代替材 ベリ（*Paraberlinia bifoliolata*）
資源の所在 西アフリカ
色 暗褐色から黒色の線の間に薄色や中位の褐色の帯。
肌目 やや粗、特に均一というほどではない。
木理 通直のように見えるが、多くは交錯または波状。
硬度 薄色と暗色の帯の間で硬さが異なる。
重さ 中庸から重（740kg/cu. m）

作業特性
薄色と暗色の対照的な帯の間で、密度が異なることがあり、それがゼブラウッドを加工するときの障害になっている。しかしそれ以外は良好。

道具適性 カンナが木理を挟み込むときは、サンダーに替えたほうが良い。
成形 切削仕上がりは良い。
組み立て 接着剤の使用には注意が必要。試してみること。組み立て後の変形はほとんどない。
仕上げ サンダーはかなり多めにかける必要があるが、良い光沢が出る。

変化
ゼブラウッドの最も一般的な使用法は、柾目木取りの化粧単板にして直線的な線を見せることである。化粧単板は必ず上から押さえておくこと。そうしないとそりが出る。

資源の持続可能性
ゼブラウッドは国際自然保護連合では絶滅危急種に指定されている。無垢材としてではなく化粧単板として使用するほうが、少なくとも効率的である。特に認証された木材を心材として使うとき。

入手可能性と価格
熱帯産広葉樹材専門の業者から仕入れるのは比較的容易である。しかし板幅と板厚は限られている場合が多い。価格は変動しているが、想像するほど高くはない。

主要用途 装飾
化粧単板
ろくろ細工
彫刻
装飾的象嵌

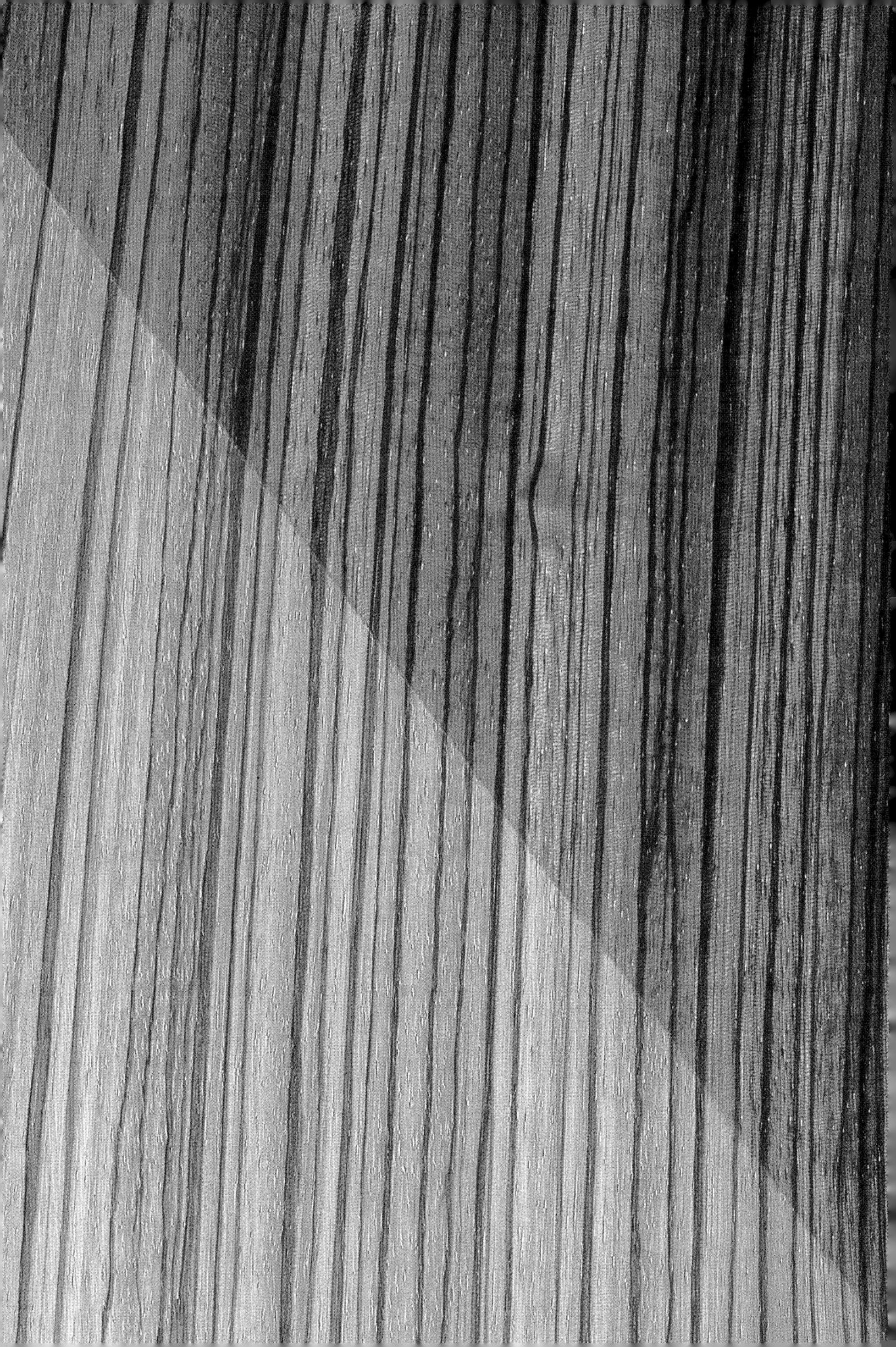

Millettia laurentii
ウェンジ

長所
- 硬く強い
- 特徴的な木理模様
- 強烈な色

欠点
- 仕上げが容易なほうではない
- 肌目が粗
- 乾燥時に亀裂が入ることがある

仕上げ材を塗らないほうが美しい躍動的な広葉樹材

ウェンジは特異な木材である。肌目は非常に粗だが、均一で、非常に強い。フローリングの材料として好まれ、また作業台としてもときどき使用される。パンガパンガ（*M. stuhlmannii*）と密接な関係にある樹種で、通直な木理と、暗褐色とやや淡色の縞の模様によってそれと区別されるが、その模様はこの樹種に特徴的な外観と雰囲気を与えている。仕上げ材を塗布すると、せっかくの縞模様のコントラストが弱められるので、仕上げ材を塗布しないまま完成させたほうが仕上がりは躍動的である。

主要特性
種類 熱帯産広葉樹材
別名 Dikela、kibota、pallisandre
代替材 パンガパンガ（*M. stuhlmannii*）
資源の所在 中央アフリカ
色 暗褐色の地にそれよりも淡色の縞、しかしその縞は仕上げ材を塗布すると濃くなる。
肌目 粗、しかし均一
木理 一般に通直
硬度 非常に硬い
重さ 重い（880kg/cu. m）
強度 非常に強い。曲げ強さもある。
乾燥および安定性 乾燥後は安定。しかし劣化を避けるため乾燥には時間をかけること。
廃材率 辺材や、やに壺などがあり中庸。しかしそれ以外に欠点はない。
板幅 各種揃っている。
板厚 普通
耐久性 腐朽、虫害に対して耐久性は非常に高い。

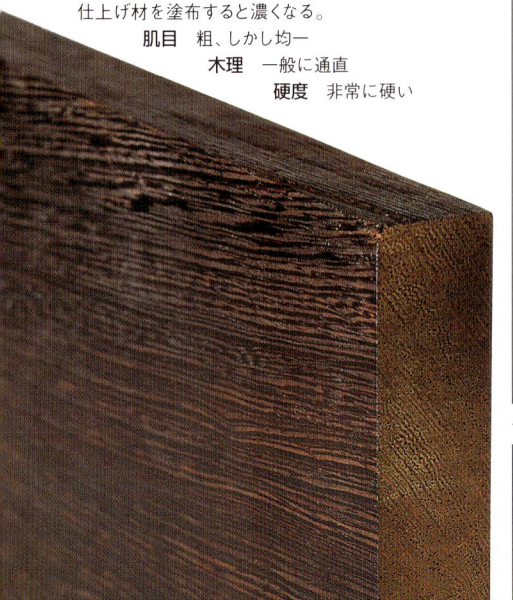

作業特性
木理模様が見る人に裂けやすいと思わせ、加工が難しいように感じられるかもしれないが、実際はそうではない。家具やフローリングに幅広く使用されている。

道具適性 鉋削性は非常に良く、滑らかで美しい仕上がりになる。
成形 肌目が粗なので、つねに裂ける可能性はある。また切削仕上がりがつねに完璧というわけではない。しかし肌目が均一で、硬い木材なので成形は良好である。
組み立て 釘打ち、ネジ止めともに容易ではなく、ドリルで下穴をあける必要がある。接着剤には問題はないようだ。
仕上げ 縞によって浸透性が異なるので、仕上げ材を均一に塗布するのは難しい。

変化
柾目木取りと板目木取りの材面の差異はほとんどない。

資源の持続可能性
国際自然保護連合によって絶滅の危惧があると報告されている。また認証された供給元があるという報告はない。

入手可能性と価格
パンガパンガにくらべると少し高価だが、熱帯産広葉樹材にしては中庸である。広く入手可能な木材ではないが、フローリングの材料としてますます人気が高まりつつあるので、この方向から探すのが供給元を探し出す早道であろう。

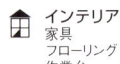

主要用途 インテリア
家具
フローリング
作業台

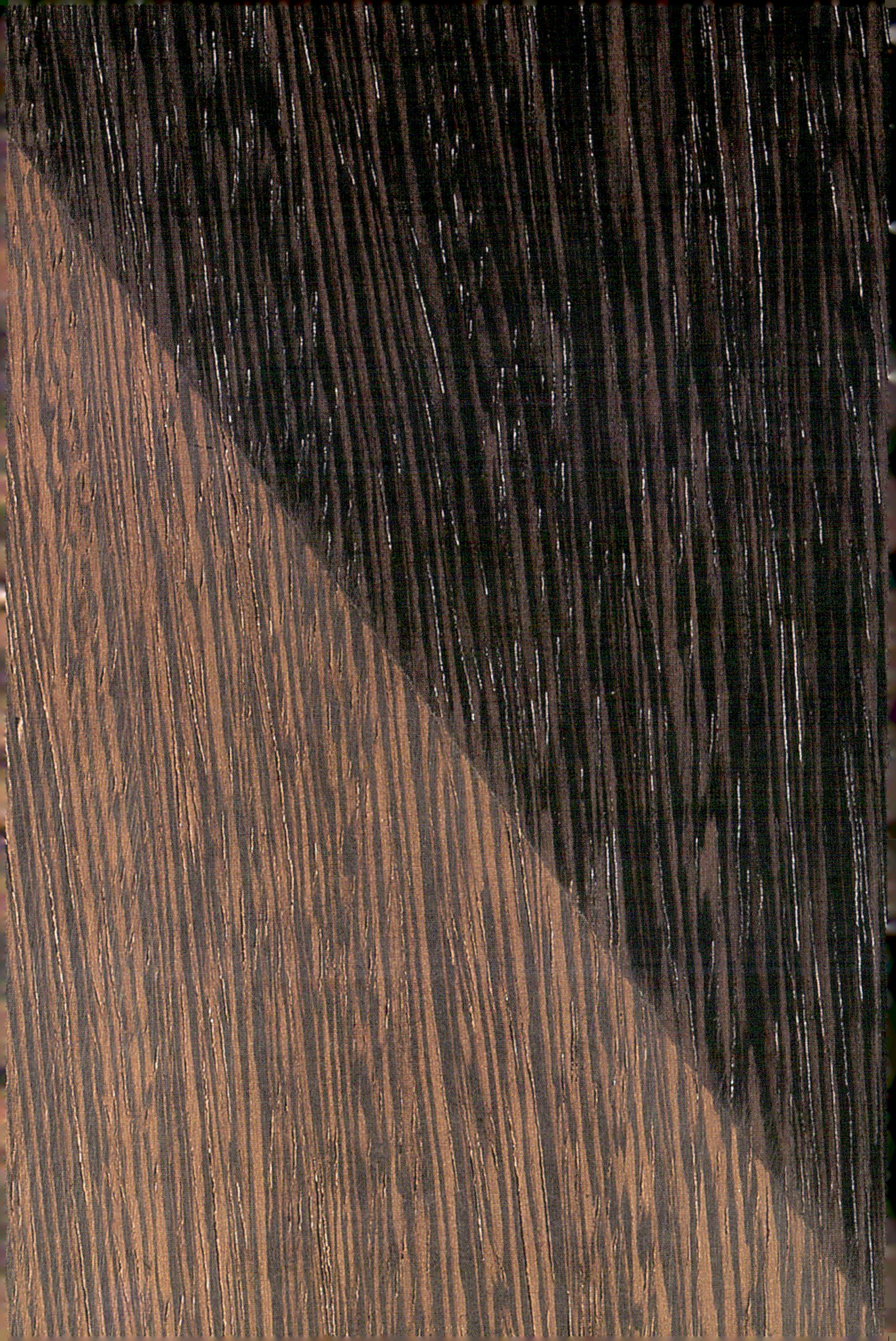

Nothofagus cunninghamii
タスマニアンマートル

長所
- 魅力的な赤色
- 滑らかで均一な肌目
- 多用途

欠点
- 交錯木目
- 安定性が低い

桃色をした多用途の広葉樹材

　オーストラリアのもう1つの有名な広葉樹ジャラ（*Eucalyptus marginata*）に非常によく似ているマートルは、時間の経過とともに濃くなる赤みを帯びた色をしており、滑らかで均一な肌目を有している。興趣あるもくや放射組織の小さな斑点が表面にあらわれることもある。比較的加工はしやすいが、ところどころ木理が交錯している箇所があり、少し変形するということも報告されている。接着剤は必ず試してみる必要があるが、釘とネジの着性は良い。この木材は、多用途であるだけでなく、魅力的な色、優美な木理模様、そして良い光沢を持っている。

主要特性
種類　温帯産広葉樹材
別名　タスマニアンビーチ、オーストラリアンビーチ、マートルビーチ
類似の樹種　ジャラ（*Eucalyptus marginata*）
資源の所在　オーストラリア
色　薄赤－褐色で時間の経過とともに濃くなる。辺材は狭く淡色。
肌目　精で均一、光沢が良い。
木理　通直または波状。しかし交錯しているものもあり、節などの欠点があることもある。
硬度　中庸から硬
重さ　中庸から重（720kg/cu.m）

入手可能性および資源の持続可能性
　タスマニアンマートルはほとんど輸出されておらず、価格は中庸から高め。絶滅の心配はないようだ。

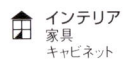

主要用途
- インテリア　家具　キャビネット
- 建具　住宅内装木部
- 装飾　ろくろ細工

Nothofagus menziesii
ニュージーランドシルバービーチ

長所
- 通直木理
- 精で均一な肌目

欠点
- 耐久性に劣る
- 虫害を受けやすい
- 保存薬剤を吸収しない

ニュージーランド産ビーチ

　ニュージーランドシルバービーチは、ニュージーランドに生育する3種のNothofagus種の1つである。他は、レッドビーチ(N. fusca)とハードまたはクリンカービーチ(N. truncata)である。どれも本物のビーチ(Fagus species)ではない。乾燥はかなり容易で、ねじれも比較的起こりにくいが、製品化された後も少し変形する。手動でも電動でも加工は容易だが、柾目木取りの不規則な木理の箇所では困難な場合がある。その場合は刃先の角度を浅くすることを推奨する。丸太からロータリーカットして合板用ツキ板にしたり、家具やパネル用に薄くスライスして装飾用化粧単板に加工されることもある。これらの偽ビーチ類はステイン塗装に適し、接着性も良く、美しく仕上がる。しかし保存薬剤の吸収はそれほど良くない。レッドビーチおよびハードビーチはどちらも耐久性は良いが、シルバービーチは良くない。これら3種の木材はすべて虫害を受けやすい。

主要特性

種類　温帯産広葉樹材
別名　サウスランドビーチ
近縁の樹種　N. fusca(レッドビーチ)、N. truncata(ハードビーチ、クリンカービーチ)
資源の所在　ニュージーランド
色　内部の心材は一定した桃褐色。
肌目　精で均一
木理　通直、しかしときどき巻いている。
硬度　中庸
重さ　中庸(530kg/cu. m)

入手可能性および資源の持続可能性

　シルバービーチはニュージーランド以外の国では手に入りにくい。ニュージーランドでも古くからある森林での伐採は規制されている。これらの種が絶滅の危機にあるということを示す証拠はなく、また現在森林管理協議会の支援による生産も行われている。

主要用途

- **インテリア**
  家具
  キャビネット
  フローリング
- **建具**
  建具全般
  モールディング
- **装飾**
  ろくろ細工
  装飾用化粧単板
- **マリン**
  ボート製作
- **建築**
  建設一般

Ochroma pyramidale
バルサ

長所
- きわめて軽量
- ナイフで容易にカットできる
- 浮力がある
- 軽量のわりには非常に強い

欠点
- 弱く弾力性がなくもろい
- 雅致に乏しい木理模様と色
- 高価

辺材からとる模型用木材
バルサは辺材のために商業的に伐採するめずらしい樹種の1つである。何よりの特徴は、浮力と模型作りに最適な切削の容易さである。バルサの生育は非常に早く、たった5年で20mもの高さにまで成長する。しかし樹木も木材も害を受けやすい性質がある。

主要特性
種類　熱帯産広葉樹材
別名　*O. lagopus*、*O. bicolor*、corkwood
資源の所在　西インド諸島、中央アメリカ、エクアドル
色　桃色の色調を帯びた薄茶色
肌目　中庸から粗、しかし均一
木理　明瞭な木理はない。
硬度　極端に軟らかい。
重さ　非常に軽い（160kg/cu. m）

強度　弱く弾力性がなくもろい。しかし軽量のわりには強い。
乾燥および安定性　最初は含水率が高いので乾燥は困難。すばやく乾燥させなければならないが、温度を上げすぎてもいけない。乾燥後は安定している。
廃材率　ていねいに使えば、廃材率は低い。欠点もほとんどなく、販売されるバルサはたいてい品質が良い。割れには注意。
板幅　各種揃っている。
板厚　各種揃っている。
耐久性　悪い

作業特性
バルサは道具の刃先が繊維をつぶさないくらいに鋭く研磨されている場合は、美しく彫刻できる。また裂けや欠けをひき起こす木理もほとんどない。

道具適性　刃先は鋭く研磨しておくこと。そうしないと毛羽立つことがある。
成形　繊維をつぶさないように気をつけて作業するかぎり、型削りは良好。しかし縁は傷つきやすい。
組み立て　接着性は良いが、釘やネジは使用しないこと。安定性は良い。
仕上げ　バルサは良い光沢をしているという木工家もいるが、そこまで仕上げるにはかなり研磨する必要がある。

変化
心材は淡褐色、しかしめったに使用されない。

資源の持続可能性
バルサが絶滅の危機にあるという証拠は何も示されていない。

入手可能性と価格
バルサは少量づつ販売されており、模型店ならどこでも置いている。他の木材にくらべると高価。

主要用途
- マリン　浮力
- 技術　ベアリング、滑車
- 装飾　彫刻
- 趣味＆レジャー　模型制作

Ocotea rodiaei
グリーンハート

長所
- 高密度で、硬く強い
- 水中での耐久性が非常に高い

欠点
- 乾燥が難しく、安定性も悪い
- 加工が難しい
- 毒性がある

硬くて強いマリン用木材

グリーンハートは特に魅力的な外見をしている木材ではないが、その生来の驚くべき耐久性、硬さによって価値ある木材になっている。多くの場合マリン用建造物、特にボート本体や、甲板、さらには橋や桟橋にも用いられている。加工は難しいが、驚くほど強靭である。水中など乾燥が難しいことが問題とならないような場所や、表面仕上げを完璧にする必要のない場所などで使用されている。

主要特性
種類 熱帯産広葉樹材
代替材 リグナムバイタ(*Guaiacum officinale*)
資源の所在 ガイアナ、ベネズエラ
色 緑色、黄色、暗褐色、黄緑褐色
肌目 精で均一
木理 通直または均一
硬度 非常に硬い
重さ 非常に重い(1020kg/cu. m)
強度 きわめて強い
乾燥および安定性 乾燥は遅く、割れの可能性がある。乾燥後もゆっくりと変形。
廃材率 亀裂や欠点のため、美しく仕上げようとすれば廃材率は高くなるかもしれない。しかしマリン用の実用的機能のために使用する分には、それらの欠点はあまり問題にはならないだろう。
板幅 中庸、入手可能性による。
板厚 普通、入手可能性による。
耐久性 きわめて高い

作業特性
加工性の良い木材ではない。耐久性を除いたこの木材の優位性は、表面が素晴らしく滑らかに仕上がるということだが、そのためにはかなりの努力が必要。

道具適性 道具の刃先を鈍化させる。木理が交錯しているので、裂けの可能性がある。
成形 グリーンハートはとげが出やすいことで知られている。とげに毒が含まれている場合があるので、作業には注意が必要。
組み立て ネジ止めや釘打ちは困難で、ドリルで下穴をあける必要がある。接着剤はいくつか試し、最上のものを使うようにすること。
仕上げ 研磨すると光沢良く滑らかに仕上がる。

変化
ヨーロピアンウオルナットのように、同一樹種でも異なった色調、色相を持つものがある一方で、色の幅が一定しない樹種もある。グリーンハートも色が大きく変化するが、その変化の程度も一定していない。

資源の持続可能性
認証されているグリーンハートも入手可能である。

入手可能性と価格
グリーンハートは木工家用の木材とは考えられていないので、広く入手可能というわけではない。しかし専門の輸入業者や専門の木材卸商を通じて探すことはできる。

主要用途
- マリン — マリン用建造物、ボート制作
- 建築 — 建設一般
- インテリア — フローリング
- 外装 — デッキ

Paraberlinia bifoliolata
ベリ

長所
- 劇的な模様
- ゼブラウッドの代替材になる

欠点
- 肌目が一定しない
- 広く入手可能ではない

稲妻が走ったようなゼブラ模様

柾目木取りの材面に薄褐色と暗褐色の縞模様が描かれているベリは、ゼブラウッド(*Microberlinia brazzavillensis*)と混同されやすい木材である。実際ベリはゼブラウッドの代替材として販売されることが多いが、それは価格が安いからではなく、こちらの方がいくぶん入手しやすいからである。色は一定ではなく、板目木取りの材面には、まるで稲妻が走ったように、暗色の線がギザギザを描き出している。材面に目を近づけてみると、かすかにモザイク状になっていて、光がちらちら揺らめいているように見える。また、やに壺があらわれていることもある。最上の木材は、化粧単板に加工される。またリボンもくのあらわれているものもある。興味のつきない木材である。

主要特性
種類 熱帯産広葉樹材
別名 *Jubernadia pellegriniana*
資源の所在 西アフリカ
色 薄褐色と暗褐色の縞模様、髄心に向かって色が濃くなる。
肌目 中庸から粗
木理 通直のように見えるが大半は交錯。
硬度 中庸
重さ 重い(800kg/cu. m)

入手可能性および資源の持続可能性

ベリは絶滅危急種には指定されておらず、また認証された供給元から入手可能なはずである。しかし広く入手可能というわけではない。探し出すことができれば、それほど高価ではない。

主要用途
- インテリア 家具
- 装飾 パネルおよびキャビネット用化粧単板
- 実用品 器具の柄

Paratecoma peroba
ホワイトペロバ

長所
- 耐久性がある
- 独特の斑紋もく
- 光沢が非常に良い

欠点
- 作業が不快
- 交錯木理

斑紋もくを持つ耐久性の高い黄緑褐色の広葉樹材

　この木材は作業していて最も楽しい木材の1つというわけではない。木粉が多く出、また木粉ととげは皮膚に炎症を起こすことがあり、毒性があるともいわれている。光沢の良い滑らかな表面に仕上げることができるが、交錯した木理が機械加工を難しくする場合がある。乾燥は一般に容易で、乾燥後は、中庸の変形しかしないが、ねじれを生じる場合がある。元来非常に耐久性の高い木材である。

主要特性
種類　熱帯産広葉樹材
別名　ゴールデンペロバ
資源の所在　ブラジル
色　黄褐色から黄緑褐色で、暗色の帯、放射組織、やに壺などがある。
肌目　精で均一
木理　交錯または波状で、柾目木取りの材面に木理を横切って斑状の放射組織が出ることがある。
硬度　硬く、相応に強い。曲げ強さも相応にある。
重さ　中庸から重（750kg/cu. m）

入手可能性および資源の持続可能性

　ホワイトペロバは、少し探せば見つけることができる木材である。また絶滅危惧種には指定されていない。広葉樹材にしては中庸の価格で販売されているようだ。

主要用途
- インテリア
  フローリング
  キャビネット
  パネル
- 外装
  デッキ
- マリン
  マリン用建造物
- 装飾
  化粧単板
  ろくろ細工

Peltogyne *species*
パープルハート類

長所
- 鮮やかな紫色
- 強く硬い
- 重い

欠点
- 加工が難しい
- 広く入手可能ではない
- 交錯木理
- 亀裂や割れが生じやすい

重さ　重い(930kg/cu. m)
強度　強いが、曲げは容易ではない。
乾燥および安定性　乾燥の過程もその後もかなり安定しているが、乾燥は遅く、亀裂や割れを生じることがある。
廃材率　中庸、しかし亀裂や割れには注意が必要。
板幅　限られているようだ。
板厚　限られているようだ。
耐久性　非常に優れている。

髄心まで紫色の刺激的な広葉樹材

　Peltogyne属のさまざまの種がパープルハートとして知られているが、主要なものは、P. pubescens、P. porphyrocardiaとP. venosaである。これらに共通している点は、木材が紫色をしているということである。木理は均一で、中庸の肌目をしており、柾目木取りとと板目木取りの差異はほとんどない。色はおおむね一定しているが、わずかに暗色の帯が見られる。時間の経過とともに、色は暗褐色へと変色する。

主要特性
種類　熱帯産広葉樹材
含まれると思われる樹種　P. pubescens、P. porphyrocardia、P. venosa、P. confertiflora、P. paniculata、P. purpurea
代替材　ジャラ(*Eucalyptus marginata*)、アフリカンパドウク(*Pterocarpus soyauxii*)
資源の所在　熱帯中南米
色　紫色
　肌目　中庸
　　　木理　通直、波状、交錯とさまざまである。
　　　　　硬度　硬い

作業特性
　パープルハートは樹脂を分泌することがあり、それは道具の刃先に粘着する。この樹脂と木材の硬さのため、道具の刃先はすぐに鈍くなってしまう。切削はゆっくりと行い、木理が交錯しているところでは裂けに注意すること。

道具適性　刃先を鈍くさせることが、この木材の最大の問題である。
成形　硬いが肌目はやや粗というくらいなので、輪郭削りも型削りもまあまあ良好。
組み立て　釘打ち、ネジ止めともに、ドリルで下穴をあける必要がある。しかし接着性は良い。
仕上げ　仕上げ材は必ず廃材で試してみてから塗布すること。色の鮮やかさを消してしまう艶出し剤もある。

変化
　織物の繊維を染める染料がこの木材から抽出できる。この木材はあまり変化はない。

資源の持続可能性
　パープルハート類が絶滅の脅威にさらされているという報告はないが、最近のリストを調べてみることを薦める。認証された木材もあるが、あまり多くはない。

入手可能性と価格
　探し出すのは容易ではないだろう。価格は中庸から高めでかなり幅があるようだ。

主要用途
- インテリア　フローリング
- 装飾　ろくろ細工
- 実用品　器具の柄　パネル・キャビネット用化粧単板
- 趣味＆レジャー　ビリヤードのテーブルとキュー

Pericopsis elata
アフロルモシア

長所
- チークの優秀な代替材
- 精で均一な肌目
- 優美な色

欠点
- 絶滅の危機にある

木理 通直、しかし交錯の箇所もある。
硬度 硬い
重さ 中庸から重(690kg/cu. m)
強度 強い
乾燥および安定性 ゆっくりと乾燥させる必要がある。乾燥後は非常に安定。
廃材率 低い
板幅 各種揃っている。
板厚 各種揃っている。
耐久性 非常に優れている。しかし鉄分を含む金属に接すると腐朽するおそれがある。

それ自身が希少になってしまったチークの代替材

かつてそれよりも優等な木材のための唯一の代替材として考えられていた樹種の減少ほど、木材の過剰な伐採が持続可能性を危殆に陥れることを明確に示す事実はない。西アフリカを産地とするアフロルモシアは、東南アジアの古典的な木材であるチーク(Tectona grandis)と多くの点で似た性質を有していたため、その代替材として用いられてきた。それはチークと同じような木理、色、肌目、そして耐久性を持っているが、ついに数年前絶滅危惧種に指定され、現在では国際的商業取引は規制されている。

主要特性
種類 熱帯産広葉樹材
別名 アフリカンサテンウッド、アフリカンチーク、*Afromosia elata*
代替材 チーク(*Tectona grandis*)
資源の所在 西アフリカ
色 中位の褐色、切断当初は黄色または橙色をしている場合があるが、すぐに濃くなる。青いしみが出る可能性がある。
肌目 精で均一

作業特性
チークほどには油質ではないが、仕上げが容易なので、アフロルモシアのほうが家具に適している。また熱帯産広葉樹材にしては、比較的加工が容易である。

道具適性 裂けの可能性がある。しかしこの木材は欠けにくい。
成形 木理が交錯した箇所があるが、一般に加工は容易。
組み立て 割れる可能性があるので、ネジ止めも釘打ちもドリルによる下穴が必要になるかもしれない。しかしチークよりも接着性は良い。
仕上げ 良好。良い光沢が出る。

資源の持続可能性
アフロルモシアはワシントン条約附属書Ⅰに記載されており、絶滅の危機にあるとされている。認証された木材があるという報告はない。

入手可能性と価格
アフロルモシアを購入することはできるが、決して容易ではない。相応に高価だが、異常に高いというほどではない。再生利用木材のなかで発見できるかもしれないが、それ以外ではこの樹種の使用は避けるのが最善である。

主要用途
- インテリア:家具、フローリング
- マリン:ボート製作
- 建具:住宅内装木部、建具全般

Picea sitchensis
シトカスプルース

長所
- 通直木理
- 重さのわりに強度がある
- 加工性が非常に高い

欠点
- 屋外使用には保存薬剤が必要

共鳴性のある強い針葉樹材

多くの用途に使用され、また他の多くの針葉樹材と混同されることの多いシトカスプルースは、共鳴性があることで高い評価を得ており、ギターをはじめとする各種の楽器に用いられている。木理は群を抜いて通直で、重さのわりには強度がある。長い繊維を有しているので、航空機用の合板、あるいは製紙用のパルプの生産に広く使用されている。

主要特性

種類　温帯産針葉樹材
別名　シルバースプルース、タイドランドスプルース、メンジーズスプルース、コーストスプルース、イエロースプルース
近縁の樹種　レッドスプルース（*P. rubens*）、ブラックスプルース（*P. mariana*）、エングルマンスプルース（*P. engelmannii*）、ウェスタンホワイトスプルース（*P. glauca*）
資源の所在　アメリカ北西沿岸、カナダ西海岸
色　淡黄白色、心材に向かって桃色の色調を帯びる。
肌目　中庸で均質、ただし早く成長したものほど粗い。
木理　通直
硬度　中庸。重さのわりに強く、曲げは容易。
重さ　軽い（420kg/cu. m）

入手可能性および資源の持続可能性

シトカスプルースはすぐに入手することができる。絶滅の脅威にさらされているということを示す証拠は何もないし、また成長の早い樹木でもある。しかし樹齢の高い木に対しては、その木質が上質なことから、楽器の材料としての需要が高く、危機が迫りつつある。認証された木材は入手可能である。最高級のものは針葉樹材にしては高価だが、希少な熱帯産広葉樹材の基準と照らし合わせるとそれほど高価でもない。

主要用途

- **趣味＆レジャー**　楽器
- **技術**　はしご、プロペラ
- **建具**　合板
- **マリン**　オール、マスト

Pinus monticola
ウェスタンホワイトパイン

長所
- 乾燥が容易で安定している
- 精で均一な肌目
- 加工が容易

欠点
- 耐久性に劣る

屋内用として信頼できるパイン

　ホワイトパイン($P. strobus$)と混同されやすいが、ウェスタンホワイトパインは用途の広い木材で、針葉樹材の重要な特徴の1つであるが、乾燥後はほとんど変形しない。生長輪がほとんど目立たず、肌目が精で均一なため、加工は容易であるが、耐久性は劣る。そのため、屋内建具用として、また合板の材料として広く用いられている。さらには、彫刻がしやすく、輪郭削りの仕上がりが良いため、鋳型の原型製作にも用いられている。細い暗色の樹脂道が出ていることがあるが、問題を生じることはない。

主要特性
種類　温帯産針葉樹材
別名　アイダホホワイトパイン
近縁の樹種　ロッジポールまたはコントルタパイン($P. contorta$)
資源の所在　アメリカ西部およびカナダ
色　淡黄色、晩材のほうが早材よりもわずかに色が濃い。
肌目　精で均一
木理　通直
硬度　ホワイトパイン($P. strobus$)より硬いが、曲げには適さない。
重さ　軽い(420kg/cu. m)

入手可能性および資源の持続可能性
　広く入手可能で、高価ではない。認証された木材も販売されている。

主要用途

建具
住宅内装木部
合板

装飾
鋳型原形製作

Pinus palustris
サザンイエローパイン

長所
- 独特の木理模様
- 乾燥が良好で安定している

欠点
- 晩材と早材の顕著な密度の相違
- 木理のため加工が難しいことがある

硬と軟が交互にあらわれる針葉樹材

サザンイエローパインが属する樹種グループ（他のものは以下に示す）の持つ最大の長所は、また最大の欠点の原因でもある。淡色の早材とそれよりも濃い橙色～赤色の晩材の間の対照性は、手でも機械でも加工を困難にしている。アメリカ南部一体に生育し、相応の強さを持つが、樹脂を多く含むことから、一般に実用的な目的のために使用されている。

主要特性
種類 温帯産針葉樹材
別名 ロングリーフパイン、イエローパイン、ロングリーフイエローパイン、ピッチパイン
類似の樹種 *P. elliottii*、ショートリーフパイン（*P. echinata*）、loblolly pine（*P. taeda*）、Caribbean pitch pine（*P. caribaea* and *P. oocarpa*）
代替材 ダグラスファー（*Pseudotsuga menziesii*）
資源の所在 アメリカ合衆国南部
色 早材は淡黄色から淡黄白色で、晩材はやや暗い帯赤橙色
肌目 中庸
木理 通直

硬度 中庸
重さ 中庸から重（670kg/cu. m）
強度 強いが、樹脂が蒸し曲げを難しくするため、曲げには適さない。
乾燥および安定性 乾燥は早く、乾燥後はほとんど変形しない。
廃材率 低い。気がかりな節もほとんどない。
板幅 各種揃っている。
板厚 各種揃っている。
耐久性 腐朽に対する抵抗性は中庸だが、虫害を受けやすい。

作業特性
サザンイエローパインは樹脂を多く含み、早材と晩材の間の対照性が顕著なため、家具製作にはあまり適さない。しかしこの後のほうの性質により、この木材の表面には魅力的な模様が作り出されており、それを活かして見映えの良い興趣あふれるパネルにされることがある。

道具適性 表面仕上がりは美しいが、手動カンナでは木理を横切るときにつっかえつっかえ進むことがある。
成形 切削仕上がりは良いが、樹脂が道具の刃先に粘着し切れ味を鈍くすることがある。刃先を溶剤できれいにしながら作業を行うこと。
組み立て 良好。接着性は良く、ネジ止め、釘打ちともにドリルによる下穴は必要ない。
仕上げ 良い光沢は出るが、木理の密度に差があるため、ステイン塗装はそれほど良くない。最初に試し塗りを行うこと。

変化
柾目木取りの材面は連続する平行線となり、板目木取りの材面は、炎の模様になっている。

資源の持続可能性
持続可能性に関しては全然問題なく、認証された木材もすぐに入手できる。

入手可能性と価格
広く入手可能で、安価。

主要用途
- 建築 / 建設一般
- 建具 / 建具全般 / 住宅外装木部
- インテリア / フローリング
- 外装 / デッキ
- 実用品 / 実用的目的

Pinus strobus
ホワイトパイン

長所
- 加工が容易
- 乾燥は良好で、乾燥後も安定。
- 均一な肌目

欠点
- 弱い
- 耐久性がない

加工性の良い軟らかめのパイン

イエローパインとしても知られている多用途の木材であるホワイトパインは、強さも耐久性もあまり良くないが、加工が容易なことから、建具や住宅内装木部に使用されている。パイン類にしては大きい樹種で、カナダからアメリカ合衆国を経てメキシコまで、広い地域で生育している。かつて壊血病の予防のため、航海中にこの樹木の葉から抽出されたお茶が飲まれていたことがあった。この樹木から船のマストも多く作られていた。

主要特性
種類 温帯産針葉樹材
別名 スプルースパイン、イースタン、ウェスタンおよびノーザンホワイトパイン、イエローパイン(英)
近縁の樹種 ジャックパイン(*P. banksiana*)、ロッジポールパイン(*P. contorta*)、カナディアンレッドパインまたはノルウェーパイン(*P. resinosa*)
代替材 ウェスタンヘムロック(*Tsuga heterophylla*)
資源の所在 北アメリカ
色 薄茶色から淡赤褐色で、細く短い暗色の線がところどころにある。それは樹脂道に見えるが、そうではない。

肌目 均一で、早材と晩材の間に大きな差異はない。
木理 通直
硬度 軟らかい
重さ 軽い(380kg/cu. m)
強度 弱く、曲げも推奨できない。
乾燥および安定性 乾燥は容易で、乾燥後も非常に安定している。収縮もほとんどないが、積み上げ方には注意が必要。青いしみがでる可能性がある。
廃材率 低い
板幅 各種揃っている。
板厚 各種そろっている。
耐久性 劣る

作業特性
パイン類の多くは、早材と晩材の密度の差が激しいので、見た目も加工は難しい。その性質のため、鉋削は概して困難で、生長輪を横切るときに刃が飛び上がったりすることがある。しかしこのホワイトパインにはその欠点はない。肌目は著しく均一で、年輪もほとんど目立たない。

道具適性 表面仕上げは容易で、裂けの心配もほとんどない。
成形 一般に良好。ホワイトパインはしばしば鋳型の原型制作に使用されるが、そのことは、この木材の切削仕上がりの良さの証明である。
組み立て 良好。しかしこの木材は非常に軟らかく、作業台の上でサンダーかけをしているときでさえ表面に傷がつくことがあるので、注意が必要。接着性、釘・ネジ着性とも良い。
仕上げ 他の多くのパイン類より仕上げは容易。ステインや艶出し剤は、年輪にさえぎられることなく、また木理をひどく目立たせることなく、均等に塗布することができる。

変化
質の悪いホワイトパインは、建設工事や、梱包用の枠木やパレットに使用されている。

資源の持続可能性
広く分布し、絶滅の心配はない。

入手可能性と価格
広く入手可能で経済的。

主要用途
- **建具**: 建具全般、住宅内装木部、合板
- **装飾**: 鋳型用原形制作、彫刻
- **インテリア**: 家具
- **趣味&レジャー**: 楽器
- **マリン**: ボート製作

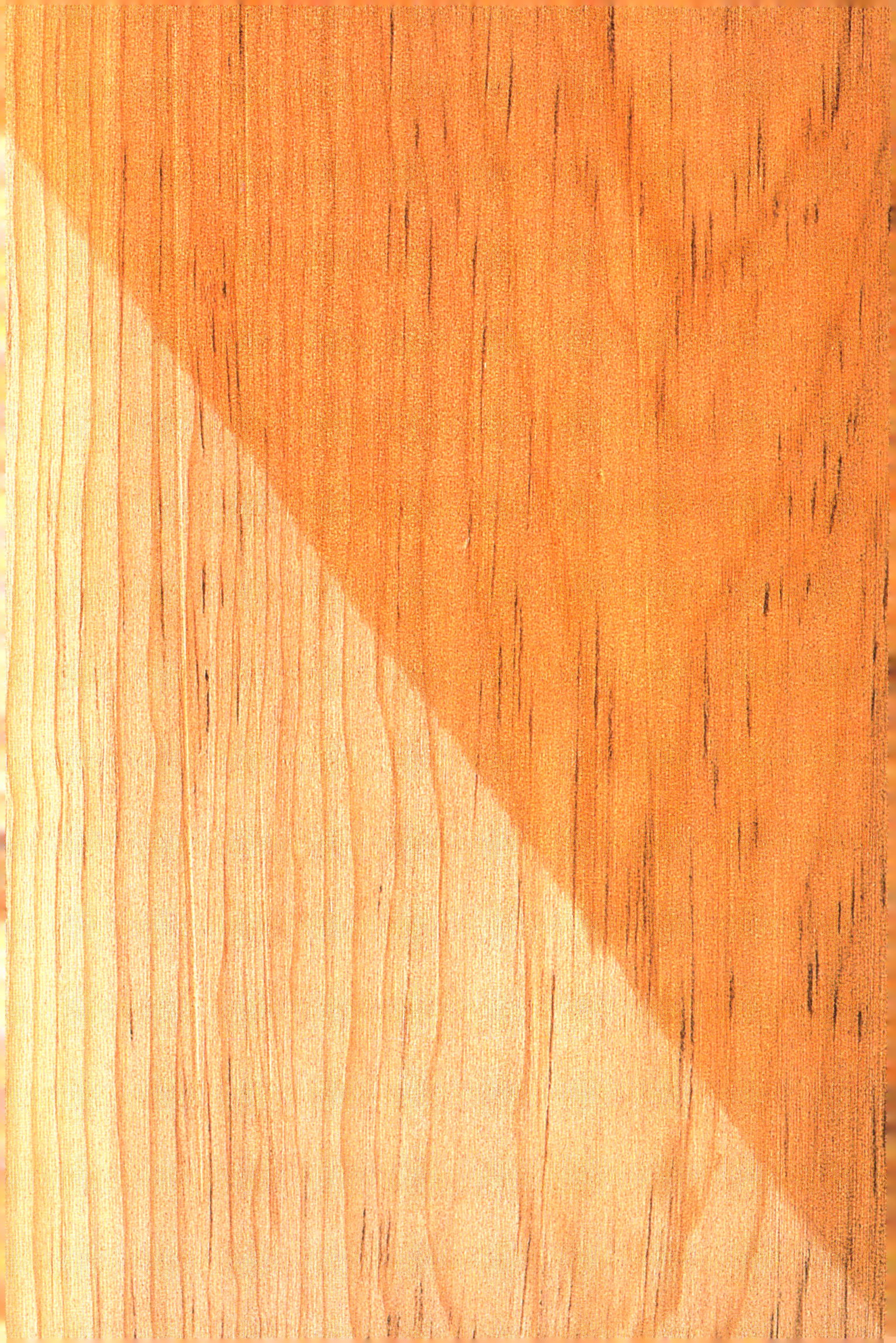

Prunus avium
ヨーロピアンチェリー

長所
- 独特の木理模様
- 優美な色

欠点
- 入手が困難
- 乾燥が難しく、安定性もあまり良くない

庭から来た優美な果樹材

　ブラックチェリー(*P. serotina*)がマホガニーの現代的代替材として広く注目を集めているのに対して、ヨーロピアンチェリーは木材の世界では脇役にとどまり、森林というよりは庭に生育していることが多い樹種である。雅致のある木理模様と色を有しているが、あまり多く使用されず、入手も限られているのは、おそらくこの樹木がそれほど大きく生育せず、ねじれやそりを起こしやすいからであろう。しかしこの樹木も、果樹材特有の滑らかさと均質さを持っており、装飾用に、パネル用に、さらにはろくろ細工用に理想的な木材である。

主要特性
種類　温帯産広葉樹材
別名　フルーツチェリー、*Cerasus avium*、kirsche、merisier、kers
近縁の樹種　ヨーロピアンバードチェリー(*P. padus*)
資源の所在　ヨーロッパ、アジア・北アメリカの一部
色　薄褐色または黄褐色でやや桃色の色調を帯びる
肌目　精で均一
木理　全般的に密で通直。しかしところどころ細い晩材の線がある。
硬度　中庸
重さ　中庸(610kg/cu. m)

入手可能性および資源の持続可能性

　ヨーロッパ全土に広く分布しており、将来の心配はない。この樹木の生育期間はあまり長くはなく、木材は生を終えた樹木からくることが多い。そのため広く入手可能な木材ではない。

主要用途
装飾　ろくろ細工　パネル用化粧単板
インテリア　椅子制作

Prunus domestica
プラム

長所
- 滑らかで均一な肌目
- チェリーの代替材となる

欠点
- 小さな木材しか入手できない
- 高い廃材率
- 安定性に劣る

小径の果樹材
　果樹材は、精で均一、滑らかな肌目、そして優美な木理模様を持った優れた木材であることが少なくない。プラムはそのなかでも最高のものの1つである。ブラックチェリーに非常によく似ているが、たぶん色はもっと多いだろう。しかし幹があまり太くならず、大きく成長することがないので、一般に幅の狭い板材としてしか販売されていない。また大きく育たないことから、安定性にも問題があるため、主にろくろ細工用に使用されている。

主要特性
種類　温帯産広葉樹材
別名　ヨーロピアンプラム、コモンプラム
資源の所在　ヨーロッパ、北アメリカ
色　辺材は淡黄白色で心材はやや暗い中位の褐色の地に赤や桃色の気配が感じられる。
肌目　精で均一
木理　通直で優美な模様。早材と晩材の間に密度および加工性の差異はほとんどない。
硬度　中庸
重さ　中庸から重（720kg/cu. m）

入手可能性および資源の持続可能性
　プラムは大きく育つことは決してなく、またそうなるまで長く生育することもないため、供給は限られている。しかし多く生育しており、絶滅の心配はない。探し出すことはかなり困難かもしれないが、価格は特に高いというわけではない。プラムを購入できる可能性の最も高い場所は、おそらく果樹園だろう。

主要用途
- **インテリア** 椅子制作
- **装飾** ろくろ細工
- **実用品** 器具の柄

Prunus serotina
ブラックチェリー

長所
- 精で均一な肌目
- 通直木理
- 加工が容易

欠点
- 特徴となる模様がない
- 高価になりつつある

肌目	精で密で均一
木理	通直
硬度	中庸の硬さ
重さ	中庸（580kg/cu. m）
強度	強い
乾燥および安定性	乾燥は早くねじれもあまりない。乾燥後はゆるやかに変形する。
廃材率	低い
板幅	各種揃っている。
板幅	各種揃っている。
耐久性	中庸

世紀の木材
ブラックチェリーは近年ますます人気を高めつつある。その理由は主に、肌目が精なこと、波状だが均一な木理、そして中立的な色合いにある。この木材は、現在では購入が非常に難しくなった最上のマホガニー一種（Swietenia species）の性質と雰囲気を備えている。ブラックチェリーには醜い斑や小さなしみが出る性質があるが、切削し仕上げた後すぐに色が濃くなることで、この欠点は覆い隠される。実際この木材は光に対してよく反応するので、マスキングテープや型紙を使って、その上に一時的にメッセージを「書く」ことができる。

主要特性
- **種類** 温帯産広葉樹材
- **別名** キャビネットチェリー（米）、ニューイングランドマホガニー（米）アメリカンチェリー（英）、ラムチェリー
- **代替材** ペロバロサ（Aspidosperma polyneuron）、ヨーロピアンチェリー（P. avium）
- **資源の所在** 北アメリカ
- **色** 赤みを帯びた中位の褐色、しかしすぐに色が濃くなる。

作業特性
ブラックチェリーは、木工作業場でいま最も人気の高い木材の1つである。その主な理由は、通直な木理と精で均一な肌目である。目立つもくがあらわれることはめったにないが、色と雰囲気がそれを十分カバーしている。

- **道具適性** 容易。刃先を鈍化させることも裂ける心配もない。
- **成形** 輪郭削りも継手加工も容易。
- **組み立て** 良好。接着性、釘・ネジ着性ともに良い。乾燥後は少しづつしか変形しない。
- **仕上げ** 素晴らしい光沢に仕上がり、ステインもよく吸収するので、マホガニーに似せることができる。

変化
柾目木取りの材面にレースウッドのような小さなもくがあらわれることもあるが、木理模様は単調で、他の多くの木材にくらべ雅致に劣る。

資源の持続可能性
ブラックチェリーに持続可能性の問題はないはずだ。認証された板材はすぐに入手できる。

入手可能性と価格
広く入手可能だが、価格は高くなりつつある。

主要用途
- **インテリア** 家具、キャビネット
- **建具** 高級建具および住宅内装木部
- **装飾** ろくろ細工、彫刻
- **趣味＆レジャー** 楽器
- **マリン** ボート製作

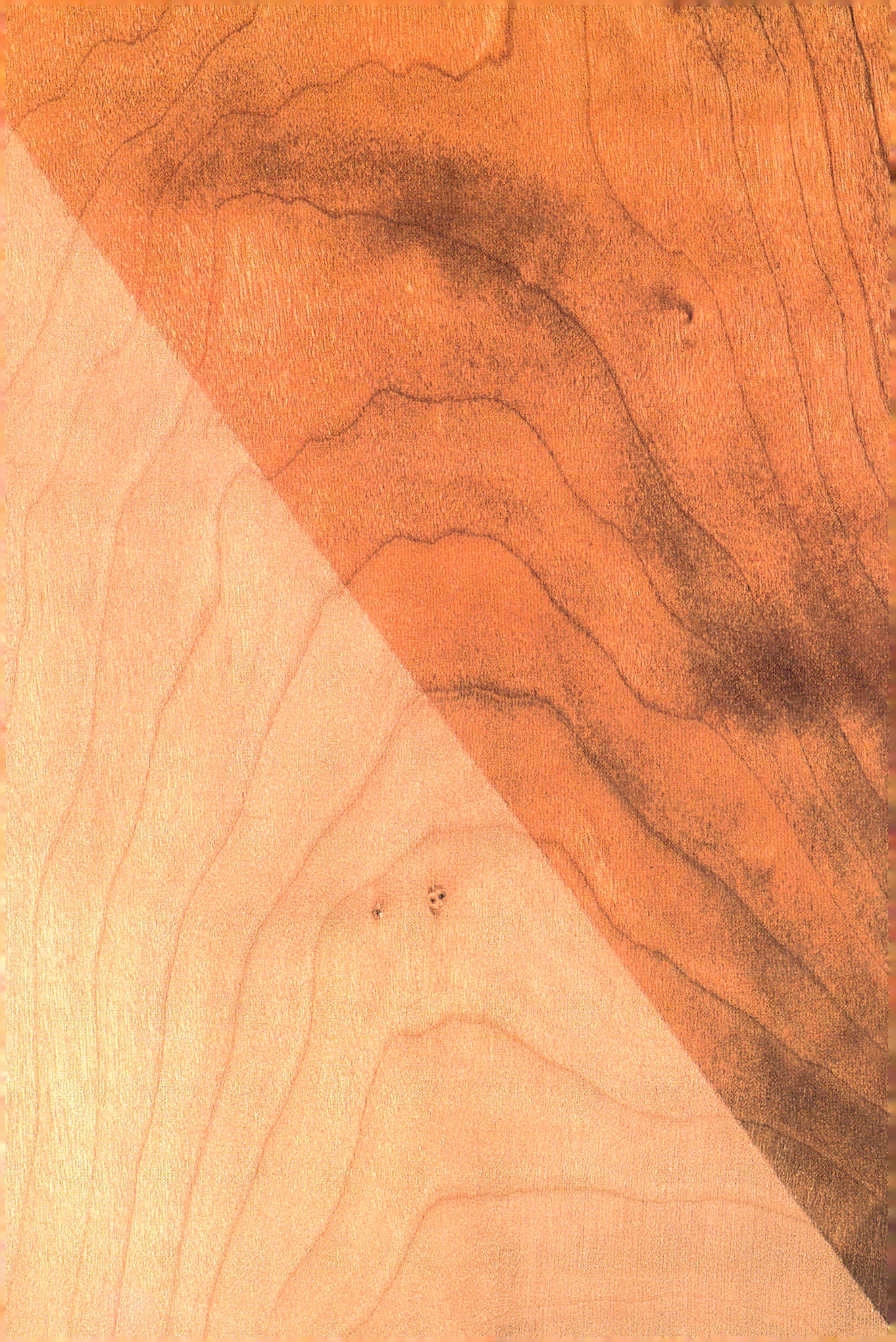

Pseudotsuga menziesii
ダグラスファー

長所
- 均一な肌目
- 独特の模様
- 比較的強い

欠点
- もろく割れやすいものがある
- 節が問題となることがある

特徴的な木理を有する樹高の高い樹木

ヨーロッパでは最も大きく生長する樹木の1つとして有名なダグラスファーは、その通直な木理と安定性で高い価値を認められている。目の詰んだ年輪が特徴で、ウェスタンレッドシーダーに非常によく似ているが、色はそれよりも淡く、またそれほど繊維質でもない。もちろんこの樹種は本当はファー（もみ、*Abies genus*）の一種ではない。その名前はヘムロック（*Tsuga genus*）に似ていることからついた名前である。年輪は非常に目立ち、魅力的な波状の模様を形つくるが、木理は想像するほど多くの問題を起こすわけではない。

主要特性
種類 温帯産針葉樹材
別名 オレゴンパイン
代替材 ウェスタンレッドシーダー（*Thuja plicata*）
資源の所在 カナダのブリティッシュコロンビアからアメリカ合衆国西海岸を経てメキシコまで。
色 淡黄色を帯びた薄茶色の地に鮮やかな明るい赤橙色の晩材の線。

肌目 精でも粗でもないが、均一で加工は比較的しやすい。
木理 通直、波状のところもある。
硬度 重さのわりに硬い
重さ 中庸（530kg/cu. m）
強度 驚くほどに強い、特に太平洋岸から産出される木材は。
乾燥および安定性 良好。乾燥は早く、乾燥後はほとんど変形しない。
廃品率 中庸。ゆるくなった節のあるものがあるが、辺材はそれほど多くない。
板幅 各種揃っている。
板厚 各種揃っている。
耐久性 中庸

作業特性
ダグラスファーは、板目木取りの材面に魅力的な木理模様を持つ、仕事をしていて楽しい木材であるが、欠点もある。刃先は必ず鋭く研いでおく必要がある。またとげには気をつけること。

道具適性 裂ける心配はあまりないが、刃先は鋭くしておくこと。
成形 切削仕上がりは良い。
組み立て ダグラスファーは割れやすいので、釘打ちにはドリルによる下穴が必要だろう。
仕上げ 良好

変化
柾目木取りの材面には非常に目の詰んだ年輪が出ており、またやにの壺のように見える斑点もある。

資源の持続可能性
危機的状況を示すリストのどれにも掲載されていないが、認証された木材を入手することはできる。

入手可能性と価格
購入は容易で、価格も中庸。

主要用途
- 建築：建設一般
- 建具：建具全般、合板
- 装飾：化粧単板
- マリン：マリン一般

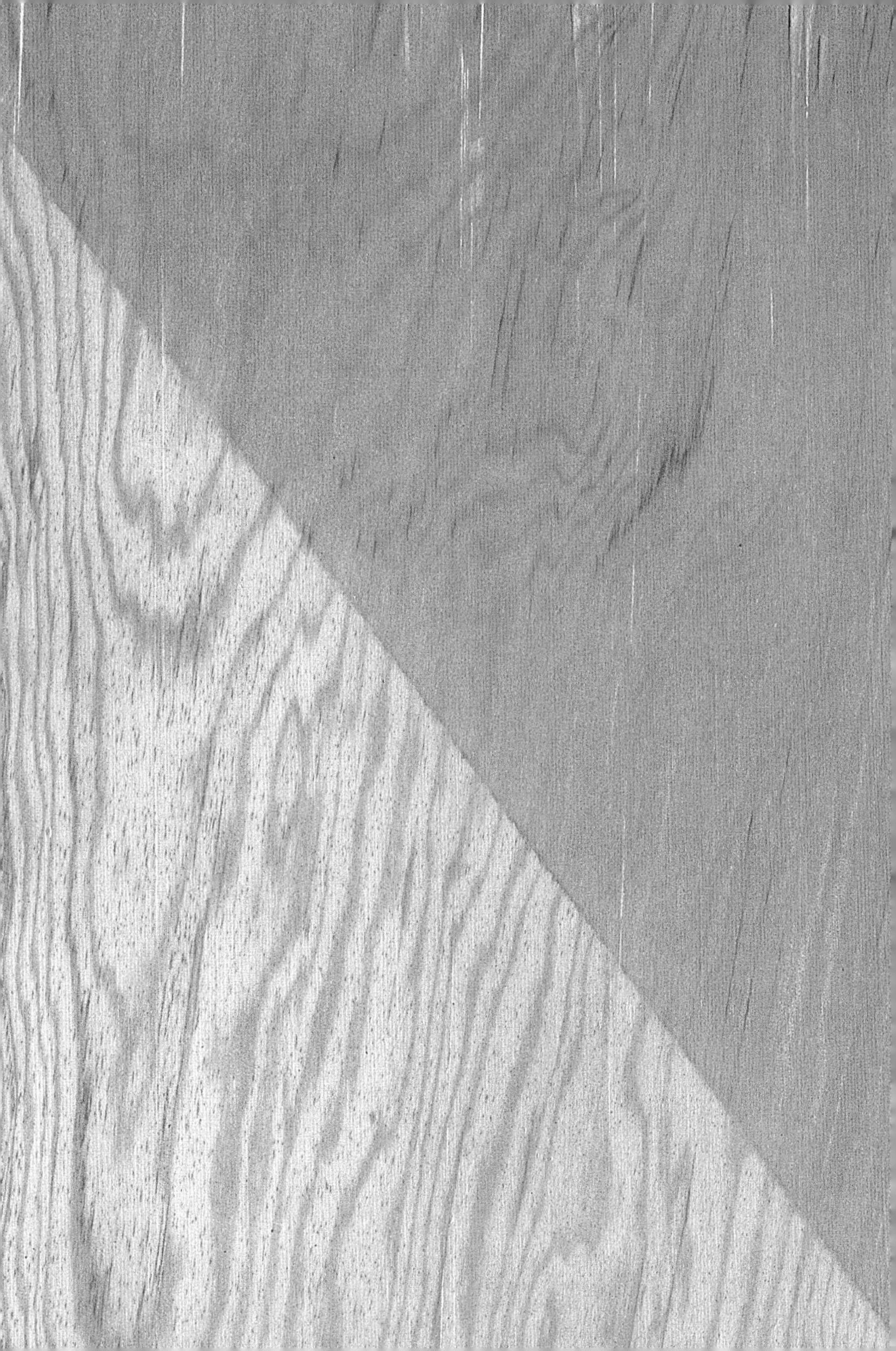

Pterocarpus soyauxii
アフリカンパドウク

長所
- 独特の色
- 美しい木理模様
- 加工が比較的容易
- 強い

欠点
- 木理が交錯していることがある
- 資源の持続可能性に問題がある

硬度 非常に強い
重さ 中庸から重(720kg/cu. m)
強度 中庸から強い
乾燥および安定性 ともに優秀
廃材率 低い
板幅 相応
板厚 相応
耐久性 良好

硬くて強い魅惑的な赤

アフリカンパドウクはときどきバー(横木)ウッドとも呼ばれるが、それはたぶんこの木材が耐水性が高く、衝撃にも強いからであろう。肌目はやや粗だが均一で、深みのある赤色のなかにさらに暗色の線が筋状に走っている。斑の部分で木理が交錯しているところがあるにもかかわらず、この木材が木工家に好まれているのは、その強さのわりに加工性が高いからである。斑以外の部分では木理は通直または波状である。耐摩耗性が高いことから、フローリングに多く使用されている。

主要特性
種類 熱帯産広葉樹材
別名 バーウッド、アフリカンコーラルウッド
近縁の樹種 ビルマパドウク(*P. macrocarpus*)ナーラ(*P. indicus*)、アンダマンパドウク(*P. dalbergioides*)
代替材 ジャラ(*Eucalyptus marginata*)
資源の所在 中央および西アフリカ
色 赤色、すぐに紫褐色に変色する
肌目 やや粗、しかし均一
木理 通直、しかしかすかに波状、交錯の箇所もある。

作業特性

粗で交錯した木理からは想像できないほど、この木材は加工性が非常に高く、使っていて満足できるものである。そのため高く賞讃され使用されている。その結果、多くのパドウク種が絶滅危急種に指定されている。

道具適性 良好。刃先を鈍化させることもほとんどない。
成形 硬く、木理はほんの少し粗いくらいなので、型削りや継手加工は容易。
組み立て 良好。釘・ネジ着性、接着性ともに良い。
仕上げ 優秀。強い光沢、鮮やかな色。

変化

アフリカンパドウクはある種の一定したもくを有しており、それは木取り法を変えても目立った変化はない。しかしビルマパドウクは柾目木取りをすると装飾的な模様があらわれることがある。

資源の持続可能性

アフリカンパドウクはまだ絶滅危急種のリストに記載されていないが、パドウクを使用するときは十分考慮した上で決定すべきである。その他の樹種、特にアンダマンパドウクは非常に希少である。認証されたパドウクを入手する見込みはほとんどない。

入手可能性と価格

探し出すのは困難で、非常に高価なようだ。

主要用途
インテリア
家具
作業台天板
フローリング

装飾
パネルおよびキャビネット用化粧単板
ろくろ細工

Pyrus communis
ペアウッド

長所
- 精で均一、クリームのような肌目
- 優美な色
- 強く安定している

欠点
- 広く入手可能ではない
- 供給が限られている

木理	波状、しかし交錯してはいない。
硬度	中庸
重さ	中庸から重（700kg/cu. m）
強度	驚くほど強い
乾燥および安定性	乾燥はゆっくりと進み、そりやねじれの傾向もある。しかし乾燥後は非常に安定している。
廃材率	ねじれが問題になるかもしれないが、辺材と心材の差異はほとんどなく、廃材率は中庸である。しかし自分が所有しているペアウッドから製材しようとすると廃材率は高くなる。その場合はキルンで乾燥させること。
板幅	限られている。
板厚	非常に限られているようだ。
耐久性	特に優れているというわけではない。心材も辺材もともに薬剤で保存できる。

果樹材の真のチャンピオン

現在はどこでもブラックチェリー（*Prunus serotina*）がもてはやされているが、ペアウッドも最も大きな賞讃を浴びている果樹材の1つである。色は桃色がかった淡褐色で、肌目は精で均一、そしてゆるやかな波状の木理をしている。他の果樹材同様に、クリームのような触感で、椅子職人や楽器製作者、測定器具製作者に好んで使用されている。しばしば黒くステイン塗装してエボニーの代替材として用いられているが、実際エボニーが持つ長所の多くを共有している。また象嵌細工にも多く使用されている。ペアウッドは幅広板としていつも入手できるわけではなく、またしばしば虫害にも合うが、非常に安定している。フランスおよびドイツから産出されるものが最上のものであるといわれている。

主要特性
- **種類** 温帯産広葉樹材
- **別名** ヨーロピアンペア（米）、コモンペア（英）
- **代替材** ペロバロサ（*Aspidosperma polyneuron*）、ブラックチェリー（*Prunus serotina*）
- **資源の所在** ヨーロッパ、北アメリカ
- **色** 桃色の色調を帯びた淡褐色
- **肌目** 精で均一

作業特性
ほとんどの果樹材と同じく、ペアウッドも肌目が均一なため、加工は比較的容易である。特にろくろ細工用として広く用いられている。

- **道具適性** 多少刃先を鈍化させることがあるが、それ以外は良好。
- **成形** 旋作性は非常に高く、型削り、輪郭削りも良好。
- **組み立て** 良好。接着性、釘・ネジ着性すべて良い。
- **仕上げ** 研磨は容易で、どのような仕上げ材でも美しい光沢がでる。

変化
ペアウッドはより深みのある色を出すために、しばしば蒸し加工される。柾目木取りの材面に斑紋もくがあらわれることがある。

資源の持続可能性
ペアウッドの状況を評価するのはとても難しい。果樹を採るためにつねに多く植えられ、十分大きく成長した古木から切り倒される。果樹を生むという役目を終え、希望に満ちた次の活躍の場へと向かうのである。

入手可能性と価格
入手は限られている。特にヨーロッパ産の最上のものは希少で、非常に高価である。

主要用途
- **装飾** 象嵌細工、帯飾り用化粧単板、ろくろ細工、彫刻
- **インテリア** 家具
- **趣味＆レジャー** 楽器
- **技術** 測定器具

Quercus alba
ホワイトオーク

長所
- 通直木理
- 低い廃材率
- 欠点がほとんどない
- 色価が高い
- 広く入手可能
- 認証された木材が入手可能

欠点
- 特徴がないことかもしれない

欠点のないまっすぐな木理を持つ頑強な広葉樹材

ホワイトオークの欠点を指摘するのは難しい。加工が容易で、温帯産広葉樹材にしては鮮やかな色をしており、何にでも向き、認証された資源から入手できる。通直な木理、均一な肌目は、多くの現代的様式にマッチし、バッチ生産方式にも適している。しいてこの木材の欠点をあげれば、特徴的なもくをもたないということと、木工家が作品に雅致をそえるために好んで使いたがる欠点がないということくらいだろうか。

主要特性
種類 温帯産広葉樹材
別名 アメリカンホワイトオーク（英）
代替material ジャパニーズオーク（Q. mongolica）、レッドオーク（Q. rubra）
資源の所在 カナダ、アメリカ合衆国
色 薄茶色から中位の褐色、仕上げると深みのある黄褐色になる。
肌目 中庸から粗
木理 たいてい通直

硬度 硬い
重さ 中庸から重（770kg/cu. m）
強度 強い。木理の通直なものは曲げ強さも良好。
乾燥および安定性 乾燥が早すぎると、割裂を生じることがある。製品化後はゆるやかに変形。
廃材率 低い。欠点のない通直な木理のため。
板幅 各種揃っている。
板厚 各種揃っている。
耐久性 屋外使用でも高い。しかし耐久性をさらに高めようとしても、心材は薬剤を吸収しない。

作業特性
ホワイトオークは鋸断も鉋削も容易で、オーク特有の芳香を放つが、ヨーロピアンオーク（Q. robur）のような木理模様の変化はない。一定の木目模様が継ぎ目を隠すので、パネルも容易に制作することができる。唯一の問題といえば、板材のなかに若干淡褐色と暗褐色の色むらがあることくらいである。成長の遅い木理ほど、より均一な肌目、より目の詰んだ年輪を持っているので、加工がしやすい。

道具適性　良好
成形 溝彫り加工は容易だが、少々欠けを生じることもある。継手加工は容易。
組み立て 接着性に問題があるという木工家がいるかもしれないが、われわれの経験ではそのようなことは一度もなかった。
仕上げ ほとんどの仕上げ材で美しく仕上がり、サンダーできめの細かい表面仕上げができる。疎の木理は、水しっくいに適しているが、ステインは必ずしも均一には吸収しない。

変化
装飾用化粧単板やブックマッチングに用いられる。

資源の持続可能性
認証されたホワイトオークが多くある。植林されている場所での唯一の問題は、森林内での生物学的多様性だが、認証はこの点も考慮して行われている。絶滅の心配はない。

入手可能性と価格
広く入手可能で、比較的安価、しかも廃材率は低い。

主要用途
建築 建設一般
建具 内装建具、店舗内装
インテリア 家具、キャビネット、フローリング

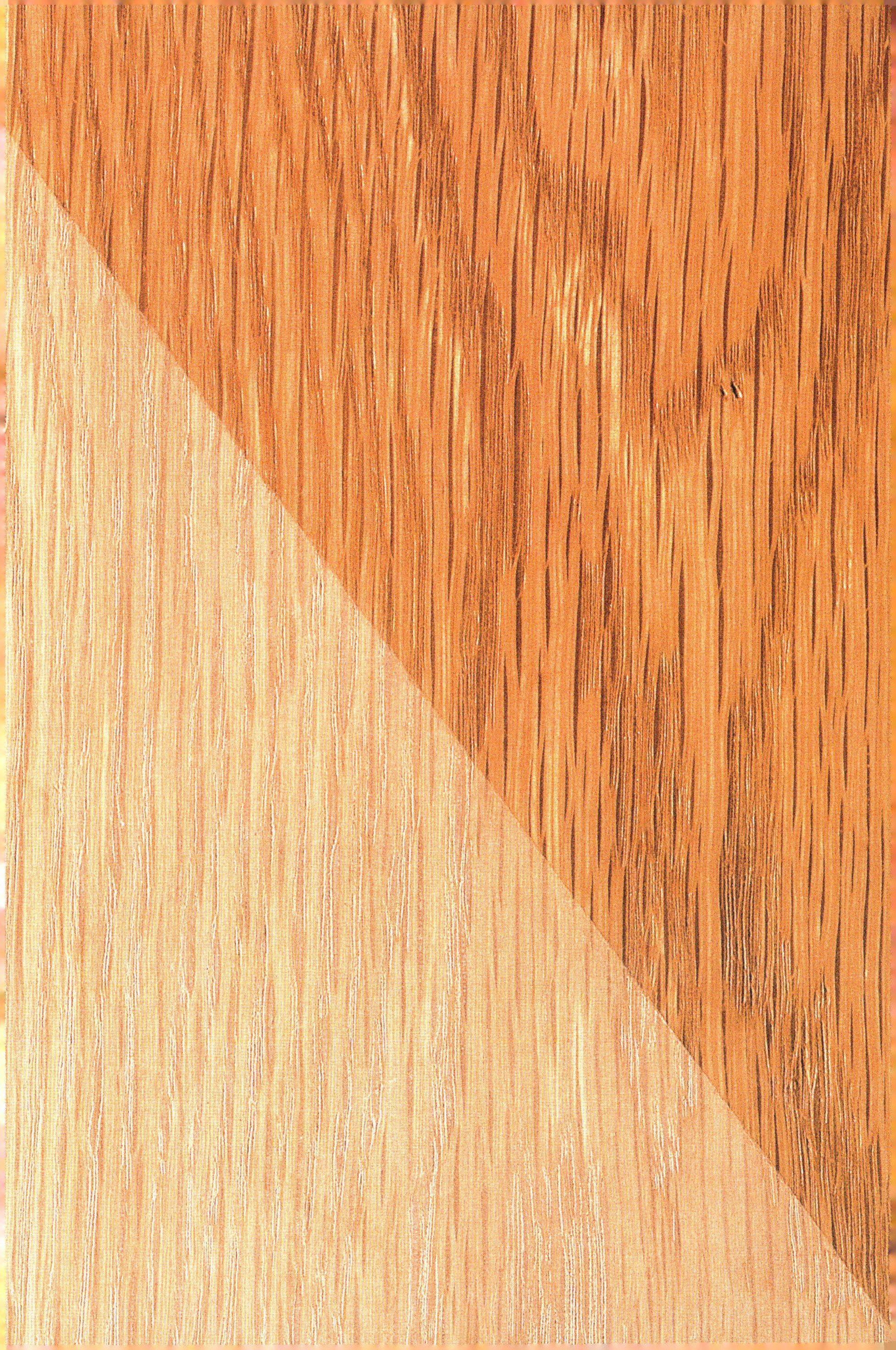

Quercus robur
ヨーロピアンオーク

長所
- 独特の色と木理模様
- 強く硬い、しかし加工は比較的容易
- 疎の肌目が特殊な効果を出す

欠点
- 高価なことがある
- 裂けなどの欠点のため廃材率が高い
- 波状木理のため加工が難しいときがある

古典的広葉樹材

ヨーロピアンオークは、その粗い木理、独特の放射組織と波状の木理で有名である。柾目木取りの板材は強く安定していることから高級家具に使用される一方で、厚板木取りされた板材には躍動的な炎の木理があらわれ、あらゆる種類の木工に用いられる。ろくろ細工職人には、その色や木理、粗い肌目サンドブラスト加工をすると劇的な効果が生まれる）が好まれて広く用いられ、また伝統的な住宅建築にも、特に生木または乾燥前の状態で使われている。木質は、木材ごとに大きく異なっており、質の良いオークは高価なことがある。

主要特性
種類 温帯産広葉樹材
別名 イングリッシュオーク
代替材 ホワイトオーク（Q. alba）、レッドオーク（Q. rubra）
資源の所在 ヨーロッパ
色 金色の色調を帯びた薄褐色
肌目 粗。軟らかい組織をワイヤブラシまたはサンドブラスト加工をそぎ落とすことによって特殊な効果が生まれる。
木理 非常に波状の場合がある。
硬度 硬い 
重さ 中庸から重（720-750kg/cu. m）
強度 強い
乾燥および安定性 通常はゆっくりと天然乾燥させる。割裂の可能性が高く、それが高い廃材率の原因になる。
廃材率 辺材が広く、端が欠けているものもあり、高いことが多い。
板幅 各種揃っている。幅広板も入手可能。
板厚 各種揃っている。
耐久性 優秀。初期の戦艦によく使われていた。

作業特性

ヨーロピアンオークは、加工するのが好きな人と嫌いな人に分かれる。道具が波状木理に捕らえられ、どちらに動かしても欠けを生じさせてしまうという状況になることがある。

道具適性 波状木理のため、欠けやすい。そのため刃先はつねに鋭く研磨し、細かな切削を心がける必要がある。石状の堆積物を含むものがあり、刃先を鈍らせることがある。
成形 切削仕上がりは良く、モールディングやパネルは美しく仕上がる。しかし欠けることがある。
組み立て 接着性は良く、きっちりとした継手加工も比較的容易。水性接着剤を使うと、鉄製のクランプに触れた部分に変色を起こす場合がある。鉄製の釘やネジを使うと、オークの酸性成分がそれらを腐朽させることがあるので、真鍮などの合金のものを使うこと。
仕上げ オイル、ワックス、セラックニス、ポリウレタン、ラッカーなどで簡単に美しく仕上げることができる。木理が粗の木材は、開いた部分をふさぐことはなかなか難しいが、ヨーロピアンオークはステインで色をつけたり、濃くしたりすることができる。

変化

もくのあるオークはろくろ細工職人に、また家具やキャビネットのための化粧単板に広く使用されている。柾目木取りの板材は、昔から箪笥の裏張りによく用いられている。病害におそわれて生を終えたオークは暗色で、ブラウンオークとして有名である。

入手可能性および資源の持続可能性

認証された持続可能な資源からのヨーロピアンオークの量は増えつつある。良質のヨーロピアンオーク、特に柾目木取りのものは高価な場合があり、欠点のため廃材率も高い。

主要用途
インテリア
キャビネット
家具
フローリング

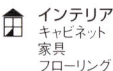

建築
伝統的な住宅建設

建具
内装建具

装飾
ろくろ細工

マリン
ボート製作

Quercus rubra
レッドオーク

長所
- 豊富にあり経済的
- 赤褐色の美しい色

欠点
- 他のオーク類にくらべもくが少ない
- 乾燥が難しい

あまり特徴のない経済的なオーク

レッドオークはホワイトオーク（Q. alba）やヨーロピアンオーク（Q. robur）に見られるような模様や放射組織によるもくを持ってはいないが、より深みのある色を有している。一般にホワイトオークよりも安価で、木工家の人気も劣るが、この木材は安売りされるべきものではない。特に極北の地に生育するものは、生育が遅いためより均質な色と木理を持っている。辺材に注意すること。オークの場合辺材は除かれるべきであるが、必ずしも欠点と見なされているとは限らないから。

主要特性
種類 温帯産広葉樹材
別名 ノーザンレッドオーク、サザンレッドオーク
近縁の樹種 Q. falcata
代替材 ヨーロピアンオーク（Q. robur）
資源の所在 北アメリカ
色 赤みを帯びた褐色
肌目 中庸から粗
木理 通直
硬度 硬い
重さ 中庸から重（770kg/cu. m）

強度 中庸、曲げ強さはある。
乾燥および安定性 時間をかけると良好。しかし割裂や亀裂で亀甲状になる可能性がつねにある。乾燥後は相応に安定。
廃材率 中庸、乾燥による欠点のため。
板幅 各種揃っている。
板厚 各種揃っている。
耐久性 不良。腐朽しやすく虫害を受けやすい。

作業特性
オーク類の多くは道具の刃先を鈍化させることで不評を買っているが、レッドオークも例外ではない。ほとんどの木工家が、オークの発する独特の香りを好んでいる。

道具適性 鉋削性は良いが、木理が木端に向かって湾曲している箇所では欠けのおそれがある。
成形 切削は容易で、仕上がりも美しい。
組み立て オーク類で是非とも覚えておかなければならない重要なことは、それが鉄分を含む金属に激しく反応するということである。鉄製のネジは腐朽し、ついには折れ、さらに木材にしみを作ってしまうことになる。水性接着剤は鉄製のクランプに接触すると、木材にしみを作るおそれがある。
仕上げ どのような仕上げ材でも美しく仕上がる。特に水しっくいやステインでの塗装が良い。

変化
柾目木取りの材面に放射組織のもくがあらわれることがあるが、それは多くなく、また他のオーク類ほど目立たない。

資源の持続可能性
豊富にあり、絶滅の心配はない。また認証された供給元も比較的容易に見つかる。

入手可能性と価格
広く入手可能。またホワイトオークよりも経済的。

主要用途
- インテリア：家具、キャビネット、フローリング
- 建具：住宅内装木部、建具全般

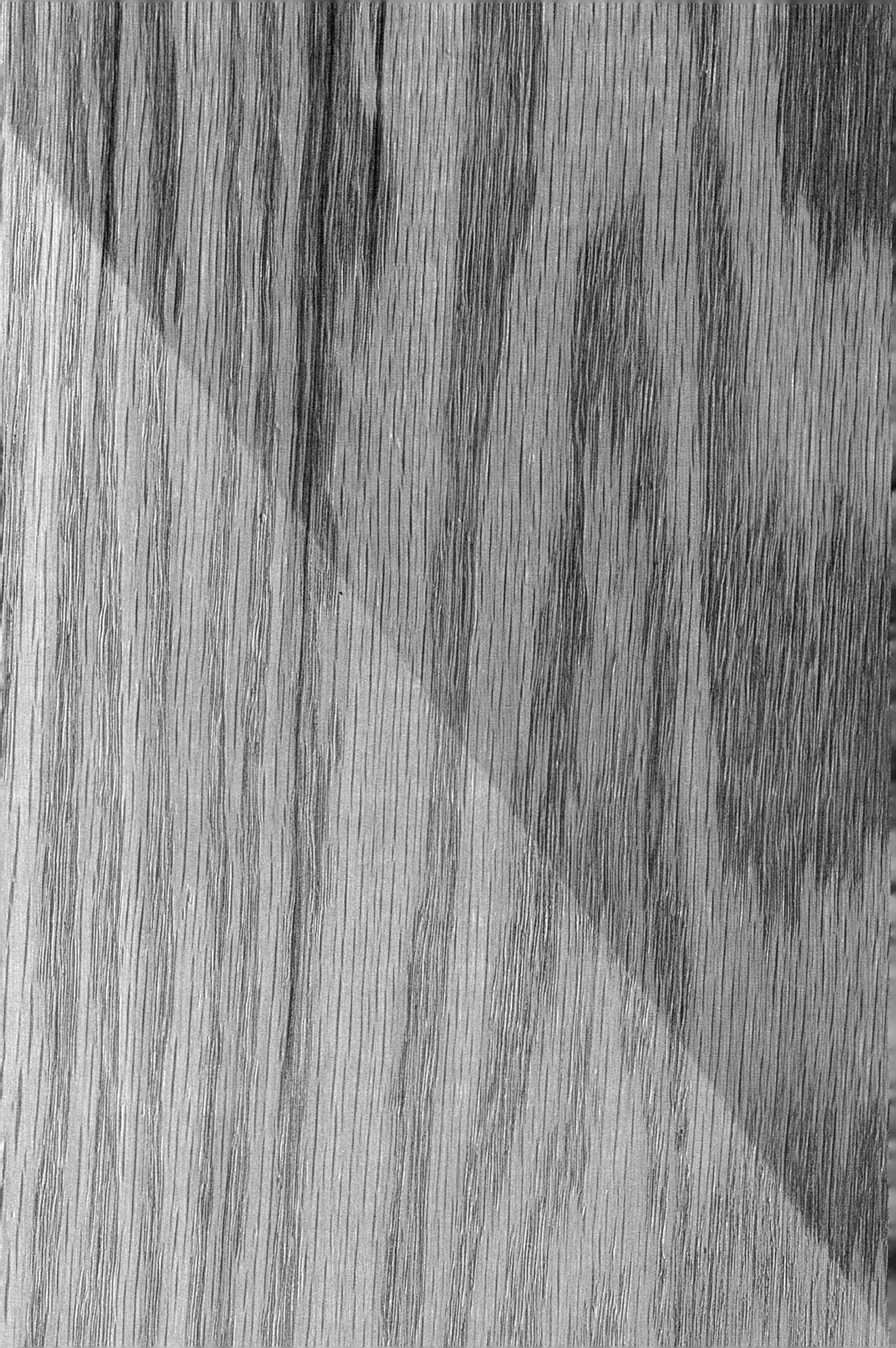

Sequoia sempervirens
レッドウッド

長所
- 屋外での耐久性が高い
- 加工が容易
- 軽量

欠点
- 割れやとげの傾向がある
- 土中での耐久性が低い

屋外用の通直な木目の針葉樹材

レッドウッドは深みのある色と通直な木目が特徴である。目の詰まった年輪が繊維質の外見と触感を与えているが、それはまたレッドウッドを、割ってこけら板にするための理想的な木材にしている。またレッドウッドは地面に接触しないかぎり耐久性があり、住宅外装木部、例えば屋根葺き、デッキ、被覆などに広く用いられている。手でも機械でも加工するときはとげに注意し、また接着剤が材面にしみを作ることがないかをチェックする必要がある。

主要特性
種類 温帯産針葉樹材
別名 カリフォルニアレッドウッド、セコイア、コーストレッドウッド、Humboldt redwood
近縁の樹種 Wellingtonia (*Sequoiadendron giganteum*)、ジャイアントレッドウッド (*S. gigantea*)
資源の所在 アメリカ合衆国太平洋岸
色 帯暗赤褐色に密な年輪、しかし光沢はあまりない。
肌目 一般に精で均一、しかし粗のものもある。
木理 通直
硬度 軟らかい
重さ 軽い (420kg/cu. m)

入手可能性および資源の持続可能性

レッドウッドの供給は現在規制されているため、価格は上がり、針葉樹材にしては高くなっている。認証された木材は入手可能。

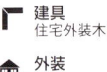

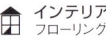

主要用途
- **建具** 住宅外装木部
- **建築** 屋根葺き、被覆
- **外装** 塀、温室、ガーデンファニチャー、デッキ
- **インテリア** フローリング

Sickingia salvadorensis
チャクテコク

長所
- 躍動的な模様
- 強い光沢

欠点
- 大きさが限られている
- 割れ、欠点の可能性

縞模様のある躍動的なレッドウッド

さまざまにつづられることがあるチャクテコクは、暗褐色と薄桃一赤色の波状の線のある魅惑的な木理模様を見せている。渦巻状の木口は木理が交錯していることを示しており、道具の刃先は鋭く研磨しておく必要がある。目立つ辺材の色は時間の経過とともに淡黄色に変わっていく。伝えられるところによれば、耐久性があり、表面仕上げも良好で、ろくろ細工にも適し、一般に加工性もかなり高いらしい。研磨すれば強い光沢が出る。問題があるとすれば、色むらがあり、蓄積が少ないことである。そのため廃材率は高くなるかもしれない。亀裂や虫穴の可能性もある。

主要特性

種類 熱帯産広葉樹材
別名 キューバンマホガニー、aguano、cobano
資源の所在 中央アメリカ、メキシコ
色 輝くような赤色または桃色、曲がりくねった暗色の線がある。
肌目 精で均一
木理 通直しかし交錯の箇所も多い。
硬度 硬い
重さ 中庸から重（640kg/cu. m）

入手可能性および資源の持続可能性

チャクテコクはあまり知られていない木材なので、広く入手可能というわけではない。しかしこのことは逆に、この木材はおそらく伐採過剰にはなっていず、認証可能な管理できる蓄積があるであろうということを意味している。チャクテコクはブラッドウッド（*Brosimum paraense*）の代替材として使用できるであろう。

主要用途
インテリア
家具
フローリング

装飾
ろくろ細工
彫刻

Swietenia macrophylla
アメリカンマホガニー

長所
- 古典的な色と木理模様
- 安定している
- それほど高価ではない
- 広く入手可能

欠点
- 裂けやすい
- 不均一な硬度
- かなり軟らかく、表面に傷がつきやすい

重さ 中庸から重(640kg/cu. m)
強度 低いから中庸
乾燥および安定性 一般に乾燥は良好で、乾燥後もほとんど変形しない。
廃材率 低い
板幅 各種揃っている。
板厚 各種揃っている。
耐久性 ある種の虫害を受けやすいが、屋外での耐久性は高い。

キューバンマホガニーに次ぐ最上の木材

マホガニーと呼ばれている世界中の木材のなかで、現在商業的に入手可能な唯一の本物のマホガニーが、この Swietenia macrophylla である。キューバンマホガニー(S. mahogani)が現在ほとんど絶滅に近い状況にある中で、アメリカンマホガニーは入手可能な最上のマホガニー種ということになる。キューバンマホガニーと同じ桃色をしているが、肌目と木理模様は均一さが劣っている。

主要特性
種類 熱帯産広葉樹材
別名 ホンジュラスマホガニー、ブラジリアンマホガニー、ビッグリーフマホガニー、トゥルーマホガニー
類似の樹種 ベネズエラマホガニー(S. candollei)
代替材 ブラックチェリー(Prunus serotina)、ペアウッド(Pyrus communis)、キューバンマホガニー(S. mahogani)
資源の所在 中央および南アメリカ
色 桃色から赤色、暗赤色、褐色までの多彩な色が筋状に配列。
肌目 中庸から粗で一般に均一、しかし帯によって異なる。
木理 大部分通直、しかし交錯している部分もある。
硬度 中庸、しかし硬い筋の部分もある。

作業特性
キューバンマホガニーよりもずっと木質が不定で、木理が不均質で裂けやすいため、加工が難しい。

道具適性 裂けを防止するために、刃先は鋭く研磨しておくこと。慎重に作業を行えば、美しい仕上がりが得られる。
成形 ルーターを使うときは、裂けが起こる可能性があるのでゆっくりと進めること。輪郭削りも継手加工も容易にしかも正確に行うことができる。
組み立て 接着性、釘・ネジ着性ともに良い。クランプで固定するときも若干の組みしろがある。
仕上げ ステイン塗装も艶出し剤仕上げも良好で、美しい光沢が出る。

変化
板目木取りをすると、魅惑的な炎模様のマホガニーとなり、すばらしいパネルに仕上げることができる(大きなU型の木理模様)。また幹から枝が出ている木股の部分(クロッチ)でカットしたクロッチマホガニーは、キャビネット、ドア、パネル用の化粧単板として使用されている。さらに化粧単板に加工される特殊な模様、すなわちもくには、フィドルバックもく、斑紋もく、ポメルもく、縞もく、渦巻もくなどがある。

資源の持続可能性
アメリカンマホガニーは、地域によっては絶滅危急種になる危険性があるといわれているが、認証された木材は入手可能である。ワシントン条約附属書IIのリストに掲載されている。

入手可能性と価格
アメリカンマホガニーの良質のものは入手可能である。価格はブラックチェリーやブラックウオルナットと良い勝負をしている。

主要用途
インテリア 家具、キャビネット
建具 パネル、高級建具

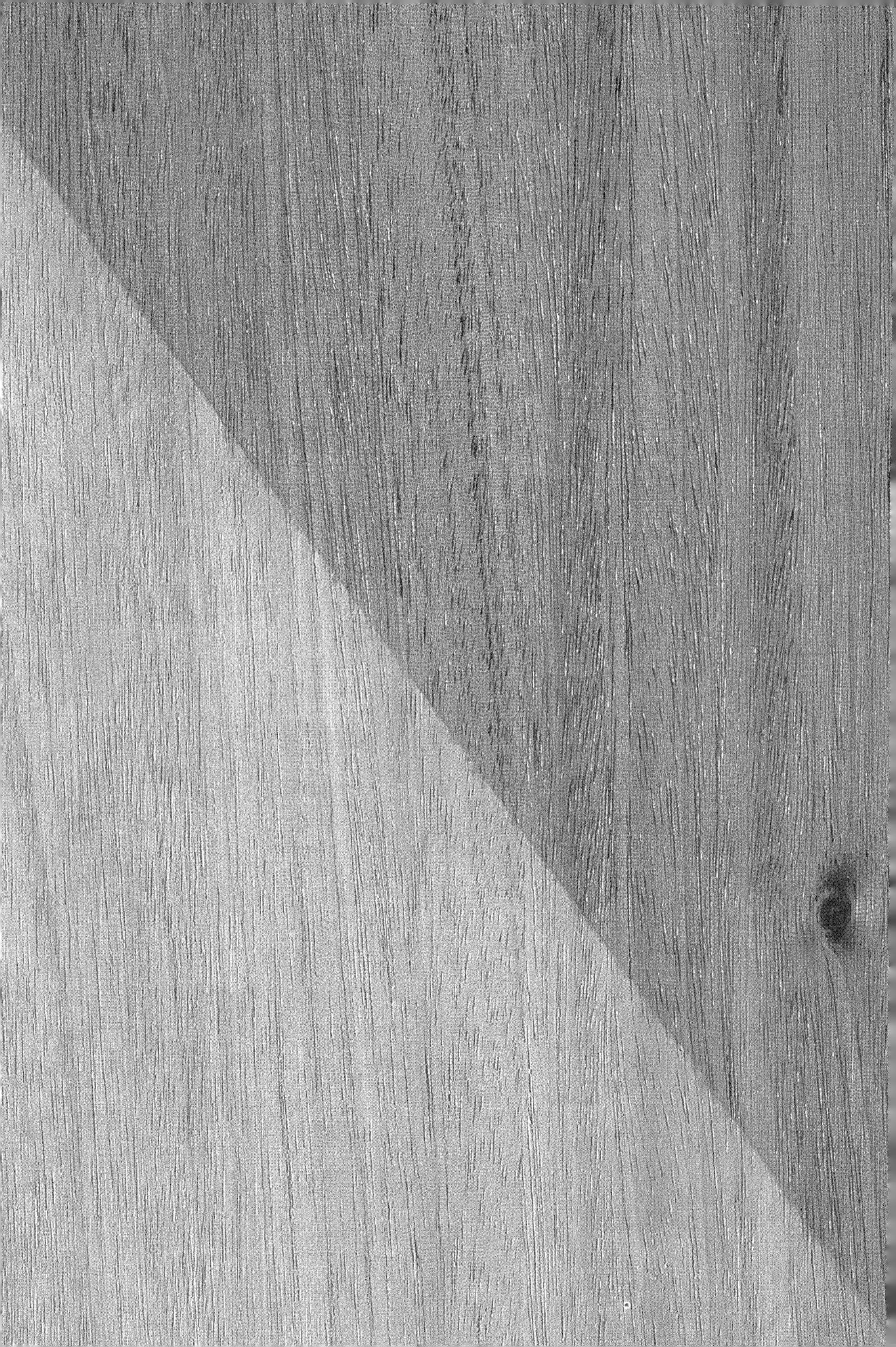

Taxus baccata
ヨーロッパイチイ

長所
- 豪華な色と木理模様
- 精で均一な肌目
- 強い

欠点
- 加工が難しい
- 木材の大きさが限られている
- 広く入手可能ではない

非常に硬い魅惑的な針葉樹材

ヨーロッパイチイは針葉樹材には違いないが、広葉樹材と間違えんばかりの硬さと強さを持っている。曲げ強さがあるので、しばしば弓に加工される。木理が通直な幅広板は、現在では供給が非常に限られている。細めの枝や丸太は、ろくろ細工職人に好まれて使用されている。

主要特性
種類 温帯産針葉樹材
類似の樹種 パシフィックまたはオレゴンイチイ（T. brevifolia）
資源の所在 ヨーロッパ、アジア・北アフリカの一部
色 心材は薄橙色から赤褐色で時間の経過とともにかなり濃くなる。対照によるおもしろさを出すために木工家が使うことがある辺材は白色。
肌目 精で均一
木理 通直から波状、さらには交錯と大きく変化している。
硬度 硬い
重さ 中庸から重（670kg/cu. m）
強度 木理が通直のものは曲げ強さがある。それ以外はやや強めで、弾力性がなくもろいものもある。
乾燥および安定性 乾燥は良好で早い。製品化後は安定。
廃材率 しばしば小径の丸太から板材に加工されるため、辺材の割合が多く、節が多い場合があるので、高くなる可能性がある。
板幅 非常に限られている。
板厚 非常に限られている。
耐久性 良好、しかし虫害にあう可能性があり、その場合は保存薬剤では防げない。

作業特性
木工家の多くはその色と木理模様からイチイを好むが、同時にその硬さと裂けやすさのため使いにくい木材であることも認識している。ろくろ細工職人は、木理を横切るように加工するので、この点は心配する必要はない。

道具適性 イチイは硬く、木理が方向を変えるところでは裂けやすいので十分注意しながら作業する必要がある。木理が通直な箇所では作業は楽しい。
成形 硬いので、輪郭削りの仕上がりは良好だが、継手の加工と組み立ては難しい。型削りは容易で仕上がりも非常に美しい。
組み立て 木理が通直なもの以外は、縞模様を合わせてパネルにするのは難しい。割れやすくはないが硬いので、ドリルによる下穴が必要。
仕上げ イチイは裂けやすいので、最上の仕上げを得るためにはキャビネットスクレイパーが必要になるかもしれない。しかしどんな仕上げ材でも吸収し、素晴らしい光沢を生みだす。

変化
無垢板のバールのあるイチイは、ろくろ細工職人や家具製作者に非常に高く評価され、その化粧単板はキャビネット製作者に好まれている。しかしイチイの化粧単板はそりが生じやすいので注意が必要。

資源の持続可能性
認証されたヨーロッパイチイは希少である。その樹木は森林や山地ではなく、公園、教会の前庭、庭園などに多く植わっている。

入手可能性と価格
希少なため、たいていは非常に高価。

主要用途
- **インテリア** 家具
- **装飾** ろくろ細工、キャビネット用化粧単板
- **趣味＆レジャー** 楽器

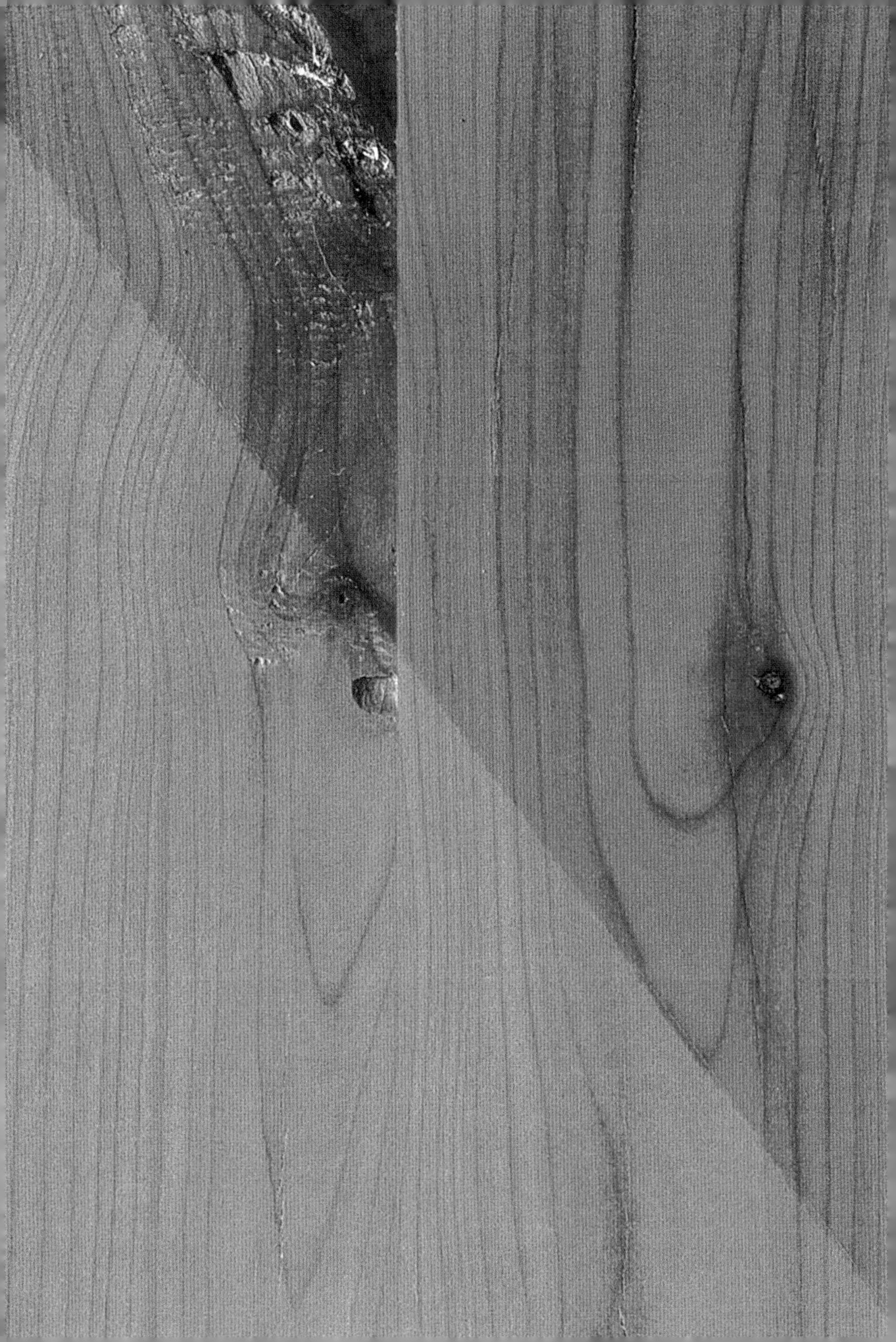

Taxus brevifolia
パシフィックイチイ

長所
- 美しい木理模様
- 独特の色
- 非常に高い耐久性
- 蒸し曲げに最適

欠点
- 希少で高価
- 加工が難しい
- 廃材率が高い

薬効成分を持つ硬い針葉樹材

昔からイチイの実には毒があると言われてきたが、抗がん剤のタキソールはイチイから抽出する。この樹木は生長は非常に遅いが、木材は硬く、曲げ強さもある。そのため、昔からアーチェリーの弓の材料に使われてきた。葉がヨーロッパイチイ(T. baccata)の葉より少し短いことから、学名はT. brevifolia(「短い葉」)とつけられている。

主要特性
種類 温帯産針葉樹材
別名 オレゴンイチイ、ウェスタンイチイ
類似の樹種 ヨーロピアンイチイ(T. baccata)
代替材 ソフトメイプル(Acer rubrum)
資源の所在 アラスカからカリフォルニアまでの北アメリカ西海岸
色 橙褐色で時間の経過とともにくすみ濃くなる。
肌目 非常に精で均一
木理 ヨーロッパイチイよりも通直、しかし波状で、時に交錯。
硬度 硬い
重さ 中庸から重(740kg/cu. m)
強度 強く曲げにも適す。

乾燥および安定性 乾燥後は安定しているが、時間をかけて乾燥させてもそりを生じる傾向がある。
廃材率 欠点や対照的な白色の辺材のため中庸から高い。
板幅 相応
板厚 相応
耐久性 虫害、耐水性の両方の面で非常に優れている。

作業特性
ろくろ細工や曲げ細工にとても適しているが、道具の刃先が鋭く研磨されていないならば作業は困難になる。特に障害組織のまわりでは木理の方向が変わるため。人によっては木粉に触れると炎症を起こすことがある。

道具適性 節のまわりは木理が裂けることがあるので、表面仕上げには注意すること。
成形 十分硬く美しい輪郭が出せるが、節などの障害組織が角や輪郭のさまたげになることがある。
組み立て 釘打ちの際は、裂けるおそれがあるので注意が必要だが、ネジ着性、接着性は良い。
仕上げ 素晴らしい光沢がでるが、木理が難しいところではキャビネットスクレイパーが必要になるかもしれない。仕上げ材を塗布すると色が鮮やかになる。

変化
無垢材の表面にあらわれるバールはろくろ細工職人に、またその化粧単板はキャビネット職人、馬車職人に非常に高く賞讃される。辺材を、対照のおもしろさを出すために使う場合もある。

資源の持続可能性
イチイは貴重な樹木なので、保護されなければならない。認証されたイチイを探し出すのは困難だが、絶滅危急種のリストにあげられたことはない。

入手可能性と価格
希少で高価。

主要用途
装飾 家具およびキャビネットの細部、ろくろ細工、キャビネット用化粧単板
趣味＆レジャー 弓、楽器

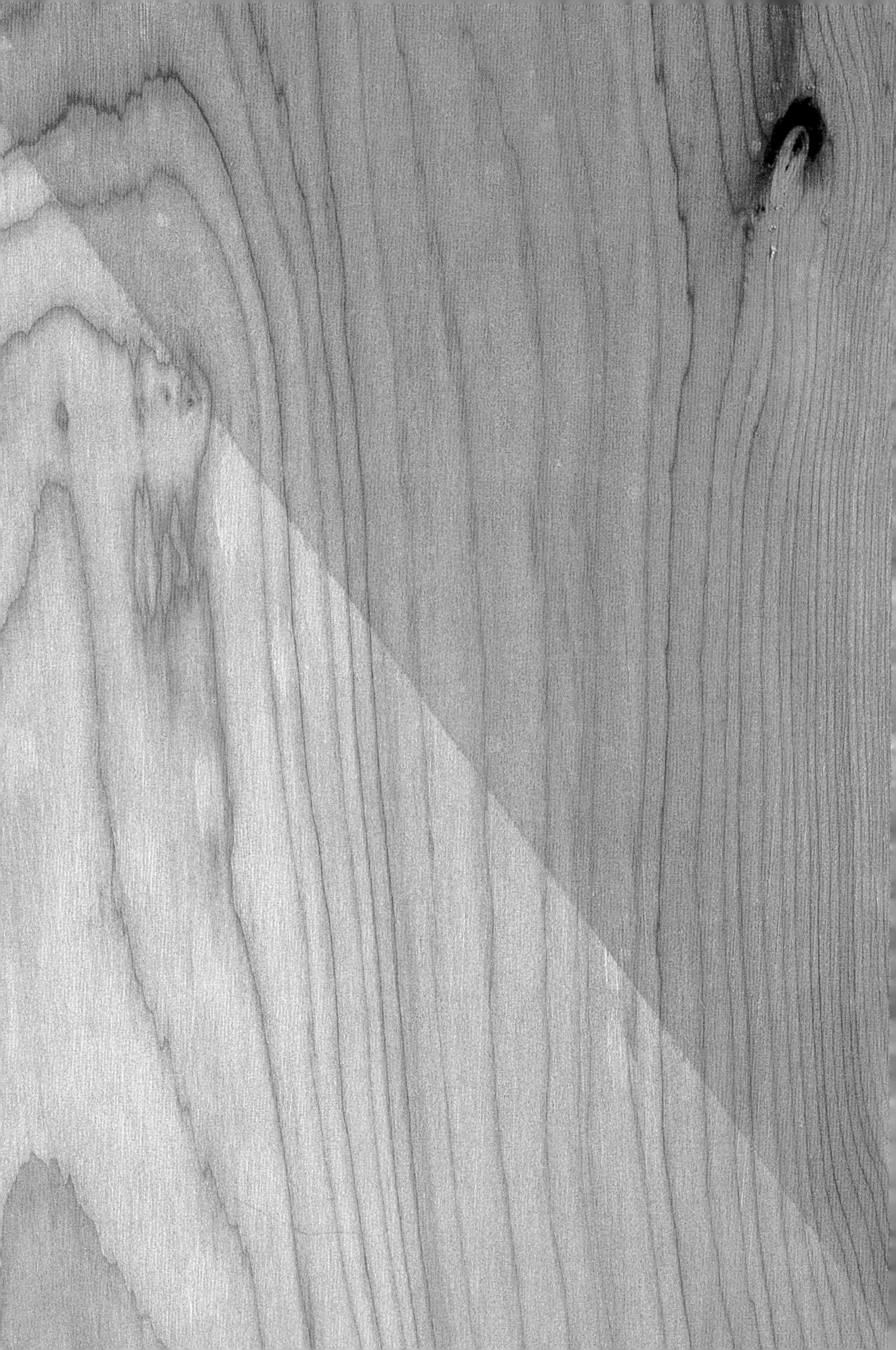

Tectona grandis
チーク

長所
- 油質で耐久性がある
- 魅力的な木理と色

欠点
- 希少
- 道具に厳しい

古くから海水に強い木材として有名

アフロモシア（Pericopsis elata）より暗色で油質のチークは、造船をはじめ海洋で使用されるための木材として、数世紀もまえから第1選択の樹種となっている。またさまざまなガーデンファニチャーもこの木材から作られている。需要の高まりに応えるように、アジアのいくつかの国では植林事業が行われているが、同時に多くの模造品がこのもっとも耐久性の高い樹種の代替材として使用されている。

主要特性
種類 熱帯産広葉樹材
代替材 Tuart（Eucalyptus gomphocephala）
資源の所在 主として東南アジア、しかしカリブ海諸国、西アフリカにもいくらか生育。
色 金色を帯びた黄褐色で、暗色の筋がある。陽光にさらされると色が濃くなる。
肌目 中庸から粗で、あまり均一ではない。
木理 通直または波状。
硬度 硬い

重さ 中庸から重（640kg/cu. m）
強度 重さのわりに非常に強く、曲げ加工も可能。しかし弾力性がなくもろいものもある。
乾燥および安定性 乾燥は時間がかかるが良好。しかし乾燥後は安定。
廃材率 低い
板幅 各種揃っている。
板厚 各種揃っている。
耐久性 優秀

作業特性
チークはあらゆる種類の木工家にとって最上の木材の1つに違いないが、他の古典的な木材ほどには加工は容易ではない。触ると油質であることがわかり、肌目は比較的粗である。

道具適性 刃先は鋭く研磨しておく必要があるが、鉋削は割裂の心配はあまりなく、美しく仕上がる。
成形 切削仕上がりは非常に良い。
組み立て 油質のため、接着性が良くない場合があるので試してみること。釘・ネジ着性は良い。
仕上げ 油質のため、仕上げ材は試し塗りをしてから使用すること。それ以外の点では仕上がりは美しく相応に光沢もでる。

変化
人工樹林で生育したものよりは、自生して大きく育ったチークのほうが木材の品質が良いと考える木工家もいる。

資源の持続可能性
地球環境について意識の高い木工家は、人工樹林で生育した、または認証されたチーク材を使っているが、チークはまだ絶滅危惧種には指定されていない。

入手可能性と価格
高価で、現在入手できるものは人工樹林産出のものに限られている。

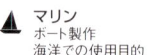

主要用途
- マリン：ボート製作、海洋での使用目的
- インテリア：フローリング
- 外装：ガーデンファニチャー、デッキ

Terminalia ivorensis
イディグボ

長所
- 広葉樹材のわりには経済的
- 屋外でも耐久性がある
- 光沢が良い

欠点
- 雅致に乏しい
- 交錯木理
- 加工が難しい

加工が難しいが
非常に多く使用されている木材

　色と木理という点ではあまり特色のない木材であるが、イディグボは内外装の建具や合板の材料、大量生産家具の材料として広く使用される数多くあるアフリカ産広葉樹材の1つである。木理は一般に通直だが交錯している箇所もあり、肌目は粗で均一でないことが多い。しかし節や欠点がほとんどなく、廃材率が低いことから、木理の少々の不具合なら十分対応できる機械による家具や建具の生産に適している。湿度の高い場所で鉄や鋼に触れると染色するおそれがある。

主要特性
種類　熱帯産広葉樹材
別名　ブラックアフラ、アフリカンチーク
資源の所在　西アフリカ
色　淡黄褐色
肌目　粗
木理　通直しかしときどき交錯
硬度　中庸から硬
重さ　中庸(560kg/cu. m)

入手可能性および資源の持続可能性
　イディグボは建具や家具のメーカーに供給されることが多いため、趣味の木工家が入手できる量は限られている。一般にアフリカ産の樹種はどれも注意が必要。イディグボは絶滅危急種にあげられているが、認証された供給はほとんどない。

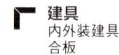

主要用途
- インテリア　大量生産家具
- 建具　内外装建具　合板

Terminalia superba
リンバ

長所
- 安価
- 加工が容易

欠点
- とげが出やすい
- 木理が粗
- 耐久性に劣る

黒も白もあるアフリカ産広葉樹材

イディグボ($T.\ ivorensis$)の近い類似樹種にあたるリンバは、入手可能なものはほとんどが淡色のもので、一般にホワイトリンバあるいはコリーナとして知られている。木理は一般に通直だが、肌目はかなり粗で、とげが出やすく、皮膚にとどまると炎症を起こすことがある。特色のある木材ではないので、主に実用的用途に価値を認められている。しかし心材(しばしばブラックリンバと呼ばれる)には黒い筋が走り、ゼブラウッド($Microberlinia\ brazzavillensis$)、ジリコーテ($Cordia\ dodecandra$)、マーブルウッド($Marmaroxylon\ racemosum$)の安価な代替材としても使用されている。

主要特性
種類 熱帯産広葉樹材
別名 コリーナ、ブラックリンバ、ホワイトリンバ、アファラ
資源の所在 西アフリカ
色 淡黄色あるいは薄黄褐色
肌目 中庸から粗、均一
木理 通直、ときどき交錯
硬度 中庸から硬、しかし耐久性は劣り、虫害を受けやすい。
重さ 中庸(540kg/cu. m)

入手可能性および資源の持続可能性

広く入手可能というわけではないが、探し出すのはわりと容易で、高価でもない。リンバは商業的に過剰伐採されているが、あまり良く知られていない樹種の1つで、絶滅危惧種にはあげられていない。認証された木材はほとんどない。

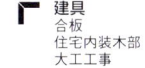

主要用途
- 建築 — 建設一般
- 建具 — 合板、住宅内装木部、大工工事

Thuja plicata
ウェスタンレッドシーダー

長所
- 生来の耐久性
- 通直木理

欠点
- 肌目が粗
- 強度が低い
- 鉄を腐朽させることがある

芳香のある耐久性の高い実用的針葉樹

本物のシーダーではないが、ウェスタンレッドシーダーは通直な木理を持った耐久性のある木材で、温室や物置小屋の建築に多く使用されている。強度がかなり低いため、温室などに使用される細い部材には適さないのではないか、と考える人もいるようだが、通直な木理のため加工は容易で、とげの心配もあまりなく、また軽量ということも有利に働いている。樹皮はロープの材料にも使用されている。

主要特性
種類 温帯産針葉樹材
別名 カヌーシーダー、ジャイアントシーダー、シングルウッド、Giant arborvitae
類似の樹種 セコイア、レッドウッド(*Sequoia sempervirens*)、ホワイトシーダー(*T. occidentalis*)
資源の所在 北アメリカ、ヨーロッパ
色 赤から褐色、時には桃色、辺材は対照的な白。樹齢の高い銀灰色に変色したものは、屋外で使用するときは仕上げは必要ない。
木理 通直
肌目 粗い

硬度 軟らかい
重さ 軽い(370kg/cu. m)
強度 低く、曲げ強さもあまりない。
乾燥および安定性 薄板にするとき乾燥が最も良好。乾燥後は非常に安定。
廃材率 低い
板幅 各種揃っている。
板厚 各種揃っている。
耐久性 全般的に優れている

作業特性
通直な木理が屋外用の木材として作業場で賞讃されている。簡単に割ることができ、薄板は乾燥が早く良好なので、こけら板の材料として好まれている。木粉が皮膚や呼吸器に障害を起こすと欠点を指摘する木工家もいる。

道具適性 軽量で肌目が粗であるにもかかわらず、ウェスタンレッドシーダーは樹脂で刃先を汚すこともほとんどなく、良い仕上がりになる。
成形 温室の窓枠にも容易に成形することができ、通直な木理のため裂けることもない。
組み立て 接着性、釘・ネジ着性とも良いが、横挽きをすると裂ける傾向があるので、板材の木口の仕上げには苦労することがある。

仕上げ 最初から持つ色のよさと古色のため、特に仕上げは必要ない。保存薬剤はあまり吸収しないが、元来耐久性がある。

資源の持続可能性
最上のウェスタンレッドシーダーの蓄積がなくなったのではないかということ、またこの樹種はそう簡単には再生できないということが心配されている。認証された木材は入手可能。

入手可能性と価格
上質のウェスタンレッドシーダーは徐々に数が減少し、その結果価格も上がりつつある。しかし依然として屋外用に経済的な木材である。

主要用途
- 外装: 物置小屋や温室、塀、デッキ
- マリン: カヌー

Tilia americana
バスウッド

長所
- 彫刻に最適
- 精で均一な肌目
- 乾燥が容易
- 価格が安い

欠点
- 黄色の雅致のない外見
- 節などの欠点
- 斑状のしみが出ているものがある

あまり特徴のない彫刻用広葉樹材

　木彫と、鋳型の原型制作に適しているということが、この木材にとっての幸運であった。というのは、それ以外にはあまり特筆すべきことがないからだ。この木材の最大の特徴は、早材と晩材のあいだに木質の相違がないということである。そのため、彫刻刀は木理に逆らって逆目に進めるときも、順目と変わらない切削ができる。普通の木材の場合、逆目に刃を動かそうとすれば晩材が裂けるので、これは特異なことである。ヨーロピアンライム（*T. vulgaris*）同様に、このことがなければバスウッドも、黄色に仕上がるだけのほとんど目を向けられることのない木材で終わるところであった。

主要特性
種類　温帯産広葉樹材
別名　アメリカンホワイトウッド（米）、ビーツリー、アメリカンライム、アメリカンリンデン、*T. glabra*
類似の樹種　*T. nigra*、*T. latifolia*
代替材　ジェルトン（*Dyera costulata*）
資源の所在　北アメリカ東部
色　淡黄色から薄黄褐色で桃色の色調を帯びる。仕上げ材を塗布すると黄色になる。

肌目　精で均一
木理　通直、晩材と早材のあいだに識別できる差異はほとんどない。
硬度　軟らかい
重さ　軽い（420kg/cu. m）
強度　低く、曲げ強さもない。
乾燥および安定性　良好、乾燥後は安定。
廃材率　中庸、大きな節や欠点を持つものがある。淡色の斑状のしみが出ているものもあるが、これはこの木材が適している用途ではあまり問題とならない。
板幅　各種揃っている。
板厚　各種ある、彫刻家の多くは厚いものを求める。
耐久性　劣る、特に辺材は虫害を受けやすい。

作業特性
　バスウッドは最も加工のしやすい木材の1つなので、子供に木彫を経験させるのに最適な木材である。幸い安価なので、失敗しても費用的にあまり問題はない。

道具適性　鉋削性は良く、刃先を鈍らせることもない。
成形　軟らかい木材にしては、型削り、輪郭削りともに良好。彫刻、ろくろ細工も仕上がりは良く、継手加工も容易。
組み立て　良好。接着性は良く、釘打ち、ネジ止めは、下穴は不要。
仕上げ　良い光沢がでる。ステイン塗装にも適す。

変化
　柾目木取りの材面に、放射組織による斑状の模様が出ることがあるが、あまり目立たず、広がりもない。

資源の持続可能性
　北アメリカ東部全体に広域に生育しているため、認証された木材を使用しなければならない特別な必要性はない。

入手可能性と価格
　主に専門の木材卸商から入手できるが、高価ではない。

主要用途
- 装飾：彫刻、鋳型原型制作
- 趣味＆レジャー：模型制作
- 実用品：実用品一般

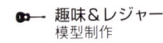

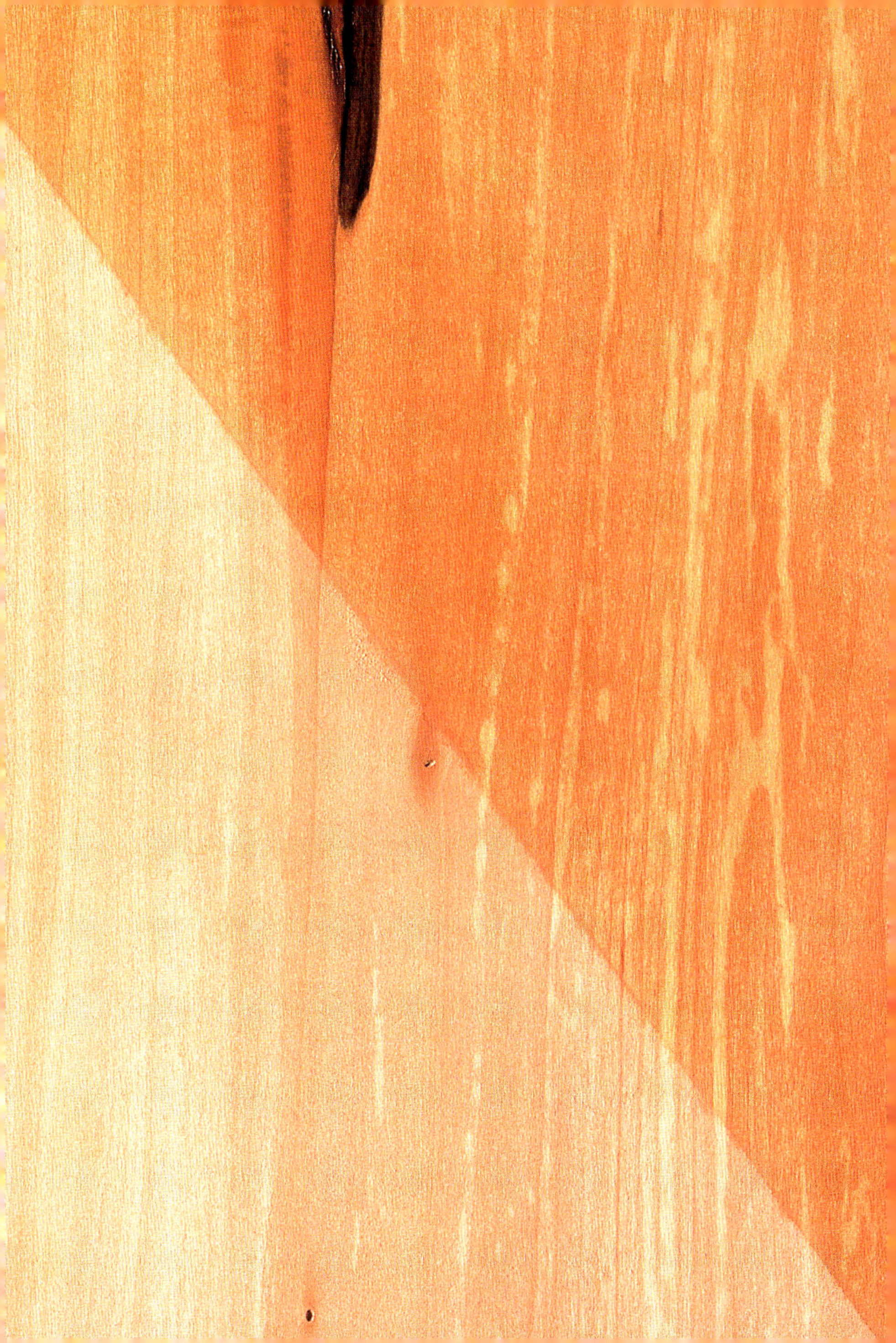

Tilia vulgaris
ヨーロピアンライム

長所
- 精で均一な肌目
- どの方向からでも切削が可能
- 均質

欠点
- 軟らかい
- 雅致に乏しい
- 時間の経過とともに黄ばむ

古典的な木彫用木材

アメリカの木彫家がバスウッド（T. americana）を選択するように、ヨーロッパの木彫家はライムを選択する。そして同じようにそれ以外の目的ではほとんど使用されない。肌目は精で均一、そして木理は通直で密で、裂ける心配もなく切削は容易である。言い換えれば、この木材は木彫家が必要とするあらゆる要件を満たしている。唯一の不利な点は、色と模様に雅致が乏しく、時間の経過とともに黄ばむ性質があるということである。柾目木取りの材面や木口にかすかに光る放射組織の斑があらわれるが、そのためにこの木材の価値が上がるということはない。

主要特性
種類 温帯産広葉樹材
別名 リンデン（ドイツ、オランダ）
類似の樹種 T. europaea
代替材 バスウッド（T. americana）、ジェルトン（Dyera costulata）

資源の所在 ヨーロッパ
色 淡黄白色
肌目 非常に精で均一
木理 密で通直
硬度 中庸から軟
重さ 中庸（540kg/cu. m）
強度 中庸。曲げも可能で、割れの心配もない。
乾燥および安定性 乾燥後もわずかに変形、また乾燥中に割れる可能性もある。
廃材率 中庸。節や割れ（特に木口割れ）を避ける必要がある。辺材はあまり多くない。
板幅 各種揃っている。
板厚 木彫用の厚いものもおおむね入手可能。
耐久性 それほど優れてはいない。

作業特性
木理が繊維質で、毛羽立ちやすく、軟らかいので、機械加工よりも彫刻にずっと適している。

道具適性 表面仕上げは良好だが、軟らかいため傷がつきやすい。
成形 刃の薄い追入れノミや丸ノミを使うと型削りは素晴らしい仕上がりになる。輪郭削りでは切削角度を浅くする必要があるかもしれない。
組み立て 良好。接着性は良い。釘打ちも割れの心配はない。
仕上げ 良好。ステイン及び研磨材仕上げは容易。

資源の持続可能性
問題ない。ライムはヨーロッパ全域で豊富に生育しており成長も早い。

入手可能性と価格
ヨーロッパでは簡単に入手でき価格もそれほど高くない。アメリカのバスウッドも同様。

主要用途
- 装飾：彫刻
- 実用品：器具の柄、まな板
- 趣味＆レジャー：玩具

Tsuga heterophylla
ウェスタンヘムロック

長所
- 通直木理
- 均質で均一な肌目
- 芳香がある
- 安定している

欠点
- 興趣に乏しい色と模様
- 軟らかい

広く活躍している針葉樹材

ヘムロックは質の高い針葉樹材の1つで、広葉樹材にするには費用がかかりすぎるが、普通の針葉樹材では見劣りがするといった場所での建具や住宅内装木部に使用されている。階段の部材、特に手摺子によく用いられている。しかしヘムロックは耐久性は劣るので、使用は室内に限られる。心地良い芳香があり、加工も非常に容易である。あらゆる種類の建築、建具に好まれ、化粧単板にも加工されている。

主要特性
種類 温帯産針葉樹材
別名 パシフィックヘムロック、アラスカパイン、ヘムロックスプルース、ブリティッシュコロンビアヘムロック
近縁の樹種 ホワイトヘムロック(*T. canadensis*)、ベイツガ(*T. sieboldii and T. diversifolia*)、チャイニーズヘムロック(*T. chinensis*)
代替材 イエローバーチ(*Betula alleghaniensis*)、ウェスタンレッドシーダー(*Thuja plicata*)
資源の所在 北アメリカ、ヨーロッパ

色 薄金褐色、目の詰まった年輪。
肌目 精で均一
木理 通直
硬度 軟または針葉樹材のなかでは中庸
重さ 中庸(500kg/cu. m)
強度 中庸
乾燥および安定性 乾燥後は安定し変形もほとんどない。しかし乾燥が困難な場合があり、特に厚板には亀裂が入ることがある。
廃材率 低い
板幅 各種揃っている。
板厚 各種揃っている。
耐久性 劣る

作業特性
他の多くの針葉樹材ほどには樹脂は多くなく、加工は容易。ただし節のあるものは加工が難しい。

道具適性 木理が通直なため裂けの心配があまりなく、表面仕上げは良好。
成形 輪郭削りの仕上がりは良い。
組み立て 接着性、釘・ネジ着性ともに良い。
仕上げ ステイン塗装も研磨材仕上げも良好。光沢も良い。

資源の持続可能性
特に心配するような理由はないが、認証された供給元から購入することも可能。

入手可能性と価格
広く入手可能で高価ではない。

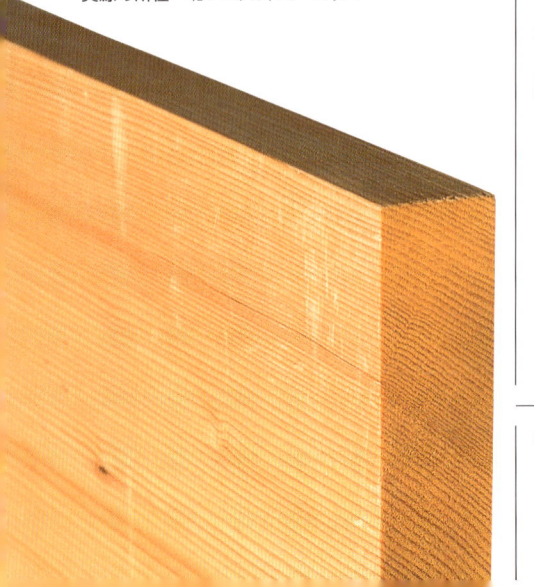

主要用途 建具
建具全般
住宅内装木部
合板

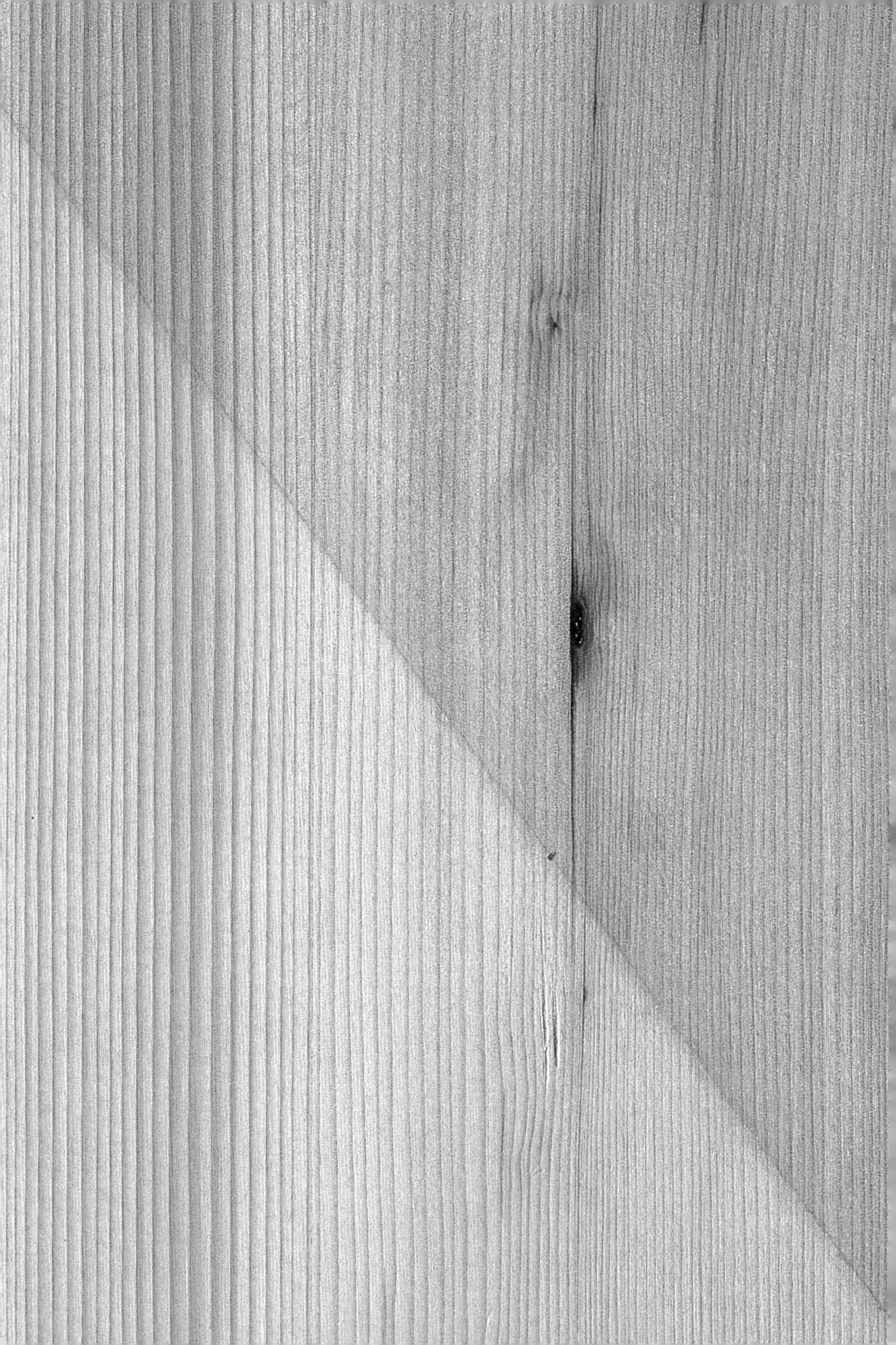

Ulmus americana
グレイエルム

長所
- 加工が容易
- 仕上がりが美しい
- 他のエルムの良い代替材である

欠点
- 入手量が限られている
- 色と模様が平凡
- 木理が交錯し繊維質なものがある

軟らかく人にやさしいエルム

　ホワイトエルムと呼ばれることの多いグレイエルムは、レッドエルム（*U. rubra*）ほどには一般的でも広く入手可能でもないが、より軟らかく均質な木理を持っているため、加工性はこちらの方が良い。家具やキャビネット用の高級広葉樹材というよりは、むしろ実用的木材として使われることが多いが、強度が問題にならないかぎり、レッドエルムの代替材としても用いられている。

主要特性
種類　温帯産広葉樹材
別名　ホワイトエルム、ソフトエルム、スワンプエルム、ウオーターエルム
代替材　ヨーロピアンスイートチェスナット（*Castenea sativa*）、他のエルム
資源の所在　北アメリカ
色　淡褐色で、かすかに赤い色調を帯びる
肌目　粗で軟らかい、しかし均一
木理　通直だが、少し交錯しているところもある。晩材と早材の差異はレッドエルムほどには顕著ではない。
硬度　軟らかい
重さ　中庸（560kg/cu. m）
強度　中庸、しかし曲げ強さは非常に高い
乾燥および安定性　中庸
廃材率　中庸
板幅　各種揃っている
板厚　各種揃っている
耐久性　虫害を受けやすく、屋外では腐朽しやすい

作業特性
　グレイエルムの主要な問題点は軟らかいことで、道具の刃先を鈍化させることはないが、裂ける可能性があり、また毛羽立って仕上げが難しいこともある。

道具適性　鉋削は良好だが、一度に深く切削しないようにすること。裂ける可能性がある。
成形　型削りは最上というわけではない。この木材は、鋭い輪郭ではなく軟らかい触感を活かしてデザインされる木材である。
組み立て　良好。釘・ネジ着性、接着性ともに良い。
仕上げ　グレイエルムは非常に軟らかいので、電動サンダーをかけるときはよく注意しないと、くぼみを作ってしまうことがある。

変化
　柾目材の表面に、放射組織やパールがあらわれることがある。

資源の持続可能性
　絶滅危惧種には指定されていないので、認証された蓄積はあまり多くない。

入手可能性と価格
　レッドエルム（*U. rubra*）よりも入手は難しいが、安価である。

主要用途
- インテリア：家具
- マリン：ボート製作、海洋建造物
- 趣味＆レジャー：運動用具
- 実用品：棺

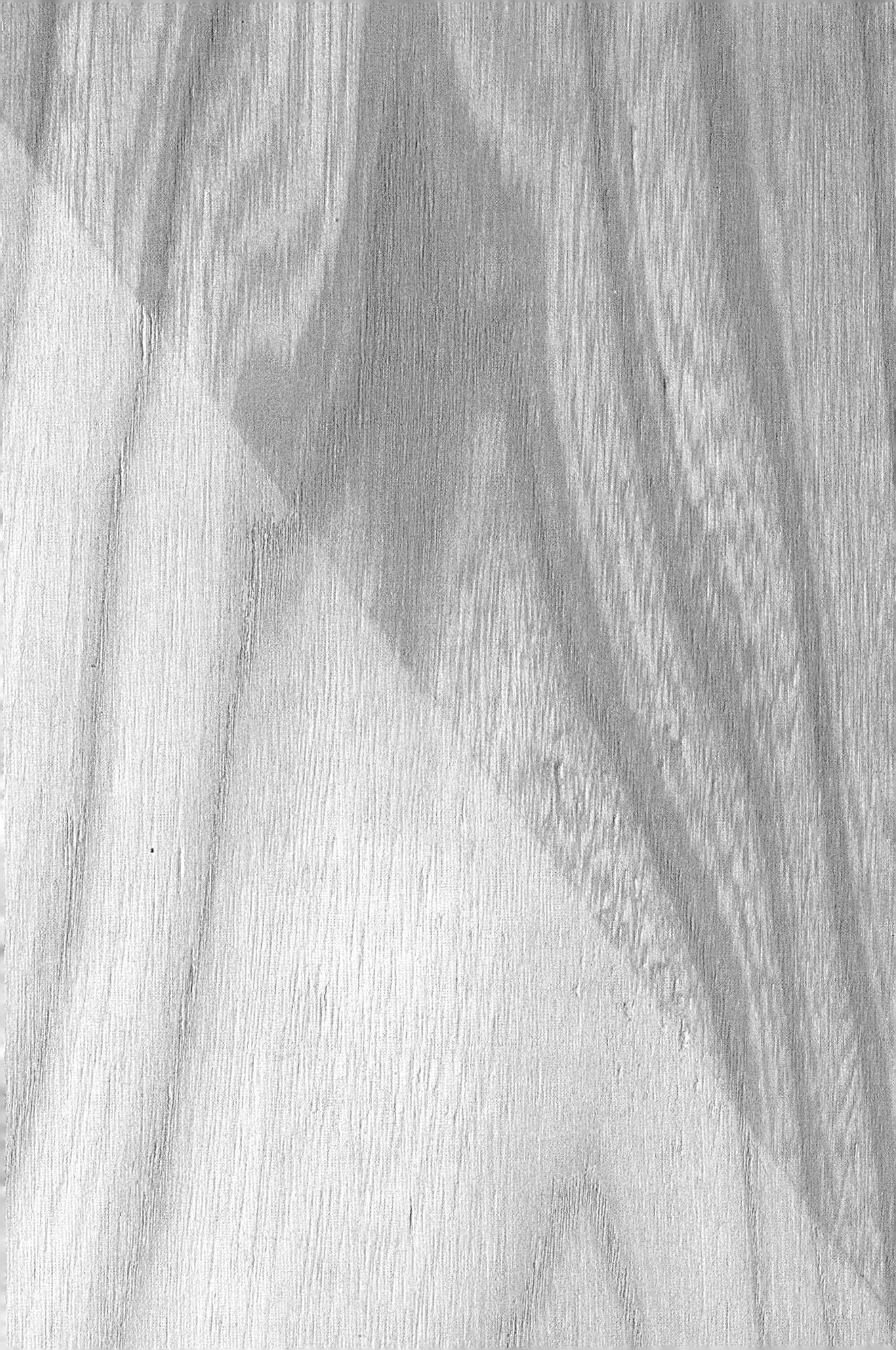

Ulmus hollandica
ヨーロピアンエルム

長所
- 魅力的なもくと木理
- 甘美な色
- 椅子の座板に最適な軟らかさ

欠点
- ますます希少になりつつある
- 木理が交錯し加工が難しい
- あまり安定性は良くない

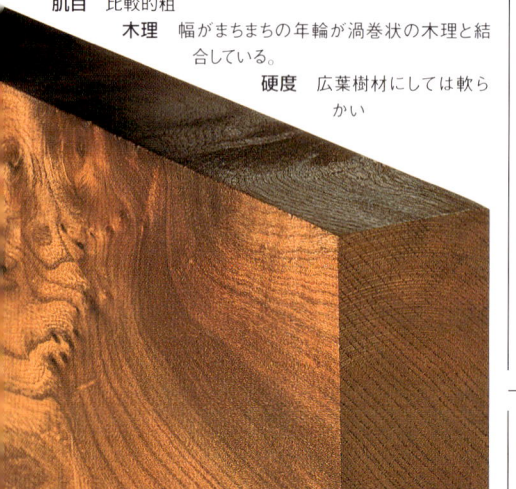

重さ 中庸(560kg/cu. m)
強度 イングリッシュエルムよりも強度があり、蒸し曲げも可能。
乾燥および安定性 製品化後もゆっくりと変形する。ていねいに乾燥しないと、ねじれのため積み重ねていたものが崩れることがある。
廃材率 入皮などの欠点、辺材などにより高くなることがある。
板幅 一定しない
板厚 製材所による
耐久性 屋外での使用には保存薬剤が必要。屋内でも虫害を受けやすい。

かつて椅子の座板や天板に よく用いられた病害を受けやすい樹種

ヨーロッパの森林の多くを席巻したオランダエルム病のため、この美しい木材の蓄積は減少を続けている。渦巻状の木理と、配色の妙を有する木材である。節が多くあることによって独特の美しさが生まれているが、それはまたこの軽量の木材を加工の難しいものにしている。

主要特性
種類 温帯産広葉樹材
別名 ダッチエルム
代替材 オーストラリアンブラックウッド(*Acacia melanoxylon*)、ソフトメイプル(*Acer rubrum*)、ヨーロピアンプラタナス(*Platanus hybrida*)、グレイエルム(*U. americana*)
近縁の樹種 イングリッシュエルム(*U. procera*)、この樹種はヨーロピアンエルムほどには強くなく、乱れた木理を有していることが多い。
資源の所在 ヨーロッパ全域
色 淡黄褐色で、薄茶色の帯と明るい辺材を有する。
肌目 比較的粗
木理 幅がまちまちの年輪が渦巻状の木理と結合している。
硬度 広葉樹材にしては軟らかい

作業特性
ヨーロピアンエルムは構造材としての資質よりも、肌目、もく、色により賞讃されている。

道具適性 木理が裂けることがある。板材に張力を加えておかないと、鋸を噛むことがあるので注意する必要がある。
成形 道具はつねに鋭く研磨しておくこと。しかしその場合でも型削りはあまり良くない。継手加工やほぞ穴加工も他の温帯産広葉樹材より劣る。
組み立て パネルや天板、椅子の座板に使用するときは、変形する機会を与えること。接着性は良く、かなり弾力性があるのでしっかりした接合が可能。
仕上げ 肌目が粗の温帯産広葉樹材の多くと同様に、エルムも生来の軟らかさを損わないワックス仕上げが最上である。

変化
バールのあるエルムは、その種の木材のなかでもっとも高く賞讃されるものの1つである。柾目木取りの材面には、レースウッドに似た斑状模様があらわれることがある。

入手可能性および資源の持続可能性
認証されたヨーロピアンエルムはそれほど多くはないが、安心して使用することができる。専門の輸入業者から入手するか、そうでない場合は化粧単板の状態で入手しなければならない。価格は想像するほど高くはないが、ある程度の廃材率は覚悟しておく必要がある。

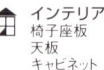

主要用途
- **インテリア** 椅子座板／天板／キャビネット
- **マリン** ボート制作
- **装飾** ろくろ細工 バールのあるエルムは、キャビネットや馬車製作のための化粧単板として使われている。

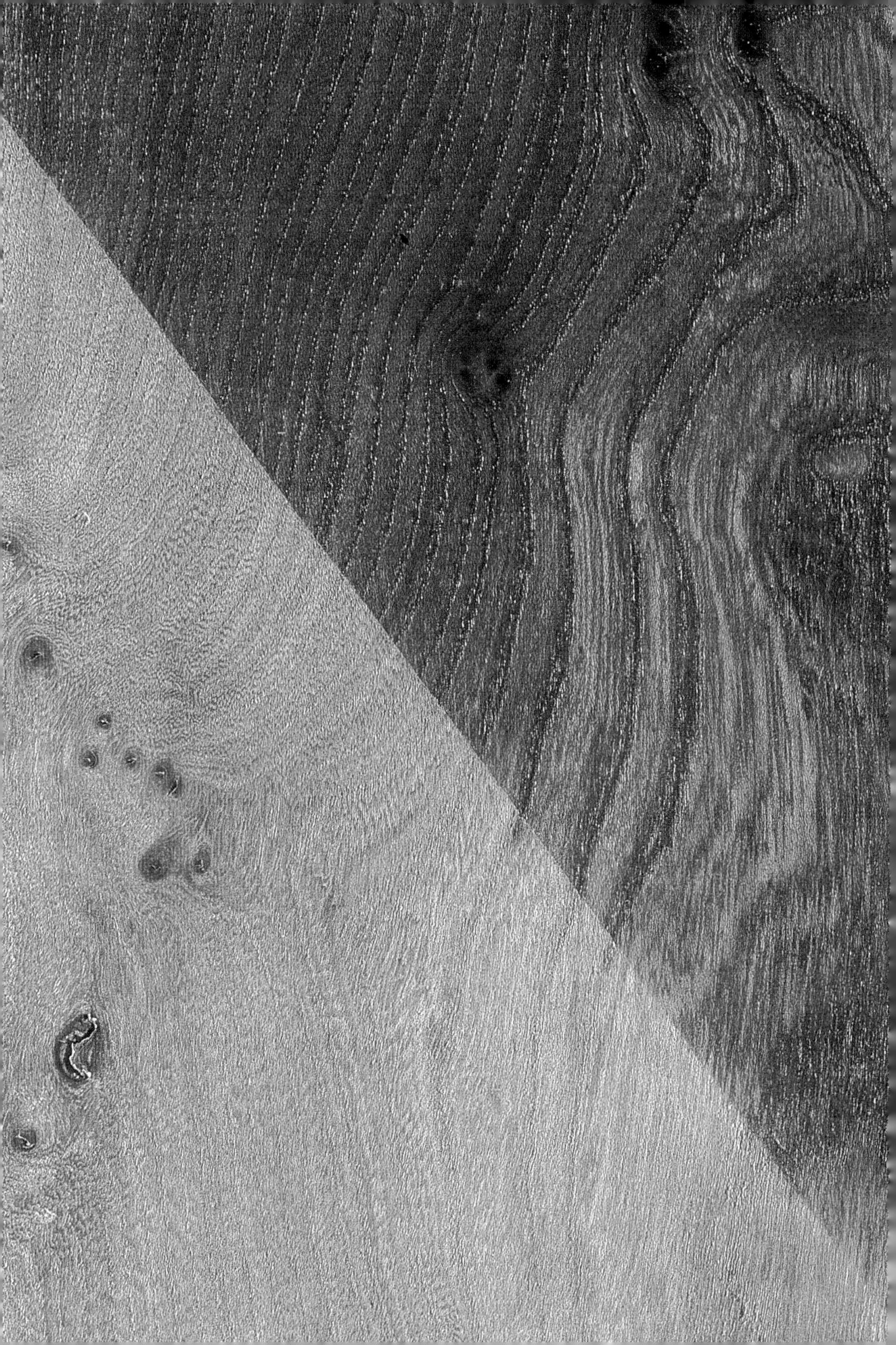

Ulmus rubra
レッドエルム

長所
- 優美な色と模様
- 軟らかく、触感が良い
- 加工が容易

欠点
- 木理が交錯していることがある
- 病害により供給量が限られている

肌目 粗だが一般に均一
木理 通直あるいはゆるやかに波状。交錯木理もある、特に節の周り。
硬度 軟から中庸
重さ 中庸 (610kg/cu. m)
強度 中庸
乾燥および安定性 乾燥は遅く、ねじれを生じることもあり、乾燥後もゆるやかに変形。
廃材率 中庸。辺材は目立つ。
板幅 入手できるときは各種ある。
板厚 入手できるときは各種揃うはず。
耐久性 不良。

病害により蓄積が減少している触感の良い木材

レッドエルムはグレイエルムよりも暗色で赤みが強く、色と肌目はヨーロピアンエルムのほうに似ている。残念なことにこの樹種もオランダエルム病の被害を受け、供給量はますます減少している。しかしこの素晴らしい木材はまだ入手可能であり、探し出す価値のあるものである。重さは中庸で、魅力的な波状の木理模様を持ち、その優美な中位の褐色は、時間の経過とともに濃くなっていく。肌目は精どころではないが、軟らかく触感のある仕上げを望むなら理想的である。

主要特性
種類 温帯産広葉樹材
別名 スリッパリーエルム、ブラウンエルム
代替材 他のエルム (Ulmus species)、レースウッド、これはロンドンプラタナス (Platanus accrifolia) の柾目木取りの材面に見られる。
資源の所在 北アメリカ
色 赤色の色調を帯びた中位の褐色、心材が暗褐色のものもあるが、辺材は淡灰色または白色。

作業特性
レッドエルムは、1度使ったことがある木工家なら何度も使いたくなる古典的な広葉樹材である。かぐわしい匂いがあり、作業は申し分なく快適である。

道具適性 比較的軟らかいにもかかわらず、鉋削は良好で、裂けの心配もほとんどない。
成形 型削りという点ではあまり優れているとはいえない。エルムを使用するほとんどの木工家は、それを鋭角的な繰り形ではなく、軟らかい曲面で装飾することを好む。
組み立て 接着、ネジ止め、釘打ちすべて容易。
仕上げ 良好で、豊かな光沢がでる。

変化
バールのあるエルムは、ろくろ細工用として、また化粧単板として高く評価されている。柾目木取りの材面にはしばしば放射組織があらわれることがあり、それはレースウッドに似ていないこともない。

資源の持続可能性
オランダエルム病は、レッドエルムにとっては過剰伐採よりも大きな脅威である。認証された供給を求める必要性はない。

入手可能性と価格
病害のため入手はますます限られているが、特に高価というわけではない。

主要用途
- インテリア 家具 キャビネット フローリング
- 装飾 ろくろ細工
- 実用品 棺

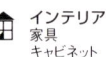

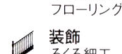

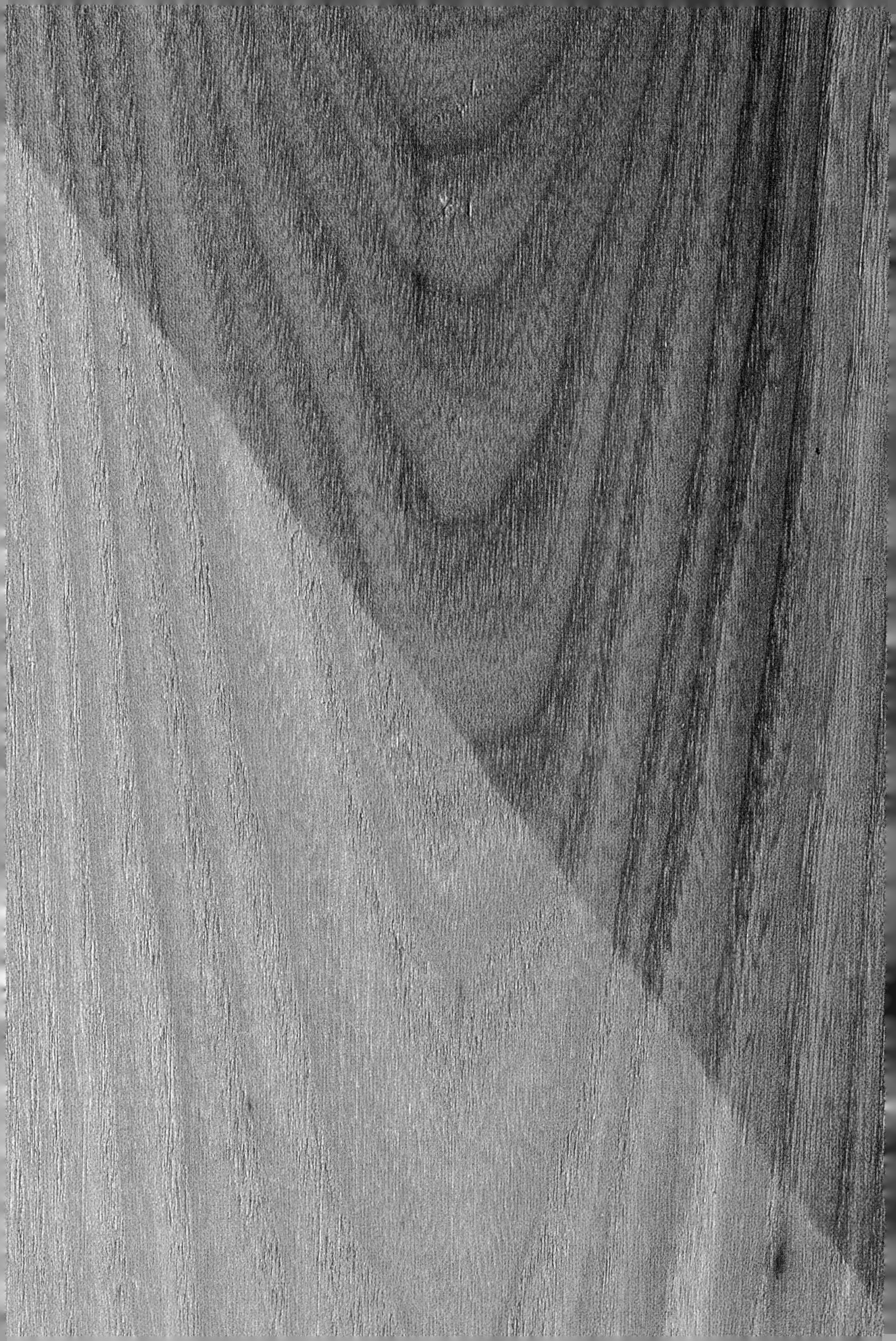

その他の木材

木工家の友人の作業場を訪れると、馴染みのある木材を6種類くらい見分けることができるかもしれないが、あまり見かけない木材が数種あることに気づくだろう。主要木材の章では、すべての人が使用したいと望む樹種を取り上げたが、この章では木工家にあまり使われることのない木材を取り上げる。よく知られているが見つけ出すのが困難なもの、加工の難しいもの、似ているがもっと知名度の高い近縁の樹種が主要木材になっているものなどである。しかしどの樹種も、木工樹種の神殿に祀られるべき価値を有している。

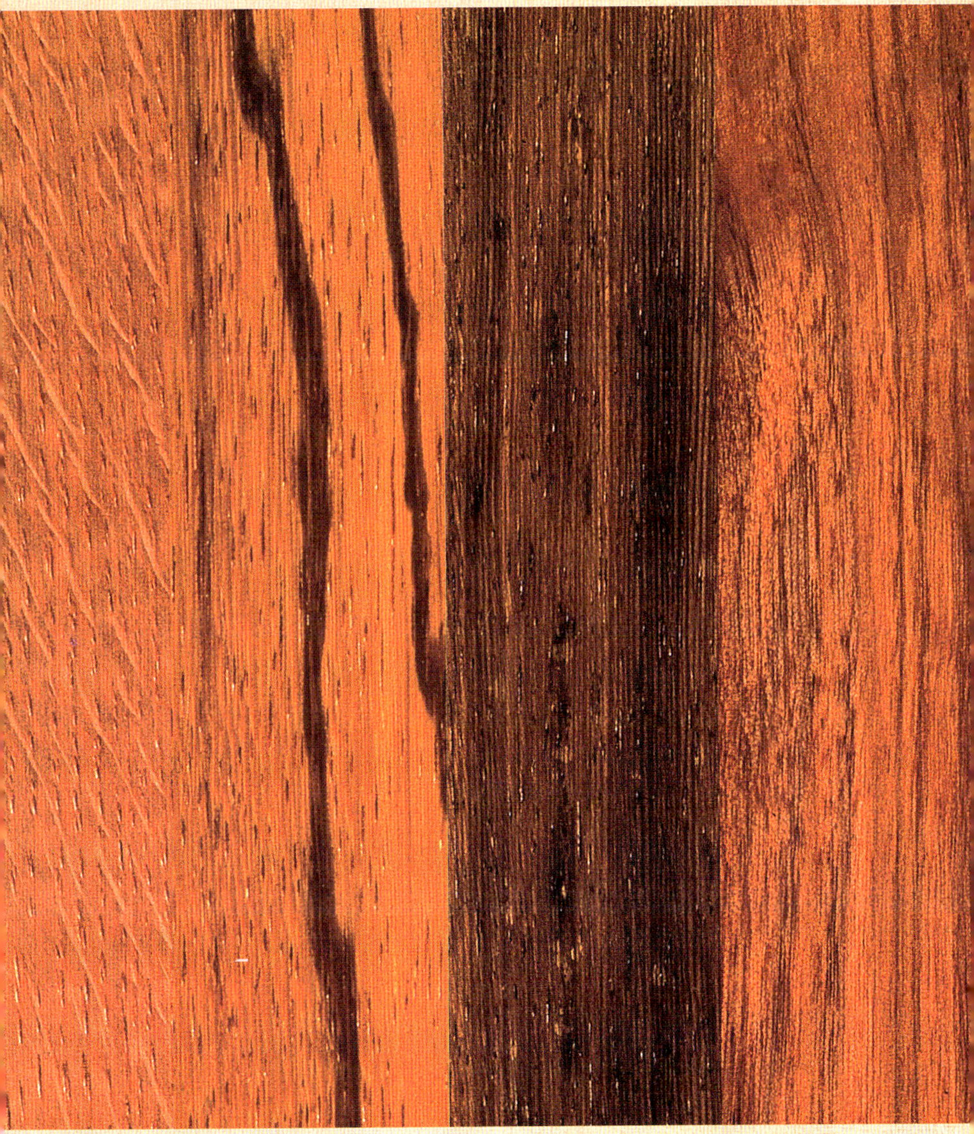

Kalopanax pictus
セン（センノキ、ハリギリ）

長所
- 通直木理
- 興趣ある模様
- 経済的

欠点
- アッシュよりも強度が低い
- 木理が粗

合板に用いられるアッシュに似た脆弱な広葉樹材

センは、色、肌目、木理模様の点においてアッシュとよく似ているが、ホワイトアッシュ（*Fraxinus Americana*）やヨーロピアンアッシュ（*F. excelsior*）を道具の柄や、運動用具の材料として一般的なものにしているあのしなやかさに欠けている。家具制作のための蒸し曲げに関してもアッシュほど高い評価は受けていない。レッドエルム（*Ulmus rubra*）に似て、粗い肌目と通直な木理を持ち、光沢良く仕上がる。乾燥の過程でかなり縮み、乾燥後も変形し、ねじれ続ける。アッシュ種よりも弱く、特に耐久性に優れているというわけでもないので、主に住宅内装木部や合板として用いられることが多い。

主要特性
- **種類** 熱帯産広葉樹材
- **別名** カスターアラリア、トネリコ
- **近縁の樹種** *Kalopanax septemlobus*
- **資源の所在** 日本、中国、韓国、スリランカ
- **色** 帯淡黄白色薄茶色で、辺材と心材の差異がほとんどない
- **肌目** 粗で、早材と晩材の木理が不均一
- **木理** 通直
- **硬度** 中庸
- **重さ** 中庸（580kg/cu. m）

入手可能性および資源の持続可能性
一般的に合板や、住宅内装木部の材料として用いられ、広葉樹材にしては中庸の価格である。絶滅危惧種にあげられているという報告も、認証された供給が入手可能という報告もない。

主要用途
建具
合板
住宅内装木部
店舗内装

趣味＆レジャー
運動用具

Aesculus hippocastanum
ホースチェスナット（マロニエ、セイヨウトチノキ、栃）

長所
- 精で均一な肌目
- 例外的な淡色

欠点
- 交錯木理
- 強度が低い
- 入手が限られている

イギリス田園地帯に古くからある樹木

　ホースチェスナットの樹皮を見ると、樹幹のひどいらせん模様が見てとれる。この特徴は木材においても繰り返されており、木理は通常最も良いところで波状であり、多くが交錯あるいは旋回である。独特のもくも確認できるが、裂けなしに鉋削を行うことは困難である。興趣ある色を持ち、その点を除けば作業が行いやすいため、これは残念である。家具やキャビネットの制作にいくらか使われているが、一般に家庭用品や梱包用木枠のための実用的な木材と考えられている。また、斑紋もくの部位は特殊に化粧単板として切り分けられる。ホースチェスナットは乾燥は不良で、耐久性もよくないが、ステイン塗装の仕上がりは良く、接着性、釘・ネジ着性とも良好である。この樹木はイギリス田園地帯の多くの地域で、優勢な樹種になっている。

主要特性

種類　温帯産広葉樹材
近縁の樹種　アメリカ合衆国に生育するバックアイ（A. flava）
資源の所在　イギリスおよびヨーロッパ
色　白色から淡黄白色、時間の経過とともに黄色に変色。
肌目　精で均一
木理　通常旋回、波状、交錯
硬度　中庸でそれほど硬くない
重さ　中庸（500kg/cu. m）

入手可能性および資源の持続可能性

　ホースチェスナットは広く使われる良質な木材になれるはずだが、その木理により価値が下がっている。樹木は特にイギリスに豊富にあるが、商業的市場では入手が難しい。このことはアメリカのバックアイにも当てはまる。明白な絶滅の脅威はないが、認証された供給もない。

主要用途

実用品
家庭用品
梱包用木枠

装飾
化粧単板
彫刻
ろくろ細工

Brosimum paraense
ブラッドウッド

長所
- 魅惑的な色
- 精で均一な肌目

欠点
- 大きさが限られている
- 幅広い辺材

色彩豊かなクワの近縁の樹種

しばしばsatineとしても知られているブラッドウッドは、クワ科（Moraceae）に属する。躍動的な模様を持ったものはほとんどないが、色は一定しており、肌目は素晴らしく滑らかで均一である。これはブラッドウッドが高くまっすぐに成長するからであろう。色は時間の経過とともに淡くなり、幅広板は常に入手可能というわけではないが、驚くほど加工が容易で、研磨すると良い光沢がでる。

主要特性
種類　熱帯産広葉樹材
別名　*B. rubescens*、satine
資源の所在　南アメリカ
色　深みのある赤色で、黄白色の辺材を有する。
肌目　精から中庸
木理　通直であるが、部分的に交錯
硬度　硬
重さ　非常に重い（960kg/cu. m）

入手可能性および資源の持続可能性

広く入手可能ではないため、専門卸商やオンライン供給者を探し出す必要があり、価格も高価である。通常化粧単板として供給される。辺材部分が特に広いため、板幅がかなり限られている場合が多い。絶滅危惧種としてはあげられていない。

主要用途
- インテリア
  家具
  キャビネット
- 装飾
  化粧単板
  象眼細工
  ろくろ細工
- 趣味＆レジャー
  フィッシングロッド

Caesalpinia echinata
ブラジルウッド

長所	欠点
●魅惑的な色と肌目	●道具の刃先を鈍らせる
●通直木理	●乾燥に時間を要する

素晴らしい色の、光沢のある広葉樹材

多くの名前で世界中で知られている美しい木材である。しかしその優美な黄褐色は持続することを期待してはいけない。というのは、多くの樹種と同様に初期の色調は時間の経過とともに、暗くなっていくからである。研磨すると高い光沢を持つ素晴らしい仕上がりになるが、主に道具の刃先を鈍化させることが原因で、加工が難しい場合がある。非常に硬く、釘打ちは容易ではないが、他の油質の樹種と違い接着性は良い。

主要特性
種類 熱帯産広葉樹材
別名 *Guilandina echinata*、パラウッド、バイアウッド、パウブラジル、フェルナンブコウッド、ブラジレット、パウフェロ(この名前はジャカランダパルド[*Machaerium villosum*]やメキシカンブラウンエボニー[*Libidibia sclerocarpa*]の名前としても使われる)
近縁の樹種 パトリッジウッド、マラカイボエボニー、グラナディージョ(all *C. granadillo*)
資源の所在 ブラジル
色 赤みがかった褐色で、暗色の線があり、辺材は対照的な淡色。最初は強烈な黄褐色をしているが、時間の経過とともに暗くなる。いくつかの節のあるものが多い。
肌目 精から中庸、均一
木理 一般に通直だが、部分的に交錯
硬度 硬く、高い光沢がある
重さ 非常に重い(1280kg/cu. m)

入手可能性および資源の持続可能性

現在ではまだ入手可能であるが、ブラジルウッドは国際自然保護連合により過剰伐採による絶滅危惧種に指定されているので、供給は資源の持続性のためチェックが必要である。認証された木材は見いだされない。

主要用途
- 趣味&レジャー
  バイオリンの弓
  銃床
- 装飾
  装飾用ろくろ細工
- インテリア
  フローリング
  家具

Cedrela toona
オーストラリアンレッドシーダー

長所
- マホガニー種の代用品
- 良い光沢

欠点
- 樹脂が刃先に粘着する可能性がある

別の名前で呼ばれようとマホガニー

オーストラリアンレッドシーダーは本物のマホガニー（*Swietenia macrophylla*）と驚くほどの類似点を有しているが、それ以上の安定性と素晴らしい艶と光沢を持っている。樹木は樹高が高く堂々としており、木材は薄赤色で、時間の経過とともに暗色になっていく。重さは中庸で肌目は一定。樹脂が刃先に粘着する多少のリスクを除けば加工性は良い。乾燥後は一般に安定している。

主要特性
- **種類** 熱帯産広葉樹材
- **近縁の樹種** マホガニー（*Swietenia macrophylla*）
- **資源の所在** インド、東南アジア、オーストラリア
- **色** 淡桃色から薄褐色
- **肌目** 中庸から粗、しかし一定
- **木理** 通直、ときに交錯
- **硬度** 中庸
- **重さ** 中庸から重（670kg/cu. m）

入手可能性および資源の持続可能性

認証された供給があるという報告はないが、絶滅危惧種ではない。しかし環境保護団体は、樹齢の古い森林からの木材を使用しないようにと木工家に呼びかけている。オーストラリアンレッドシーダーは価格は中庸のようだが、北アメリカでは広く入手可能というわけではない。

主要用途
- **インテリア** 家具、キャビネット
- **建具** 高級住宅内装木部
- **マリン** ボート制作
- **装飾** 彫刻

Chloroxylon swietenia
セイロンサテンウッド

長所
- 安定した模様と色
- 高い光沢と滑らかな肌目
- 安定性

欠点
- 刃先を鈍らせる性質
- 強度があまり高くない

加工が困難な金色に輝く広葉樹材

　塗装していないセイロンサテンウッドを直射光の下で見ると、きらきらと光り輝いているのがわかるが、その小さな斑点はこの木材のなかの石状の堆積物である。仕上がりは高い光沢と優美な波状木理をあらわすが、この樹種は加工性は良くない。その主な理由は、この木材が道具の刃先を鈍化させるということである。また魅力的なもくと、きらきらと輝く障害組織を持つものもある。特に耐久性があるというわけではないが、パネルにすると魅力的である。

主要特性

種類　熱帯産広葉樹材
別名　インディアンサテンウッド、フラワードサテンウッド、ブルタ
資源の所在　インド、スリランカ
色　淡黄色か黄褐色で、暗褐色または褐色の線や縞がある
肌目　精から中庸で、全体ではないが大部分均一
木理　波状
硬度　硬い
重さ　非常に重い（980kg/cu. m）

入手可能性および資源の持続可能性

　サテンウッドにはいくつかの異なった種類があるので、セイロンサテンウッドがどの程度入手可能であるかを判断するのは難しいが、最も高価な樹種というわけではない。しかし過剰伐採の報告があり、危急種としてあげられているため、認証された代替材を考慮する価値はある。

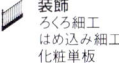

主要用途

- **インテリア**：家具、キャビネット
- **建具**：住宅内装木部
- **装飾**：ろくろ細工、はめ込み細工、化粧単板

Dalbergia frutescens
ブラジリアンチューリップウッド

長所
- 魅力的な色と模様
- 高い光沢

欠点
- 入手可能な大きさが限られている
- 高価

桃色と赤色が印象的な
ローズウッドの近縁の樹種

　*Dalbergia*種のローズウッドほど暗色ではないが、それにもかかわらずブラジリアンチューリップウッドは独特な美しさを持つ木材である。チューリップウッドまたはチューリップツリーとときどき呼ばれることがあるアメリカンホワイトウッド(*Liriodendron tulipifera*)と混同しないようにすべきである。しかし重大な欠点は、入手できる大きさが限られており、それゆえ安定性に欠けるという点である。仕上がりは良いが、割れおよび欠けの傾向があり、化粧単板でさえ、たわんだり裂けたりすることがある。

主要特性
種類　熱帯産広葉樹材
別名　ピンクウッド、パウロサ、bois de rose
資源の所在　ブラジル
色　淡黄色または黄褐色で、桃色、赤、褐色の縞がある。残念なことに、時間の経過とともに退色していく傾向がある。
肌目　精から中庸で、相対的に均一
木理　わずかに波状
硬度　硬い
重さ　重い(960kg/cu. m)

入手可能性および資源の持続可能性

　驚くべきことに、ブラジリアンチューリップウッドは絶滅危惧種にも危急種にもあげられていない。しかしおおむね高価で、化粧単板として購入するのが最も入手しやすい。

主要用途　インテリア
家具
キャビネット

装飾
ろくろ細工
パネル用化粧単板

Dracontomelon dao
パルダオ

長所
- 魅力的な色
- 独特の木理模様
- 通直木理のものが多い

欠点
- 木理が交錯しているものがある
- 中庸から粗の肌目

ウオルナットの触感のあるアジア産広葉樹材

　パルダオの特徴は、褐色から灰色を経て黒色へと変化する、ウオルナットとして知られている幅広い樹種に特徴的な不均一な縞を持つことである。本物のウオルナットではないが、色と模様が世界中の他の多くの類似樹種よりもヨーロピアンウオルナット（*Juglans regia*）によく似ている。しかし肌目は粗く、木理もより多く交錯しているため、表面仕上げはかなり難しい作業となる。

主要特性
種類　熱帯産広葉樹材
別名　*D. cumingiamum*、*D. edule*、ニューギニアウオルナット、ダオ
資源の所在　南西アジア
色　淡褐色、薄茶色から灰色、暗褐色、黒色まで
肌目　中庸から粗
木理　通直または波状、交錯とさまざま
硬度　中庸から硬、本物のウオルナット（*Juglans* species）より強く、硬い
重さ　中庸から重（740kg/cu. m）

入手可能性および資源の持続可能性

　パルダオはそれほど見つけにくいことはなく、価格は中庸から高価。危急種としてあげられておらず、過剰伐採もなされていない。

主要用途
- インテリア
  - 家具
  - フローリング
- 建具
  - 住宅内装木部
  - 建具
  - 店舗内装
- 装飾
  - 化粧単板

Endiandra palmerstonii
クイーンズランドウオルナット

長所
- 豊かな褐色
- 特徴的な縞模様

欠点
- 乏しい木理
- 乾燥中のねじれ
- 石状の堆積物がある

縞模様の劣る擬似ウオルナット

本物のウオルナットではないが、クイーンズランドウオルナットはきらきらと輝く魅力的な独特の縞模様を持ち、暗褐色の縞のすぐ横にほとんど銀色に近い淡色の帯がある。木理が交錯しているため加工が難しく、乾燥も容易ではない。優位性は、豊かな褐色に仕上がることである。家具や住宅内装木部の材料として一般的である。

主要特性
種類 熱帯産広葉樹材
別名 オーストラリアンウオルナット
資源の所在 オーストラリア
色 中位の褐色で、暗色の縞と灰色、桃色、もしくは緑色の筋を有する。
肌目 中庸
木理 交錯
硬度 硬い
重さ 中庸から重(670kg/cu. m)

入手可能性および資源の持続可能性

オーストラリア以外の地域では希少であるが、絶滅が危惧されているオーストラリア産樹種の1つとしてはあげられていない。

主要用途

インテリア
家具
キャビネット
フローリング

建具
住宅内装木部

Entandrophragma utile
ユティレ

長所
- マホガニーの代替材
- 硬く安定している

欠点
- 木理が交錯していることがある
- 色の帯が隠せない

名前以外はマホガニー

ユティレはアフリカンマホガニーの多くの特徴を備えており、しばしば代替材として使用される。マホガニー同様に交互に並ぶ淡色と中位の赤褐色の帯を持っており、それは幅も長さもまちまちで、交錯木理を示しているが、アフリカンマホガニーよりは均一である。手でも機械でも加工は容易であるが、多少道具の刃先を鈍化させる傾向がある。心材は耐久性があるが、辺材は虫害を受けやすい。木理に目止め材を塗布するとステインを吸収し、研磨すると素晴らしい仕上がりを見せる。

主要特性

種類 熱帯産広葉樹材
別名 シッポおよびmebrou zuiri（象牙海岸）、assié（カメルーン）、Tshimaje rosso（ザイール）、kosi-kosi（ガボン）、afau-konkonti（ガーナ）
資源の所在 アフリカ
色 淡から中位の赤褐色で、時間の経過とともに暗色になり均一な色になる。
肌目 中庸から粗、しかし比較的均一
木理 通直、しかし交錯していることもある
硬度 硬い
重さ 中庸から重（660kg/cu. m）

入手可能性および資源の持続可能性

ユティレは、アフリカンマホガニーほどには広く入手可能ではないが、アフリカでは同様に激しい過剰伐採にあい、認証された供給元からの入手はあまりない。危急種にあげられている。

主要用途

インテリア
家具
キャビネット

建具
店舗内装
住宅内装木部

Eucalyptus gomphocephala
| チュアート

長所
- 美しい色と木理
- 強く硬い

欠点
- 交錯木理

硬い淡色のオーストラリア産木材
　チュアートはかつては荷馬車の車輪やプロペラの材料として重要な役割を果たしていたが、チュアート林の多くが牧草地の確保のために開拓されたため、顕著に減少している。あまり模様のない非常に重い木材であるが、魅力的な色とある種のもくを有している。木理はおおむね通直であるが、わずかに交錯している。割れに対する抵抗力があるので、強さを要求される製品に使用されることが多い。

主要特性
種類　温帯産広葉樹材
資源の所在　西オーストラリア
色　淡褐色または黄褐色で、薄いまたは暗い赤色の筋がある。
肌目　中庸で均一
木理　通直、しかしわずかに交錯
硬度　非常に硬い
重さ　非常に重い（1020kg/cu. m）

入手可能性および資源の持続可能性
　オーストラリアでさえ供給は非常に限られているので、他の地域では言わずもがなである。しかしそれほど高価ではない。認証された木材は見つかりそうもない。

主要用途
- インテリア　家具
- 装飾　ろくろ細工
- 技術　車輪

Khaya ivorensis
アフリカンマホガニー

長所
- 本物のマホガニーと同色
- 安定している
- 経済的

欠点
- 加工が難しい
- 木理と肌目が一定しない

名前と色は同じだが、心が違うマホガニー

淡および中位の、幅がまちまちの赤褐色の帯で同定されるアフリカンマホガニーは、その高名な名前で賞讃される樹種のなかでは最も劣等なものの1つである。かすかに輝くもくを持つことが多い。肌目は中庸から粗でいくぶん不均質であり、それは通直だが交錯している木理を反映している。乾燥後は安定しているが、手でも機械でも作業中に裂ける傾向がある。特に耐久性に優れているというわけではなく、ただ高級マホガニーの代替材としてのみ好まれている。しばしばステイン塗装されて、模造家具の材料になる。

主要特性
種類　熱帯産広葉樹材
別名　khaya
近縁の樹種　K. anthotheca、K. grandifolia、K. nyasica、K. senegalensis
資源の所在　アフリカ
色　淡から中位までの赤褐色
肌目　かなり粗で不均一
木理　通直しかし交錯してもいる
硬度　中庸
重さ　中庸（560kg/cu. m）

入手可能性および資源の持続可能性

アフリカンマホガニーは国際自然保護連合により危急種にあげられているので、広く入手可能というわけではなく、注意と調査のうえで使用されるべきである。木材はかならずしも高価というわけではない。

主要用途
- インテリア　家具　キャビネット
- 建具　住宅内装木部　店舗内装
- マリン　ボート製作

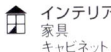

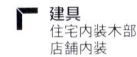

Marmaroxylon racemosum
マーブルウッド

長所
- 独特の模様
- 高い光沢

欠点
- 加工が難しい
- 肌目が粗

肌目は粗だが線が美しい広葉樹材

　ときどきセルペント（ヘビ）ウッドと呼ばれることがあるマーブルウッドは、ゼブラウッド（*Microberlinia brazzavillensis*）の模様と、ヨーロピアンオーク（*Quercus robur*）の色と粗の肌目をあわせ持っている。それはまた、きらきらとした輝きはないが、オークの放射組織に似たものも持っている。マーブルウッドを使用するときは木粉に注意しなければならないという警告をよく聞くが、これはどの木材にも当てはまることである。マーブルウッドは、交錯木理と粗の肌目が一緒になって木工家を悩まし、けっして加工の容易な木材ではないが、研磨すれば素晴らしい光沢を出す。サンダーで仕上げるのが最も良い方法であろう。

主要特性
種類　熱帯産広葉樹材
別名　セルペントウッド、angelim rojada、angelin rojada
資源の所在　南アメリカ
色　金色に輝く黄褐色の地に、暗褐色、黒色、紫色の細い線が材面全体をくねくねと曲がりながら走っている。
肌目　粗でかなり不均一
木理　通直、しかし交錯もある
硬度　硬い
重さ　重い（850kg/cu. m）

入手可能性および資源の持続可能性

　マーブルウッドは希少で、探し出すのも容易ではないが、驚くほど高価ではない。あまり良く知られていず、過剰伐採されていないので、認証された供給を見いだすことができるだろう。

主要用途
- インテリア
  家具
  キャビネット
- 建具
  パネル
  住宅内装木部
- 装飾
  ろくろ細工

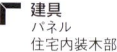

Millettia stuhlmannii
パンガパンガ

長所
- ウェンジの代替材になる
- 独特の縞模様

欠点
- やに壺
- 裂けやすい

ウェンジを明るくしたような広葉樹材

　外見が非常によく似ているが、パンガパンガはより有名な黒い広葉樹材であるウェンジ(*M. laurentii*)の近縁の樹種である。木材は中位の金色から樹脂を含んだ黒色の筋まで、魅力的な配色の妙を示す。オークの放射組織に似た細い暗褐色の線があるが、その炎状の形は、オークとまったく同じというわけではない。それは柾目木取りでも板目木取りでも、材面に非常に劇的な効果を生み出している。パンガパンガは製品化後は安定しているといわれており、その硬さと独特の模様は、寄せ木張りやフローリングに最適である。

主要特性
種類　熱帯産広葉樹材
資源の所在　東アフリカ
色　暗褐色と淡褐色の帯に、金色や黒色の筋が入る
肌目　粗で不均一
木理　パンガパンガに独特の外見を与えている薄色と暗色の帯は、密度が異なっており、作業を難しくする。また、樹脂が道具の刃先に粘着する可能性もある。それ以外は木理は一般に通直であるが、ときどき交錯していることもある。
硬度　硬い
重さ　重い(930kg/cu. m)

入手可能性および資源の持続可能性

　ウェンジほどには広く入手可能ではなく、やや高価である。しかし危急種にはあげられていない。

主要用途
- インテリア 家具 フローリング
- 建築 建設一般
- 装飾 ろくろ細工
- 建具 建具一般

Pinus ponderosa
ポンデロサパイン

長所
- 精で均一な肌目、安定した辺材

欠点
- 樹脂の多い心材
- 節が多い

辺材に価値のある針葉樹材

ポンデロサパインは分裂した性質を有している。辺材は絹のような触感を持ち、色は淡黄色で、早材と晩材の優美な線は均一な肌目のなかで柔らかく融合している。しかし心材は、はるかに不均一で重く、暗色の樹脂道が特徴的である。この樹種はまた節が多い場合があり、特別強いわけでも、耐久性があるわけでもない。辺材は安定しており、鋳型の原型制作や彫刻のような特殊な用途に役立てられており、また化粧単板が無節の丸太から切り出されている。保存薬剤で処置すれば屋外でも使用することができる。この木材を使用するときの主要な問題点は、樹脂が非常に多く、道具の刃先に粘着する傾向があるということである。

主要特性
種類 温帯産針葉樹材
別名 ウェスタンイエローパイン、ノッティーパイン、バーズアイパイン、カリフォルニアホワイトパイン
近縁の樹種 ジェフリーパイン (*P. jeffreyi*)、この樹種がポンデロサパインとして販売されていることがよくある。
資源の所在 アメリカ合衆国西部とカナダ
色 辺材は淡黄色、心材はそれよりも暗く、赤褐色の樹脂道がある。
肌目 精で均一、特に辺材は軟らかく加工が容易。
木理 通直.しかし節が木理をう回させていることが多い。
硬度 針葉樹材にしては軟から中庸
重さ 中庸 (510kg/cu. m)

入手可能性および資源の持続可能性

広く入手可能で、絶滅危惧種にはあげられていない。

主要用途

装飾
鋳型原型製作
化粧単板
彫刻

建築
建設一般

建具
住宅内装木部

Populus *species*
アスペン種

長所
- 安価
- 成長が早い
- 割れが生じない

欠点
- 光沢に欠ける
- 軟らかく毛羽立っている
- 欠点が多い場合がある
- もろい

箱や梱包木枠用の粗い木材

アスペン種はさまざまな名で呼ばれ、時にはポプラと言われることもある。しかしイエローポプラと呼ばれることのあるアメリカンホワイトウッド（Liriodendron tulipifera）と混同しないようにしなければならない。アスペンやポプラのさまざまな樹種は、主に実用的な目的のため、例えば粗い枠、柱、箱、梱包木枠、合板、マッチなどに使われているが、住宅内装木部にも使用されている。この木材は家具製作には適していない。しかし釘打ちで割れを生じることもなく、軽く、加工も比較的容易なので、実用的な目的には最適である。

主要特性

種類　温帯産広葉樹材
別名　ヨーロピアンブラックポプラ（英）、ヨーロピアンアスペン（米）
樹種　イースタンコットンウッド（P. deltoides）、バルサムポプラ（P. balsamifera）、トレンブリングアスペン（P. tremuloides）、P. nigra、P. canadensis、P. robusta、P. tremula
代替材　アメリカンホワイトウッド（Liriodendron tulipifera）
資源の所在　ヨーロッパ、北アメリカ
色　淡黄白色と褐色の不規則な帯状で、木理模様に直交して銀色の交錯斑がある。
肌目　一般に均一、しかし精でも粗でもなく、いくぶん繊維質。
木理　一般に通直、しかし波状、交錯の場合もある。
硬度　軟らかい
重さ　軽い（450kg/cu. m）

入手可能性および資源の持続可能性

アスペンやポプラは、認証されているいないに関わらず購入しても心配はない。入手も容易で、いつも安価である。

主要用途

- 建具
  - 住宅内装木部
  - 合板
- 建築
  - 建設一般
- 外装
  - 柱
- 実用品
  - 梱包容器
  - 梱包木枠
  - 箱

Pterocarpus dalbergioides
アンダマンパドウク

長所
- 美しい色と木理
- 高い耐久性

欠点
- 交錯木理
- 乾燥が難しい

名前はナーラだがその種ではない

アンダマンパドウクは桃色または黄褐色をしており、同様にナーラと呼ばれることの多い近縁の樹種アンボイナ(*P. indicus*)と同じような外見、印象を持っている。乾燥が難しく、森林管理者は表面の亀裂割れを防止するため樹幹に帯を巻く。交錯木理のため加工が困難で、道具の刃先を鈍化させることもある。インドでは建設資材やマリン用に使用されている。

主要特性

種類 熱帯産広葉樹材
別名 パドウク、アンダマンレッドウッド、バーミリオンウッド、レッドナーラ、イエローナーラ
近縁の樹種 ナーラ、アンボイナ(*P. indicus*)
資源の所在 アンダマン島(インド洋)
色 赤色の筋のある桃色から、紫色の筋のある赤レンガ色まで多彩。時間の経過とともに赤褐色になる。淡黄褐色または桃色の板材はあまり多くなく、高く賞讃されている。
肌目 中庸から粗で比較的均一
木理 交錯、縞状あるいは斑紋もくがある。
硬度 硬い
重さ 中庸から重(770kg/cu. m)

入手可能性および資源の持続可能性

*P. dalbergioides*は専門卸商によってナーラとして販売されることがあるが、より多くナーラやアンボイナと呼ばれている*P. indicus*の供給が現在不足し、アジア、西南アジア諸国では絶滅しているという事実により状況は混乱している。アンダマンパドウクには当面の脅威はないが、認証された*P. dalbergioides*を探し出すことは不可能である。供給は限られており、高価である。

主要用途

- **インテリア**: 家具、キャビネット、フローリング、作業台天板
- **マリン**: ボート製作
- **装飾**: ろくろ細工、化粧単板

Salix alba
ウイロー

長所	欠点
●あまり高価ではない	●弱い
●軽く加工が容易	●耐久性がない
●多用途	●雅致の乏しい色

スポーツ界での歴史を持つ実用的木材

　ウイローはクリケットのバット以外には余り商業的には使用されていないが、大量生産商品や合板の製作では使用価値の高い実用的樹種である。また装飾用化粧単板としても切り分けられている。模様は優美で板材は比較的加工がしやすいが、他の軟らかく繊維質の樹種と同じように、道具の刃先は鋭く研磨しておく必要がある。耐久性と強さはなく、折らずに曲げることはできない。

主要特性

種類　温帯産広葉樹材
別名　ホワイトウイロー、コモンウイロー
近縁の樹種　ブラックウイロー(*S. nigra*)、クラックウイロー(*S. fragilis*)、クリケットバットウイロー(*S. alba var caerulea*)
資源の所在　ヨーロッパ、中東、北アフリカ。ブラックウイロー(*S. nigra*)はアメリカ合衆国にも生育。
色　淡黄白色から褐色または薄褐色、しばしばきらきらと輝く銀色のもくや暗色の筋、年輪のあるものがある。
肌目　一定して精
木理　通直
硬度　軟から中庸
重さ　軽い(340-450kg/cu. m)

入手可能性および資源の持続可能性

　商業的に重要視されていない樹種なので、広く入手可能というわけではない。しかし比較的安価。

主要用途

- 実用品：家庭用品、容器、梱包木枠
- 建具：合板
- 装飾：装飾用化粧単板
- 趣味&レジャー：クリケットバット

Swietenia mahogani
キューバンマホガニー

長所
- 滑らかで均一な肌目
- 加工が容易
- 美しい色と模様
- 安定し均質

欠点
- ほとんど絶滅

過剰伐採の教訓

　キューバンマホガニーまたはスパニッシュマホガニーとして知られているこの樹種をこの本に載せたのは、それが商業的に入手可能だからではなく、過剰伐採の教訓としてとどめておくためである。肌目、模様、安定性、色、すべてが人々に愛され、過去5世紀にわたり無差別に伐採された結果、現在この樹種の資源を見出すことはほとんど不可能である。また再生させたり新たに植林したりすることも容易ではなくなっている。好みの木材を購入するとき、なぜ認証された木材を購入する必要があるかという理由が必要なときは、このキューバンマホガニーのことを思い出すと良い。この木材を資源再生利用(そしてそれが現在唯一可能な入手法であるようだ)することができた木工家は、誰もが現在マホガニーとして入手できる他の木材がいかにそれよりも劣るかを認識することができるであろう。

主要特性
- **種類**　熱帯産広葉樹材
- **別名**　スパニッシュマホガニー
- **資源の所在**　古い家具の再生利用からのみ
- **色**　中位の赤褐色で、時間の経過とともに暗色になる
- **肌目**　均一で中庸
- **木理**　通直
- **硬度**　中庸
- **重さ**　中庸(540kg/cu. m)

入手可能性および資源の持続可能性
　現在唯一可能な選択肢は、こわれた家具を再生利用し新しいものを創造することである。

主要用途
- インテリア　高級家具　キャビネット
- 装飾　化粧単板

Tieghemella heckelii
マコレ

長所
- 良好な色と木理
- 精で均一な肌目
- 安定している

欠点
- 弾力性がなくもろい場合がある
- 絶滅の危惧がある

優れたマホガニー代替材

マコレはアフゼリア（*Afzelia quanzensis*）と非常によく似ており、同じようにマホガニーの、そして現在では高価になっているチェリーの代替材として使われている。アフゼリアよりも肌目が精で、もくも多く、仕上げも容易で高い光沢が出る。しかし道具の刃先を鈍らせやすく、もろいので、加工はマホガニーよりも難しい。青いしみができる可能性があるので、鉄分を含む部品からは遠ざけておく必要がある。乾燥後は安定しており、耐久性があるが、ある種の虫害を受けやすい。

主要特性
種類　熱帯産広葉樹材
別名　チェリーマホガニー、アフリカンチェリー、バク、バブ、アバク、*Mimusops heckelii*、*Dumoria heckelii*
近縁の樹種　*T. africana*
資源の所在　西アフリカ
色　深みのある赤褐色
肌目　精で均一
木理　通直、しかしもくや斑が多いものがある
硬度　特別強いというわけではなく、硬さは中庸
重さ　中庸（620kg/cu. m）

入手可能性および資源の持続可能性

供給は容易で、価格も中庸である。残念なことに絶滅危惧種に分類されており、認証された供給を探し出すことはできない。もし可能ならばそれを検討すべきである。

主要用途
- インテリア
  家具
  キャビネット
  フローリング
- 装飾
  化粧単板
- 建具
  高級住宅内装木部

Triplochiton scleroxylon
オベチェ

長所
- 均一な肌目
- 安定性
- 軽量

欠点
- 雅致に乏しい
- 弱い

普段は表にあらわれない広葉樹材

オベチェは一般に、人目につくことがなく、強さや保護が必要でない場所に使われ、組み立て箪笥やキャビネットなどの軽量部品が必要とされる家具の構造材として好まれている。一定した肌目と、交錯しているが本質的に通直な木理を持っており、研磨して高い光沢をだす必要のないモールディングなどの薄い製品に適している。驚くほど加工がしやすく、安定しており、乾燥も早く容易である。見映えのよさが要求されるときは、唯一の方法としてステイン塗装をすると良い。

主要特性

種類 熱帯産広葉樹材
別名 アフリカンホワイトウッド、ソフトサテンウッド、ブッシュメイプル、アフリカンメイプル、アフリカンプリマベラ、ayous、samba、wawa
資源の所在 西アフリカ
色 淡黄褐色または黄褐色で、ときにほとんど黄色のものもある。
肌目 中庸で一定
木理 通直のように見え、柾目木取りでは縞模様があるが、たいていは交錯。
硬度 中庸
重さ 軽い(380kg/cu. m)

入手可能性および資源の持続可能性

特に大量生産用として容易に入手でき、高価ではない。絶滅の脅威にさらされているようには見えない。

主要用途
- インテリア 大量生産家具
- 建具 合板
- 実用品 梱包

Turreanthus africanus
アボジラ

長所
- 神々しい色
- 高い光沢

欠点
- 絶滅危急種
- 交錯木理

黄金の輝きを持つアフリカ産広葉樹材

アフリカンサテンウッドと呼ばれることの多いアボジラは、豊かな黄金に輝く黄褐色と柔らかい曲線の木理模様を有している。その木理は交錯した部分を隠しており、時として木工家を困らせることがある。仕上がりは素晴らしい光沢を出し、一般に一定している中庸の肌目を持つ。柾目木取りの材面は特に魅力的で、斑紋もくがあらわれる。期待するほど重くも、そして硬くも強くもないが、高級建具や店舗内装、家具用に使用価値の高い木材である。化粧単板は象嵌細工に用いられるが、ステイン塗装は均一にはできない。

主要特性
種類 熱帯産広葉樹材
別名 アフリカンサテンウッド
資源の所在 西アフリカ、特にガーナ、カメルーン、ナイジェリア、コンゴ、象牙海岸
色 黄金に輝く黄褐色から黄色
肌目 中庸でかなり均一
木理 一般に波状または通直、しかし交錯木理の部分もある
硬度 中庸
重さ 中庸(540kg/cu. m)

入手可能性および資源の持続可能性

広く入手可能ではないが、価格は中庸。しかし国際自然保護連合は絶滅危急種にあげており、認証された供給も探し出すことはできない。

主要用途

建具 店舗および事務所内装 合板

装飾 象嵌用化粧単板

木材の造形美

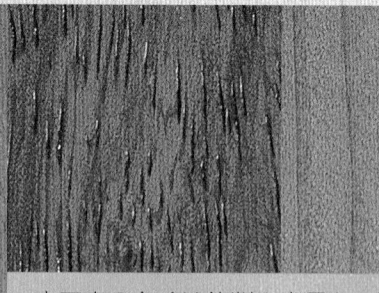

　木工家の多くは鉋削の容易な、加工のしやすい通直木理の木材を好むが、逆に困難の多い木材と取り組み、それらを用いて最も装飾的な木理、模様、色、肌目を作品のなかに活かしたいというあらがいがたい欲求も持っている。そうした木材の造形美の多くは、化粧単板の形で利用することができるが、本章ではそれらを写真で紹介する。一方、ろくろ細工職人や彫刻家もまた、バール、もく、病害などを含む木材を利用することを好み、さらに家具職人の多くは、できるかぎり美しく安定性の高い柾目木取りの板材を使用したいと切望している。

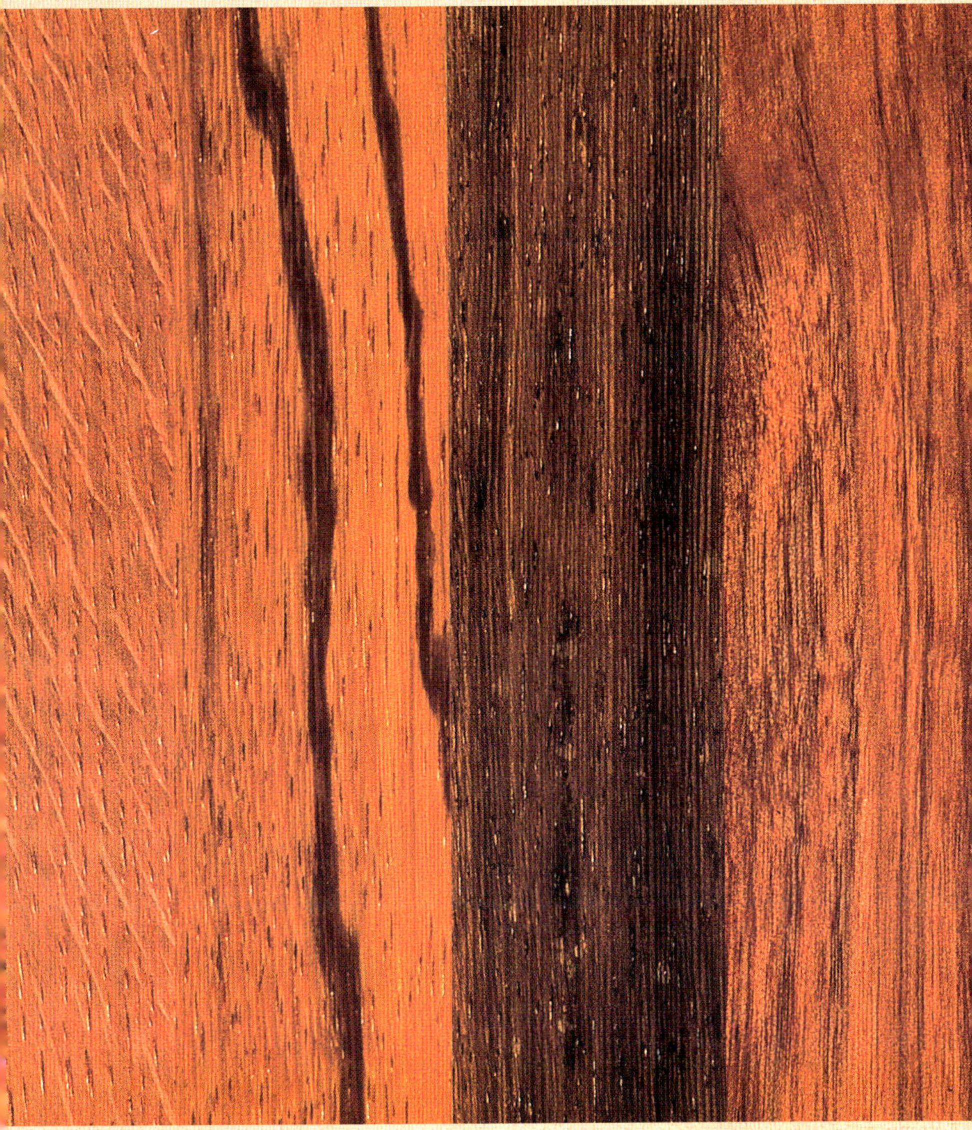

病害木材

林業および製材業にたずさわる人々は、伐採した樹木はすみやかに森林から撤去し、乾燥のため厚板に加工することが良いことだと一般に考えている。木工家の多くは、強さ、均質さ、加工の容易さのため、無節で通直な欠点のない木材に価値を置いている。しかしすべての木材が管理しやすいわけではなく、またすべての木工家がそれほど単純というわけでもない。森林では都合の悪いことも起き、そして、木工を創造的行為と考える木工家は、起こりうる顕著な変容から大きな利益を得ることができる。

本書全体にわたって、読者は自然の染色、病害、菌類によって変化させられた木材に高い価値がおかれていることに気づくであろう。ここに掲載した一握りの写真は、順調に生育しなかった樹木の原因と結果を示している。多くは化粧単板の形でしか入手できないが、スポルテッド（斑入り）メイプルのようにろくろ細工職人によく知られており、安く入手できるものもある。というのは、それは探し出すことが容易で、他の木工家によってはただ腐朽しているだけだとしか考えられないからである。

ボグ（沼沢）オーク（*Quercus robur*）
何千年もの間土中に埋もれていたオークが、ときどき沼沢地帯でピクルスのようにつけ汁につかった状態で発見されることがある。それは黒または非常に暗い褐色で、信じられないくらい硬い。

カレリアンバーチ（*Betula* species）
カレリアンバーチにあらわれる斑点は、メイサー（Masur）バーチの斑点と非常によく似ており、虫害またはその他の衝撃、障害が原因で生じると考えられている。

オリーブアッシュ（*Fraxinus* species）
アッシュの丸太の中心部はしばしば暗褐色になっている。髄心の部分が最も暗く、そこから離れるにしたがい薄くなっていく。躍動的な美しさを持ち、探し求める価値のあるものだが、加工は一筋縄ではいかない。

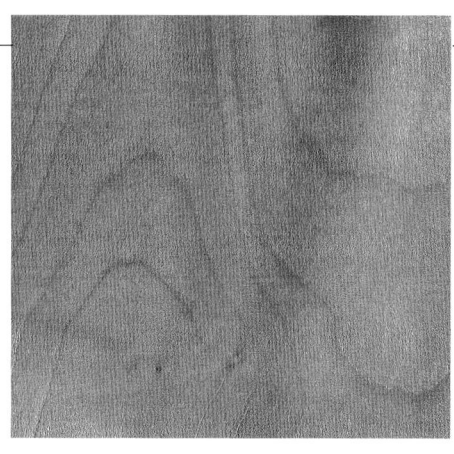

古色シカモア（*Acer pseudoplatanus*）
製材したてのシカモアは純白に近い色をしており、その色は早い乾燥によって最もよく維持される。しかしゆっくりと乾燥させると、桃色の色調を帯びた褐色になる。

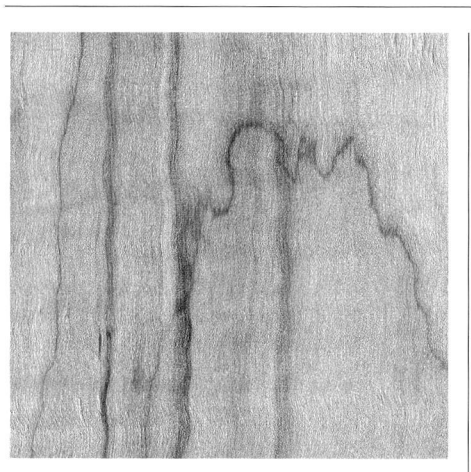

スポルテッド（斑入り）メイプル
（*Acer saccharum* or *A. rubrum*）
樹種のなかには斑の原因となるある種の病害を受けやすいものがある。木材全体に渦を巻くように波状に色がつき、板材にすると材面にあらわれる。

ブラウンヨーロピアンオーク
（*Quercus robur* and *Q.petraea*）
ボグオークと似ているが、それよりも薄く、立体感のある褐色をしている。その造形美は菌類が原因で生じ、オリーブアッシュと少し似ているが、多くの場合髄心の部分からはじまる。

もく（杢）のある木材

もくという言葉は、木工家にとって紛らわしい言葉である。というのは、それは一般的な意味と特殊な意味の両方を持っているからである。一般的な意味で使う場合、もくという言葉は、普通予期しないような特別に雅致のある木理模様のことをさすが、特殊な意味で使うときは、通常木理の方向に直角に走るきらきらと揺らめくような輝く帯または筋のことをさす。放射組織と混同されることがあるが、それよりも優美である。

もくは一般的な用語で、それぞれの造形美を表す特別な用語がある。フィドルバック（バイオリンの背）もくは、魚のさばの表皮に少し似ているが、それよりもくっきりしていて規則性がある。カーリー（渦）もくはそれよりも疎で、模様が少しぼやけている。斑紋もくは、どちらかといえばしみのようなもくで、規則性がなく、一方レースウッドは柾目木取りの材面にあらわれる放射組織による模様で、斑が目立つものである。これらの独特の造形美はすべて板材により印象が異なり、もくの強さ鮮やかさに応じて、「ライト（軽い）」とか「ヘビー（重い）」といった形容詞がつけられることが多い。

アーンゲリア
（*Aningeria superba*）**のヘビーなもく**

アニンゲリアの場合、ヘビーなもくとライトなもくの差異は明白であるが、木理模様と色の明らかな同一性をみることができる。

アニンゲリア
（*Aningeria superba*）**のライトなもく**

この優美なもくは、表面に光を当てたときだけ視認できるが、雅致の乏しい木材に特別な立体感を与えている。この木材はしばしばanigreまたはanegréとしても知られている。

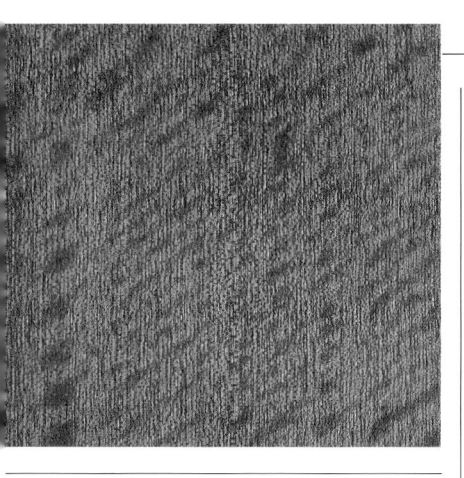

フィドルバック　サペリ
（*Entandrophragma cylindricum*）
フィドルバックサペリは、角度を変えてみるとおもしろい効果があらわれる。その表面は視点をずらすにつれて、模様を変える。もくの短い線に注目してほしい。

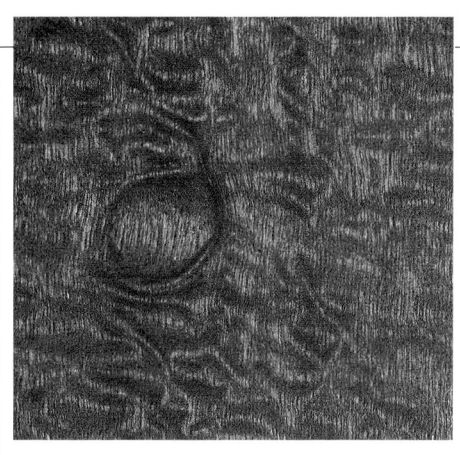

ブリスタード（泡もく）サペリ
（*Entandrophragma cylindricum*）
バールは樹木表面の瘤（こぶ）によって生じるが、もくは樹幹や枝の内部に生じる。しかし時としてその模様が非常によく似ていることがある。

フィドルバック　マコレ
（*Tieghemella heckelii*）
フィドルバックなどのもくは、通常柾目木取りの材面に最も鮮やかにあらわれ、帯は幅が狭く、密集している。

ポメレ　マコレ（*Tieghemella heckelii*）
斑紋の模様をあらわすときに、木材卸商はしばしばポメレという言葉を使うが、それはビロードのような外見ということを意味している。立体感のあるポメレはときどきドレープと呼ばれることがある。

ヨーロピアンオーク
(*Quercus robur* and *Q. petraea*)**のもく**
オークはあまりもくとは縁がないが、ときどき年輪がギザギザ模様になってでることがあり、板目木取りの材面に最もよくあらわれる。

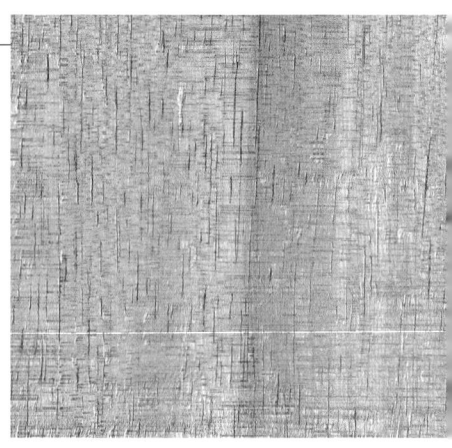

コア(*Acacia koa*)のもく
この柾目木取りのコアには、木理の方向に直交してきらきらと揺らめくように見える細い線のもくがあらわれている。その抑制された興趣は、パネルや天板に最適である。

ホワイトユーカリ(*Eucalyptus* species)のもく
ある特定のユーカリ種というわけではないが、ホワイトユーカリを柾目木取りした化粧単板の材面には、閃光が走ったようなもくがあらわれることがある。

レッドユーカリのもく(*Eucalyptus* species)
レッドリバーガム(*Eucalyptus camaldulensis*)同様に、このレッドユーカリのもくも、ホワイトユーカリのもくと同じ模様を示している。木理と同じ方向に走る通常とは異なる特殊なもくもある。

ポメレブビンガ(*Guibourtia demeusii*)
この化粧単板はロータリーカット、すなわち丸太の外側から剥くように切り出したもので、ブビンガの波状の交錯木理をよくあらわしている。野性的な感じがよく出ている。

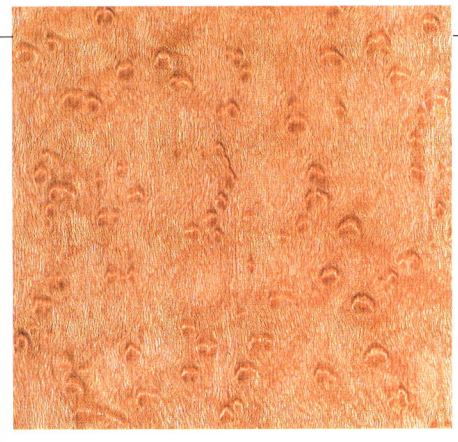

メイプル(*Acer saccharum* or *A. rubrum*)
のヘビーな鳥眼もく
これは鳥眼もくのヘビーな例である。小さな力強い噴出が密集してあらわれている。虫害が原因だと考えられている。

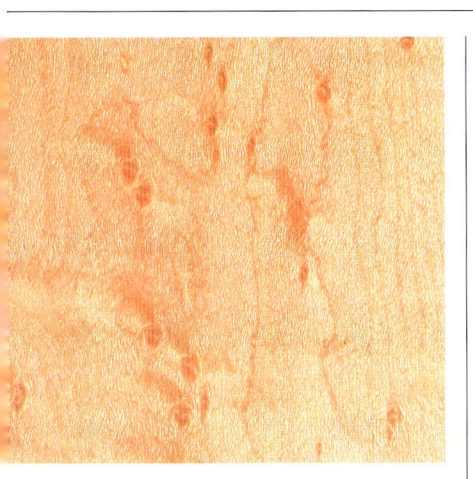

メイプル(*Acer saccharum* or *A. rubrum*)
のライトな鳥眼もく
鳥眼もくの密度は木材によって異なり、多くの板材でライトな鳥眼もくを見ることができる。鳥眼もくの周囲の木理は、しばしば光っているように見える。

レースウッド(*Platanus acerifolia*)
ロンドンプラタナスに最もよくあらわれるが、レースウッドは多くの樹種の柾目木取りの材面にあらわれる密集した斑紋模様のことをさす。プラタナスのものが最も鮮やかで、規則性がある。

238 木材一覧
木材の造形美

アメリカンマホガニー（*Swietenia macrophylla*）のもく
もくは交錯木理の症状としてあらわれる場合があり、鉋削の難しさを予言していることが多い。マホガニーの場合、もくは不均等に集中的にあらわれる傾向がある。

バーチ（*Betula alleghaniensis*）のもく
ほとんどの樹種が何らかの形でもくを有しているが、バーチのようにもくが目立たない樹種もある。とはいえ、そのもくは、それがなければ雅致のない材面に思いがけない深みを与える。

チェリー（*Prunus serotina*）のもく
ブラックチェリーは最近20年で最も人気の高い樹種の1つになったが、もくが関係している樹種ではない。

ホワイトオーク（*Quercus alba*）のもく
この化粧単板は、追い柾目、すなわち年輪に対して少し角度をつけて切り出したもので、炎状の模様のない柾目木取りの外見を示している。

ブラックウオルナット(*Juglans nigra*)**のもく**
この化粧単板は普通のブラックウオルナットよりも色の変化が大きく、もくがそれを強調してヨーロピアンウオルナット(*J.regia*)に似た外見を与えている。

ヨーロピアンシカモア
(*Acer pseudoplatanus*)**のもく**
これはもくの最もよく知られている例の1つである。たしかに最も劇的な印象を与えるものの1つで、ぎっしりとつめこまれたもくの帯が、先端に向かってゆるやかに尖っている。

マコレ(*Tieghemella heckelii*)**の斑紋もく**
輝く木理の川が、化粧単板の表面をさまよいながら流れているが、見る角度を変えればその流れも変化する。もくは交錯木理による障害を示すことが多いが、一般にそれほど大きな影響はない。

ヨーロピアンビーチ(*Fagus sylvatica*)**のもく**
バーチ同様に、ビーチのもくもあまり目立たず、かなりめずらしいものであるが、この有名なイギリス産木材の雅致の乏しい材面に、優美さを加えている。

ヨーロピアンアッシュ
(*Fraxinus excelsior*)**のもく**

アッシュのもくはシカモア（*Acer pseudoplatanus*）のもくと非常によく似ているが、先細にはなっていない。シカモアのもくの純粋さ、明快さには欠けている。

サペリ
(*Entandrophragma cylindricum*)**の斑紋もく**

サペリは驚くほど多様なもくを有している。サペリの斑紋もくは、ホログラム（光の波動の干渉）による明快な模様を示すが、この樹種では比較的多く見られる。

ホワイトペロバ(*Paratecomo peroba*)のもく

これは非常にめずらしいもくの例で、くさび状のもくが木理に直交して走る放射組織と結合している。この木材は柾目木取りである。

アフリカンマホガニー
(*Khaya ivorensis*)**のクロッチ（木股）もく**

クロッチは樹幹と枝の接合部を切断するときにあらわれるもくである。木理は不規則で、順目と逆目が入り混じってあらわれる。

パウアマレロ（*Euxylophora paraensis*）のもく
実質的に目で確認できる木理が存在しない樹木では、もくは重要である。この化粧単板の場合、もくは極端に軽く、ほとんど見分けがつかない。

カーリーメイプル
（*Acer saccharum* or *A. rubrum*）
メイプルはもくがあらわれることの多い樹種である。なかでもカーリーメイプルは、家具製作に非常によく用いられる。柔らかな流れるような曲線が美しい。

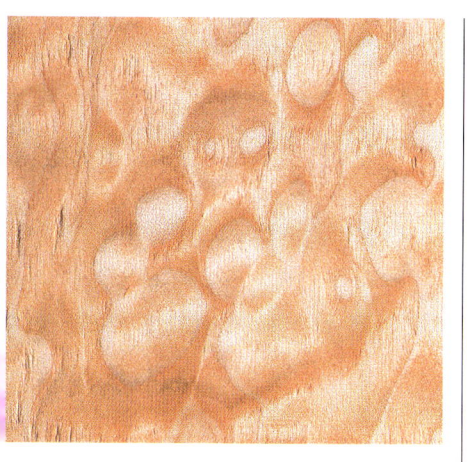

キルテッド（キルト状）メイプル
（*Acer saccharum* or *A. rubrum*）
キルテッドメイプルは一種異様な模様である。巨大な鳥眼もくということができるかもしれないが、水銀の小さな水滴が、材面に多くあらわれたような印象を受ける。

アイスバーチ（*Betula* species）
バーチにあらわれるもくの多くは、アイス（氷紋）もくとして知られている。それは非常に疎の模様で、この板目木取りの材面ではほとんど確認できないほどである。

バール（瘤もく）

バールは樹木の表面に形成されるガンのような瘤に由来するもので、失われた枝や樹皮の障害によって生じる。ろくろ細工によくみられるように、通常木理は乱れており、非常に密であるが、また逆にバールのなかに空洞が見出されることもある。バールの硬さにはかなり差がある。バールは非常に価値が高いので、多くの場合薄く切り分けて化粧単板に加工される。チェーンソーで生立木からバールを切り出す密猟者もいるという報告さえある。

バールのある化粧単板は、ねじれやそりが多く、使用するのが非常に難しい。多くの場合、平らにするためには湿らせる必要があり、また接着剤で固定すると割れることもある。割れや空洞に苦労しなければならないが、木工家の多くは、芯材部分（化粧単板を張り付ける基礎の部分）との対照のおもしろさ、独特の美しさを表現するために好んで用いる。バールのある化粧単板で作った箱は、素晴らしいものである。ピップス（吹き出物）というのは、小さな節のように見えるもくで、鳥眼もくメイプルにあらわれるもくとよく似ている。

カルパチアンエルム
（*Ulmus* species）のバール
バールは色と模様が非常に多様なので、樹種が不明なときがある。このカルパチアンエルムのバールもそうである。鳥眼状のピップスと、乱れた木理、波状木理が混在している。

マホガニー
（*Swietenia macrophylla*）の根のバール
マホガニーの根の部分にバールが見出されることがあるが、やはり木理は乱れている。これはバールにしては模様が驚くほど規則的である。

ヨーロピアンエルム（*Ulmus procera* or *U. hollandica*）のバール

深みのある豊かな赤色と、この場合特によく示されているが、多くのバールを地図のように見せるピップスの等高線と川の流れを見てほしい。

ヨーロピアンウオルナット（*Juglans regia*）のバール

化粧単板としては、このヨーロピアンウオルナットのバールは非常に取り扱いの難しいもので、激しいそりを生じる。この例では、普通のバールよりも規則性があり、牡蠣殻が寄りそっているように見える。

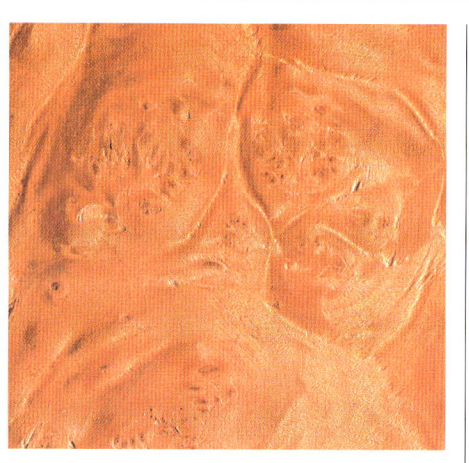

メイプル（*Acer saccharum* or *A. rubrum*）クラスター

メイプルの鳥眼もくとキルトもくが結合した非常にめずらしい化粧単板である。木理はほとんどないが、鳥眼状のピップスの群れの周囲に明るい光の筋のようなもくがでている。

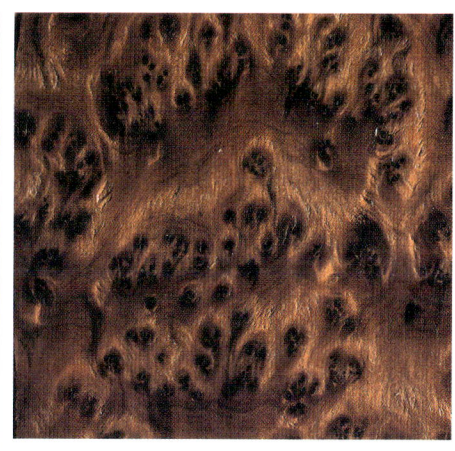

ツヤ（*Tetraclinis articulata*）のバール

ツヤのバールは現在では化粧単板の形でしか入手できないが、北アフリカのツヤの木の根の組織に由来するものである。化粧単板でしか知られていない数少ない木材の1つである。

レッドウッド(*Sequoia sempervirens*)のバール
これは非常にめずらしいバールで、対照性が際立っている。バールの中心部では目の詰んだ模様になっているが、端に向かって拡散していき、長く引き伸ばされてついには消え、普通の木材になっている。

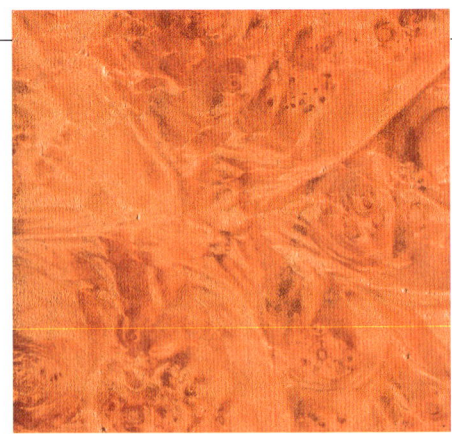

メイプル(*Acer saccharum* or *A. rubrum*)のバール
メイプルバールとメイプルクラスターのかすかな違いに気づいてほしい。メイプルのバールはバールのなかで最も劇的なものの1つで、エルムのバールのような木理のあるバールとは対照的である。

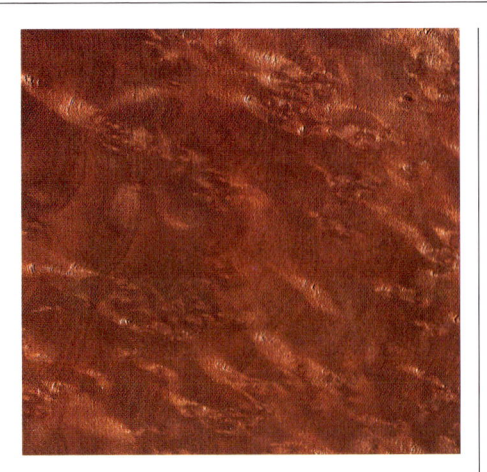

マドロナ(*Arbutus menziesii*)のバール
北アメリカ産広葉樹のマドロナは、優美で均一なバールを作るが、それは小さな一定した模様を持っているため、象嵌細工に最適である。

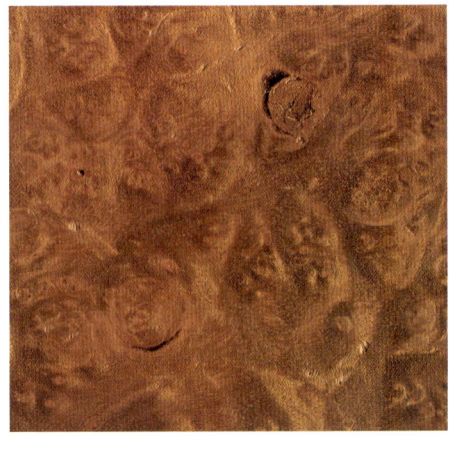

マートル(*Umbellularia californica*)のバール
この優美な中位の褐色のバールは、色も模様もアンボイナまたはナーラ(*Pterocarpus indicus*)と似ているが、入手しやすく安価である。

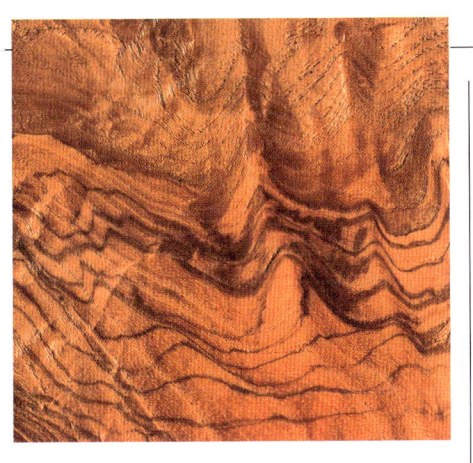

オリーブアッシュ(*Fraxinus excelsior*)**のバール**
バールと病害が結合することによって、どきりとするような印象の強い模様が生まれた。褐色の線がバールのキルトもくと乱れた木理に融合している。色と模様が非常に不均質である。

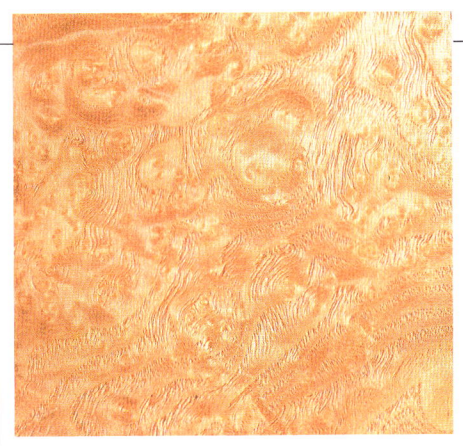

ホワイトアッシュ(*Fraxinus americana*)**のバール**
この例では、もくが非常に集中してあらわれている。アッシュに固有の木理がまだ残っており、集中した木理の小丘のあいだを流れる小川のように走っている。不規則に配置されたピップスにも注目してほしい。

ブラックウオルナット(*Juglans nigra*)**のバール**
ヨーロピアンウオルナット(*J. regia*)のバールにくらべるとかなり地味だが、このアメリカ産ウオルナットの例は、この種に特有な均一な色をし、小さなピップスの模様と波状の木理を持っている。

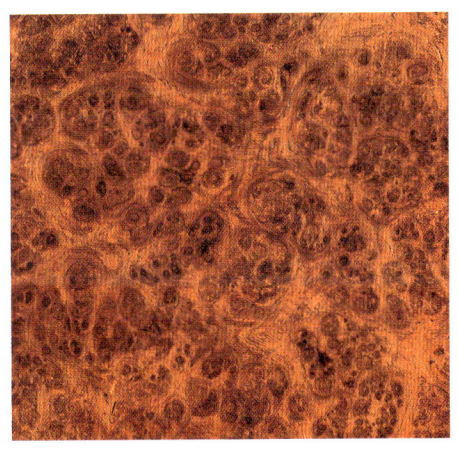

アンボイナ(*Pterocarpus indicus*)**のバール**
アンボイナのバールは最も驚異的なバールの1つで、ツヤ(*Tetraclinis articulata*)のバールに似ているが、金色が強く、模様も目が詰まっており、顕微鏡のスライドの上を走りまわる細菌に似ている。

柾目木取りの材面

本書の最初の方で説明したように、最も安定性のある木材は、柾目木取りの木材である。生長輪が材面に直交して走っていることによって、幅ぞりの可能性が減少し、最も大きな変形である厚さ方向の変形が制限され、幅方向の変形も少なくなる。柾目木取りの板材は、幅広板を枠木で支えることができない箪笥の部材など、優れた安定性が要求される部分に特に適している。

柾目木取りの板材は一般に、木口にあらわれる縦縞模様の年輪だけでなく、材面上の縞模様によっても同定される。その結果時として雅致の乏しいものになることがあるが、材面を水平方向に走る放射組織が、揺らめきながら輝く炎のような驚異的な模様をあらわすことがある。

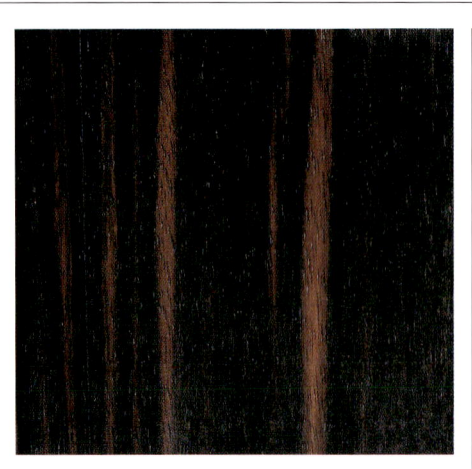

マッカーサーエボニー(*Diospyros celebica*)
この古典的な樹種は、柾目木取りも板目木取りも、材面はあまり明確な差異は示さないが、柾目木取りの板材の方が木理模様はより通直で規則性があるようである。

ブラックウオルナット(*Juglans nigra*)
ブラックウオルナットの美しい通直な木理と、優美な配色は、板目木取りよりも柾目木取りのほうがよく表現される。しかし柾目木取りの板材はあまり一般的ではない。

ヨーロピアンビーチ（*Fagus sylvatica*）
ビーチの放射組織による斑点は、オークの放射組織による炎状の模様ほどには目立たず、木理もほとんど目に見えないくらいである。しかしこの安定性のない広葉樹材は、柾目木取りの時の方が美しい。

アニンゲリア（*Aningeria superba*）
この美しい例に見られるように、アニンゲリアはさまざまな幅を持つ生長輪のグラデーションを持っている。色が少しづつ濃くなっていき、突然明るい細い線によって区切られる。

ホワイトリンバ（*Terminalia superba*）
リンバの柾目木取りの材面には、しばしばもくがあらわれる。この樹種はさまざまな色のものがあり、濃色のリンバには暗褐色の線と帯が見える。

レッドエルム（*Ulmus rubra*）
板目木取りのエルムの板材は、柔らかな波状の線と模様が特徴だが、柾目木取りの材面には通直な木理と、さまざまな程度のレースウッドの斑点があらわれる。

ホワイトオーク（*Q.alba*）
ヨーロピアンオーク（*Quercus robur*）ほどには劇的と見なされないが、ホワイトオークの柾目木取り材面には、同様の炎状の放射組織があらわれる。この例では放射組織は規則的に並んでいる。

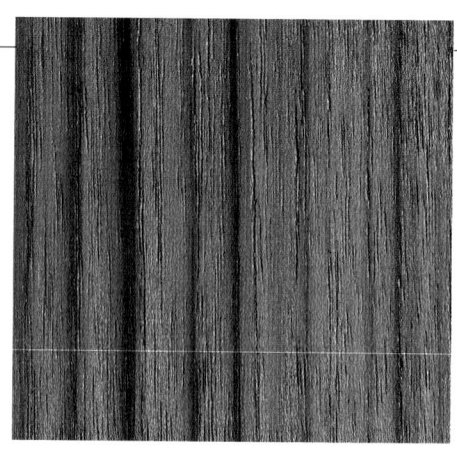

チーク（*Tectona grandis*）
チークが非常に耐久性の高い美しい広葉樹材ということはよく知られているが、その模様はあまり知られていない。しかし柾目木取りの材面には、しばしば不規則な間隔で黒い線があらわれる。

ウェスタンヘムロック（*Tsuga heterophylla*）
柾目木取りのヘムロックにあらわれるゆるやかな波状木理は、濃密に圧縮されており、晩材の赤色の細い線が淡色の早材の色と対照的である。ときどき暗色の帯が出ている。

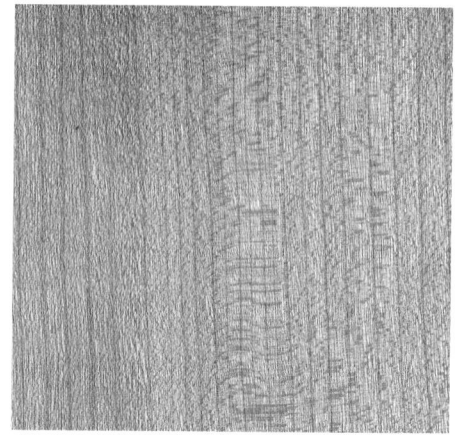

ブラックチェリー（*Prunus serotina*）
ブラックチェリーの美しさの1つは、柾目木取りの材面にあらわれるレースウッドの模様である。しかしそれは特別な角度で切断したときに、限られた範囲でのみあらわれる。

ブビンガ（*Guibourtia demeusei*）
ポメレブビンガとこの柾目木取りのブビンガは、非常に対照的である。木理が乱れ、一定しないと考えられている樹種にしては均質で通直である。

インディアンサテンウッド（*Chloroxylon swietenia*）
サテンウッドの柾目木取りの材面には、しばしば対照的な色の帯が流れるリボン状の模様があらわれる。優美な金色と線が生みだすこのような模様は、めずらしいものである。

サペリ（*Entandrophragma cylindricum*）
サペリはもくが多くあらわれることでよく知られている。この柾目木取りの材面にも、垂直方向の銀色の帯が見えるが、その帯は木理を横切るようにあらわれることもある。

レッドオーク（*Quercus rubra*）
この例は、オークの放射組織の模様が、主に切断角度によって変わってくるのであるが、どれほど多様な形で現れるかをよく示している。追い柾目木取りの場合は、放射組織の炎状の模様は少なくなる。

用語解説

SFI 持続可能な森林イニシアティブ

MTCC マレーシア木材認証協議会

LEI インドネシアエコラベル協会

オイスター いくつかの樹種で、木口が木理方向に直角または斜角の断面になるように製材することによってあらわれる環状の模様。特に辺材と心材の差異が激しいラブルナム（*Laburnum anagyroides*）のものをさすことが多い。しかし心材だけを使う場合もある。数枚をはぎ合わせてテーブルの天板やパネルにする。

木口 板材の上下の端のことで、同心円状の年輪が見える。加工は木端よりもはるかに難しい。

亀裂 板材表面あるいは内部に生じる細かな割れ。乾燥の過程で板材内部に生じる亀裂のことを亀甲状亀裂ということがある。亀裂をひびわれという場合もある。

クラウンカット 板目木取りのことで、flat-sawnと言われたり、イギリスではthrough-and -through-crown-cutと言われることもある。生長輪が炎状にあらわれ、その模様は、しばしば板材に対して水平に走っている。木口に横あるいはゆるやかな曲線の年輪がでているのが特徴。

国際自然保護連合（IUCN） 国、政府代表、非政治組織などの900近い団体で組織される組織。自然の統一性と多様性、資源の持続可能性を維持することを目的に設立された。国際自然保護連合は、ケンブリッジにある世界動植物保全監視センター（WCMC）と密接に連繫して、1998年にThe World List of Threatened Treesを出版した。

CSA カナダ規格協会

裂け 裂けは亀裂とよく似ているが、それよりも幅が広く長いものをさす。一般に樹心から外側に向かって、生長輪に平行ではなく直角に生じる。

芯材 化粧単板を張り付ける木材のことを芯材ということがある。化粧単板は普通、片面だけ張り付けると芯材が歪曲することがあるので、両面に張り付ける。

スライス 化粧単板は、ロータリーカット、すなわち丸太を回転させながら、皮を剥くように化粧単板を切り出す方法と、木理を通してスライスすることによって、さまざまな木理模様を出す方法とがある。スライスという用語は、一般的には化粧単板を切り出すことをさすが、より特別な意味では、ロータリーカットではない化粧単板の切り出し方をさす。

乱れた木理 波状木理に似ているが、それよりも不均質さが激しい。

WCMC ケンブリッジにある世界動植物保全監視センター（上記IUCNを参照）

波状木理 ヨーロピアンウオルナット（*Juglans regia*）のように、樹木内部の繊維が上方に向かってゆるやかに曲がっているとき、木理は波状になることが知られている。そのような樹木から切り出された板材は、木理の方向が一定せず、木工家は順目と逆目に注意しながら作業を行わなければならない。

肌焼き（case-hardened） 板材を早く乾燥させすぎること。板材内部と外部の含水率が異なることから、あらゆる種類の緊張が生じ、割れ、亀甲状の亀裂などの症状が起こる。

波紋（リップル）もく フィドルバックもくと似ていて混同されやすいが、波紋の線が長く直線的なものをこう呼ぶ。

早材 樹木は春のあいだ養分を多く含む水分を土中から葉へ運ぶため、浸透性の高い組織を形成する。これが早材で、樹木に強度を与える密度の高い晩材が暗色の帯状であるのに対して、淡色で軟らかい。

斑紋 優美なレースウッドからビロード状のもくまで、さまざまなもくを形容するときに用いる言葉。

バール（瘤もく） 樹幹、枝、あるいは根の上に現れる一種の瘤で、ぎっしり詰まった渦巻状の木理を持ち、節のかたまりとよく似ている。バールの部分は他とくらべて密度がかなり高い場合が多い。化粧単板やろくろ細工に用いられる。

晩材 多くの樹種にある暗色の生長輪のことで、1年1年夏のあいだに加えられ、樹木に強さを与える。

PEFC 森林認証プログラムの略で、以前は全ヨーロッパ森林認証制度として知られていた。

フィドルバック 多くの種類があるもくの1つで、波紋状の模様があらわれているものが多い。サバの鱗に似ていないこともない。

雅致の乏しい 木理模様がおもしろくなく目立たないこと。精で均一な肌目を持ち、年輪があまりはっきりしない樹種に多い。

ブックマッチング 同一の木材から切り出した2枚ないし4枚の化粧単板の端と端を接合し、1枚の板が鏡に写っているような効果をだす技法。箱のふたや、テーブルの天板、パネルなどによく用いられる。

ヘヤ（野ウサギ）ウッド 化学的に灰色に染色したシカモアのことをこのように呼ぶ。

辺材 樹木は毎年、樹液、水分、鉱物、養分を樹木内部で上下させるための新しい細胞の層を形成する。多くの場合淡色の辺材は、徐々に一般に暗色で硬い心材へと変化していく。辺材は軟らかく虫害にあいやすいため、木工家によって廃棄される場合が多い。辺材と心材の割合は、同一樹種のあいだでは一定だが、樹種ごとに異なっている。

放射組織 樹木内部で木理方向に直交する形に伸びた細胞で、樹木の水平方向に養分を送るためのもの。柾目木取りの材面に、野性的な炎の形（オークで見られるような）やレースウッドの形であらわれる。

丸身 木材を長手方向に板目木取りするとき、木端を自然な不規則な形にすること。片側だけの場合と、両側とも丸身を残す場合があるが、北アメリカよりもヨーロッパで一般的である。

短い木理（ショートグレイン） 木材は繊維が長いほど強く曲げやすい。短い木理のものは、もろく折れやすい。この用語はまた、家具製作や彫刻において、木理が弱く折れやすいときに使う。

もく 一般的な意味では、木材の模様のことをさすが、特殊には、板材に時々あらわれる特別な模様のことをさす。特におもしろい模様を持った板材のことを、「良いもくを持っている」と言う木工家もあるが、「もくが出ている」と言うときは、たいてい木理方向に対して直交するように模様が出ている場合をさす。

リボンもく 柾目木取りの材面にあらわれる早材と晩材の縞模様があるものをこう呼ぶときがある。特に色の移り変わりが優美で、縞と縞のあいだの境界が優しいものをいう。

レースウッド いくつかの樹種では、柾目木取りをしたとき、放射組織の断面が斑状の模様となってあらわれることがある。メイプルやエルムなどの樹種では、その模様はあまり目立たないが、規則的に配置し目立つ樹種がある。古くからよく知られているのは、ヨーロッパまたはロンドンプラタナス（*Platanus acerifolia*）とroupala（*Roupala brasilensis*）である。これらの樹種にあらわれているものを、一般にレースウッドと呼ぶので、購入するときはよく調査すること。

劣化 木材はあまりにも急速に乾燥させすぎたとき、あるいは悪条件のもとに放置したとき、割れ、亀裂、しみ、腐朽、そして細かな割れが繊維状に裂かれる亀甲状亀裂が生じることがある。このような損傷を受けることを、文字通り劣化という。

索引

注：
1. 以下の索引では、木材の名前は一般名によっている。本文p.42〜249では、各木材を学名（Latin Name）のアルファベット順に並べている。
2. 建具・家具製作、ろくろ細工などに関する特殊な用途については、本書では触れていない。各木材の主要な用途については、p.42〜249の本文で詳しく解説している。

あ

アイアンウッド　120
アイスバーチ　241
アグアノ　181
アスペン　223
アッシュ　8, 11, 22, 23, 26, 208, 233, 24
　オリーブ　245
　ホワイト　114, 245
　ヨーロピアン　116, 240
アップル　139
アニグレ　57
アニンゲリア　57, 234, 247
アバク　227
アファラ　191
アフゼリア　52
アフリカンウオルナット　136
アフリカンエボニー　100
アフリカンコーラルウッド　170
アフリカンサテンウッド　156, 229
アフリカンチーク　156, 190
アフリカンチェリー　227
アフリカンパドウク　170
アフリカンプリマベラ　228
アフリカンホワイトウッド　228
アフリカンマホガニー　219
アフリカンメイプル　228
アフリカンローズウッド　122
アフロルモシア　156
アボジフ　229
アマルゴサ　61
アマレロ　61
アマレロ，パウ　108, 241
アメリカンチェリー　166
アメリカンビーチ　110

アメリカンブラックウオルナット　126
アメリカンホワイトアッシュ　114
アメリカンホワイトウッド　134
アメリカンホワイトオーク　174
アメリカンマホガニー　182, 238
アメリカンリンデン　194
アユース　228
アラスカパイン　198
アラリア，カスター　208
オリーブアッシュのバール　245
アンダマンレッドウッド　224
アンボイナのバール　245
イースタンホワイトパイン　162
イーストインディアンサテンウッド　213
イーストインディアンローズウッド　90
イエロースプルース　158
イエローナラ　224
イエローハート　108
イエローバーチ　66
イエローパイン　21, 160, 162
イチイ　23
　イングリッシュ　23, 184
　ウェスタン　186
イディグボ　190
イロコ　82
インセンスシーダー　72
インディアンサテンウッド　249
インディアンローズウッド　90
ウイロー　225
ウェスタンイエローパイン　222
ウェスタンオーストラリアンマホガニー　106
ウェスタンタマラック　133
ウェスタンヘムロック　198
ウェスタンホワイトパイン　159
ウェスタンラーチ　133
ウェスタンレッドシーダー　192
ウェンジ　144
ウオーターエルム　200
ウオーターメイプル　48
ウオルナット　23, 25, 28, 29, 125, 136, 140, 215
　クイーンズランド　216
　ブラック　24, 25, 126, 239, 245, 246
　ヨーロピアン　128, 243
エボニー

アフリカン　100
　マッカーサー　98, 246
エルム　8, 10, 11, 25, 26, 28, 242
　カラパチアン　242
　グレー　200
　ヨーロピアン　202, 243
　レッド　204, 247
オーク　8, 21
　ホワイト　24, 25, 174, 238, 248
　ボグ（沼沢）　232
　ヨーロピアン　176
　レッド　178, 249
オーストラリアンウオルナット　216
オーストラリアンサッサフラス　64
オーストラリアンビーチ　146
オーストラリアンブラックウッド　45
オーストラリアンレッドシーダー　212
オベチェ　228
オリーブアッシュ　233
オルダー（ハンノキ）
　コモン　53
　レッド　54
オレゴンイチイ　186
オレゴンオルダー　54
オレゴンパイン　168
温帯産広葉樹材　8, 45, 46, 48, 50, 53, 54, 60, 64, 66, 68, 70, 74, 76, 106, 110, 112, 114, 116, 125, 126, 128, 130, 131, 134, 138, 139, 146, 147, 164, 165, 166, 172, 174, 176, 178, 194, 196, 200, 202, 204, 209, 218, 223, 225
温帯産針葉樹材　32, 72, 80, 133, 158, 159, 160, 162, 168, 180, 184, 186, 192, 198, 222

か

カーリーメイプル　241
カスターアラリア　208
カステロ　118
カヌーシーダー　192
カヌカ　130
カメルーンエボニー　100
カヤ　219
カリフォルニアホワイトパイン　222

カリフォルニアレッドウッド　180
カルパチアンエルムのバール　242
カンバラ　82
ガブーン　65
キャビネットチェリー　166
キューバンマホガニー　226
キルトもくメイプル　241
キングウッド　88
クイーンズランドウオルナット　216
クラブアップル　139
クロッチアフリカンマホガニー　240
クンゼア　130
グラナディージョ　94
グリーンハート　25, 150
グレーエルム　200
グレーオルダー　53
グレートローレルマグノリア　138
化粧単板　6, 8, 16, 26
コーストスプルース　158
コーストレッドウッド　180
コア　44, 236
広葉樹材　6, 8, 11, 15-20, 32, 33, 124　温帯広葉樹材、熱帯広葉樹材も参照
ココボロ　25, 94
古色シカモア　233
コットンウッド　223
コモンオルダー　53
コリーナ　191
コルクウッド　148
コロマンデル　98
ゴールデンチェインツリー　131
ゴールデンベロバ　153
合板　57, 65, 66, 68, 102, 104, 134, 158, 159, 162, 168, 190, 191, 198
ゴンサロアルベス　62

さ
材木　木材の項を参照
サウスアメリカンシーダー　78
サウスランドビーチ　147
サザンイエローパイン　160
サザンマグノリア　138
サザンレッドオーク　178
サッサフラス　25, 64
サテンウッド, セイロン　25, 213

サペリ　25, 104, 235, 240, 249
サントスローズウッド　92
サンバ　228
シーダー　11, 13, 21, 25
　インセンス　72
　ウェスタンレッド　192
　オーストラリアンレッド　212
　スパニッシュ　78
　レバノンスギ　80
シカモア, ヨーロピアン　46
シガーボックスシーダー　78
シトカスプルース　21, 25, 158
シュガーメイプル　50
シルバースプルース　158
シングルウッド　192
針葉樹材　6, 8, 15-20, 33　温帯針葉樹材、熱帯針葉樹材も参照
ジーン　164
ジェルトン　25, 102
ジゲラ　144
ジャイアントシーダー　192
ジャイアントヒバ　192
ジャカランダ　92
ジャパニーズアッシュ　208
ジャラ　25, 106
ジョージアパイン　160
ジリコテ　84
スイートチェスナット, ヨーロピアン　76
スカーレットメイプル　48
ストライプウオルナット　136
ストロベリーツリー　60
スパニッシュシーダー　78
スパニッシュマホガニー　226
スプルース　198
　シトカ　21, 25, 158
スポルテッドメイプル　233
スリッパリーエルム　204
スリランカエボニー　98
スワンプエルム　200
スワンプメイプル　48
生命の木　120
セイヨウトチノキ　209
セイロンサテンウッド　213
セコイア　180
セルペントウッド　220
セン, センノキ　208
絶滅危惧種　8, 13-15

ゼブラウッド　62, 142
ゼブラノ　142
ソフトエルム　200
ソフトサテンウッド　228
ソフトメイプル　48

た
タイガーウッド　62
　アフリカン　136
タイドランドスプルース　158
タスマニアンサッサフラス　64
タスマニアンビーチ　146
タスマニアンブラックウッド　45
タスマニアンマートル　146
ダオ　215
ダグラスファー　25, 168
ダッチエルム　202, 243
チーク　188, 248
チェスナット
　ホース(トチノキ)　209
　ヨーロピアンスイート　76
チェチェン　140
チェリー　8, 227, 238
　ブラック　25, 166, 238, 248
　ヨーロピアン　164
チャクテコク　181
チュアート　218
チューリップ・ウッド, ブラジリアン　214
チューリップツリー　134
チューリップポプラ　134
ツヤのバール　243
ティーツリー　130
デガメ　73
トゥルーシーダー　80
トゥルーマホガニー　182
栃　209
トリュフオーク　176

な
ナイジェリアエボニー　100
ニカラグアローズウッド　94
ニューイングランドマホガニー　166
ニューギニアウオルナット　215
ニュージーランドシルバービーチ　147
熱帯産広葉樹材　8, 44, 52, 56, 57, 61, 62, 65, 73, 78, 82, 84, 86, 87, 88, 90, 92, 94, 96, 98,

100, 102, 104, 108, 118, 120, 122, 136, 140, 142, 144, 148, 150, 152, 153, 154, 156, 170, 181, 182, 188, 190, 191, 208, 210, 211, 212, 213, 214, 215, 216, 217, 219, 220, 221, 224, 226, 227, 228, 229
熱帯産針葉樹材 58
ノーザンホワイトパイン 162
ノーザンレッドオーク 178
ノッティーパイン 222

は
ハードバーチ 66
ハードメイプル 50
ハワイアンマホガニー 44
斑紋もくサペリ 240
斑紋もくマコレ 239
バーウッド 170
バーズアイパイン 222
バーズアイメイプル 29, 50, 237
バーチ 11, 23, 25, 232, 241
 アイス 241
 イエロー 25, 66, 238
 カレリアン 232
 ヨーロピアン 68
バードチェリー 164
バーミリオンウッド 224
バール 29, 242-245
バイアウッド 211
バイオレット 88
バイオレットウッド 88
バク 227
バスウッド 194
バターナッツ 25, 125
バットツリー 60, 138
バブ 227
バルサ 25, 148
パープルハート 154
パイン
 ウェスタンホワイト 25, 159, 162
 サザンイエロー 160
 パラナ 25, 58
 ホワイト 162
 ポンデロサ 21, 25, 222
パウアマレロ 108, 241
パウフェロ 211
パウブラジル 211
パウロサ 56
パシフィックイチイ 186
パシフィックコーストオルダー 54
パシフィックヘムロック 198
パシフィックマドロナ 60
パドウク
 アフリカン 170
 アンダマン 224
パラナパイン 58
ハリギリ 208
バルダオ 215
バンガバンガ 221
ヒッコリー 74
ビーチ
 アメリカン 110
 ニュージーランドシルバー 147
 ヨーロピアン 112, 239, 247
ビッグリーフマホガニー 182
ビッグローレル 60, 138
病害木 29, 232-233
ビッグナッツヒッコリー 74
ピンクウッド 214
ピンクペロバ 61
ファー，ダグラス 168
フィドルバックサペリ 235
フィドルバックマコレ 235
フェルナンブコウッド 211
フラワードサテンウッド 213
フルーツチェリー 164
ブッシュメイプル 228
ブビンガ 25, 122, 237, 249
ブラウンエルム 204
ブラジリアンチューリップウッド 214
ブラジリアンパイン 58
ブラジリアンマホガニー 182
ブラジリアンローズウッド 13-15, 25, 92
ブラジリアンロウロ 56
ブラジルウッド 211
ブラジレット 211
ブラックアファラ 190
ブラックウォルナット 24, 25, 126, 239, 245, 246
ブラックウォルナットのバール 245
ブラックウッド 45
ブラックオルダー 53
ブラックサッサフラス 64
ブラックチェチェン 140
ブラックチェリー 25, 166, 238, 248
ブラックポイゾンウッド 140
ブラックリンバ 191
ブラッドウッド 210
ブリスタードサペリ 235
ブリティッシュコロンビアヘムロック 198
ブルームヒッコリー 74
ブルベイ 60, 138
グレーバーチ 66
プラム 165
プリマベラ 87
ヘムロック, ウェスタン 248
ベリ 152
ペアウッド(洋梨) 172
ペルシアンウォルナット 128
ペロバ, ホワイト 153, 240
ペロロサ 61
ホースチェスナット 25, 209
ホリー 25, 124
ホワイトアッシュ 114
ホワイトアッシュのバール 245
ホワイトウイロー 225
ホワイトウォルナット 125
ホワイトウッド, アメリカン 134, 194
ホワイトエルム 200
ホワイトオーク 174, 238, 248
ホワイトサッサフラス 64
ホワイトパイン 162
ホワイトビーチ 68
ホワイトペロバ 153, 240
ホワイトユーカリ 236
ホワイトリンバ 247
ホンジュラスウォルナット 140
ホンジュラスマホガニー 182
ホンジュラスローズウッド 96
ボグ(沼沢)オーク 232
ボコテ 86
ボックスウッド
 マラカイボ 118
 ヨーロピアン 70
ポッドマホガニー 52
ポプラ 223
ポメレブビンガ 237
ポメレマコレ 235

ポンデロサパイン 222

ま
マートル 244
  タスマニアン 146
  バール 244
  ビーチ 146
マーブルウッド 220
マウンテンマグノリア 138
マウンテンラーチ 133
マグノリア 138
マコレ 13, 227, 235, 239
柾目木取り材の表面 246-249
マザード 164
マッカーサーエボニー 98, 246
マドロナ 60
マドロナのバール 244
マヌカ 130
マホガニー 8,13,25,44,106,166
  アフリカン 25, 219, 240
  アメリカン 25, 26, 182, 238
  キューバン 15, 181, 226
マホガニービーン 52
マラカイボボックスウッド 118
マロニエ 209
メイプル 8, 11, 23, 26, 28, 228
  キルトもく 241
  クラスター 243
  シュガー 50
  スポルテッドメイプル 233
  ソフト 48
  ハード 50
  バーズアイ 237
  バール 244
  レッド 48
メンジーススプルース 158
木材 6
  安全対策 11
  板材の製材 26-28
  板材の保管 30-33
  一般的欠点 28
  科 8
  買い付け 16-19
  価格体系 17
  乾燥/収縮 24-26
  再生利用 14-15
  最適な木材 8

細胞 22
心材/辺材 23
資源の持続可能性 12-13
墨かけ/仕上がり寸法 18
製材 26-28
製材業で使用される略号 20-21
性質 22-24
選択 10-11
絶滅危惧種 13-14
等級 18-19
認証 13
廃材率 18
平角材/丸身材 17
鉋削/鋸断 16-17
保管 30-33
木理 23-24
良心に基づく木工 15
もくのある木材 236-240
モックプレーン 46

や
ユーカリ 236
ユティル 217
ヨーロッパイチイ 184
ヨーロピアンアッシュ 116, 240
ヨーロピアンウオルナット 128
ヨーロピアンウオルナットのバール 243
ヨーロピアンエルム 202
ヨーロピアンエルムのバール 243
ヨーロピアンオーク 176, 236
ヨーロピアンシカモア 46, 239
ヨーロッパスイートチェスナット 76
ヨーロピアンチェリー 164
ヨーロピアンバーチ 68
ヨーロピアンビーチ 112, 239, 247
ヨーロピアンブラックポプラ 223
ヨーロピアンボックスウッド 70
ヨーロッパラーチ 132
ヨーロピアンライム 196

ら
ラーチ
  ウェスタン 133
  ヨーロピアン 132
ラブルナム 131
ラムチェリー 166

リグナムバイタ 120
リンバ 191
レースウッド 180, 237
レッドウッドのバール 244
レッドエルム 204, 247
レッドオーク 25, 178, 249
レッドオルダー 54
レッドナーラ 224
レッドベロバ 61
レッドメイプル 48
レッドユーカリ 236
レバノンスギ 80
レモンウッド 73
ローズウッド
  アフリカン 122
  インディアン 90
  ブラジリアン 92
  ホンジュラス 96
ローブル 87
ロックメイプル 50
ロングリーフパイン 160

わ
ワワ 228

angelim rojada 220
arbuti tree 60
bois de rose 214
buruta 213
canatele 86
chanfuta 52
cobano 181
kers 164
kiboto 144
kirsche 164
kok, chakte 181
louro rosa 56
makola 52
merisier 164
mkehli 52
nogaed 96
pallisandre 144
palo rosa 61
peulmahonia 52
satine 210
sericote 84
sonekeling 90

産調出版の関連書籍

世界木材図鑑

エイダン・ウォーカー：総編集
ニック・ギブス／ルシンダ・リーチ他：共著

世界中で最もよく使用されている用途の広い木材150種を厳選

序章では木の組織・生長過程や製材方法等、また森林保護について。木材一覧では、世界で最も使用されている樹種150種について豊富な情報を提供、精密な写真も掲載。木材の美しさを愛する全ての人々に捧ぐ総括的木材図鑑。

本体価格 4,800円

現代建築家による木造建築

編集：ナチョ・アセンシオ

世界から蒐集した美しい癒しの住宅

世界の著名建築家による最新の木造建築を、500枚超の美しい現地写真と200枚に及ぶ設計図面で紹介。地形学的パラメーターに基づいて編集、建築業界の最先端の流れを明らかに。天然木材の美しさと機能性を併せ持つ究極の集大成。

本体価格 3,600円

The Wood Handbook
木材活用ハンドブック

発　　行	2005年10月 1日	
第　2　刷	2008年10月15日	
本体価格	3,200円	
発　行　者	平野　陽三	
発　行　元	ガイアブックス	

〒169-0074 東京都新宿区北新宿3-14-8
TEL.03(3366)1411　FAX.03(3366)3503
http://www.gaiajapan.co.jp
発　売　元　産調出版株式会社

Copyright SUNCHOH SHUPPAN INC. JAPAN2008
ISBN978-4-88282-450-3 C3058

著　者：ニック・ギブス (Nick Gibbs)
ジャーナリストの修行を経て、長年大工として働いた後、『ウッドワーカー・マガジン』誌の編集に携わる。その後イギリスで最大の発行部数を誇る木工雑誌である『グッドウッドワーキング』誌を立ち上げる。著書に『世界木材図鑑』（産調出版）など。

翻訳者：乙須　敏紀（おとす としのり）
九州大学文学部哲学科卒業。訳書に『世界木材図鑑』『階段のデザイン』『現代建築家による木造建築』（すべて産調出版）など。

落丁本・乱丁本はお取り替えいたします。
本書を許可なく複製することは、かたくお断わりします。
Printed in China